# Anatomie Fonctionnelle

# 骨關節 解剖全書

## 1 上肢篇

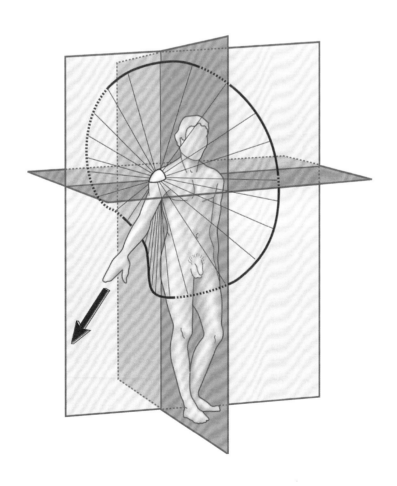

楓 葉 社

# 骨關節解剖全書

## 1 上肢篇

出　　　版／楓葉社文化事業有限公司
地　　　址／新北市板橋區信義路163巷3號10樓
郵政劃撥／19907596　楓書坊文化出版社
網　　　址／www.maplebook.com.tw
電　　　話／02-2957-6096
傳　　　真／02-2957-6435
作　　　者／柯龐齊
翻　　　譯／徐其昭
　　　　　　黃崇舜
企劃編輯／陳依萱
校　　　對／黃薇霓
港澳經銷／泛華發行代理有限公司
定　　　價／950元
出版日期／2021年6月

國家圖書館出版品預行編目資料

骨關節解剖全書1. 上肢篇 / 柯龐齊作；徐其昭
, 黃崇舜 翻譯. -- 初版. -- 新北市：楓葉社文
化事業有限公司, 2021.06　　面；　　公分
ISBN 978-986-370-275-7（平裝）

1. 關節　2. 人體解剖學

394.27　　　　　　　　　　　　110003825

獻給
我的妻子
我的母親，一位藝術家
我的父親，一位外科醫師
我的外祖父，一位技師

# 審定序

就如同儒得教授為本書作序提到的，只要來看這本《骨關節解剖全書》，很多肌肉骨骼系統動作的概念就會理解貫通了！

可能看到這裡還顯現不出我內心的激動，作為這三冊書本繁體中文版的審閱，我一冊一冊、一個章節一個章節、一字一句看過，每一頁都是一種體悟，再次感嘆人體動作的奧妙，讚賞柯麗齊醫師融會整理的功力，還有這三冊書本背後，想要讓學習這個專業背景的人都能獲得最佳知識的用心，讀這本書，讓人處處都有驚奇。

第一冊的內容是上肢，柯麗齊醫師把肩關節在三度空間裡的動作呈現描述得相當傳神，討論前臂為何是兩根骨頭的觀點更是讓我驚豔，因為在過往的教科書中，幾乎不曾對這一點進行說明。第二冊則是下肢，其中膝關節各方向動作及它們的測試，都鉅細靡遺地呈現在一張圖中，相當地精粹，對足弓與拱頂的說明也是這一冊的精華，涵蓋了足部骨骼的排列、足部肌群如何控制足底拱頂的成形，都很清楚地敘述在文章中。而第三冊就是中軸，這裡將脊椎的力學很清楚地呈現，而更特別的是柯麗齊醫師也說明了胸廓呼吸和發聲、頭部顳顎咬合與眼球動作的內容，在其他類似的系列書籍中，這些常常會被排除或者會分冊討論，所以很多非相關專科的醫師或治療師對這些都比較不了解，有了這些內容，醫師和治療師更能從簡單的角度切入理解，對於就此有需要協助的個案不啻是一項福音。

除了以上的內容，柯麗齊醫師也貼心提供了兩個巧思：第一，設計了紙板模型讓讀者可以親自動手做，不僅有趣也真的能讓讀者在過程中體會到人體產生動作的機轉，我也幫自己做了一個手部的模型，從線段的拉扯體會手指動作，不像以前學習的方式這麼死板記憶，真的歷久不忘；第二，博學如柯麗齊醫師引用了一些有趣的小品故事在書中，也激起我在審閱的過程中去找尋這些小品故事的來源，認識許多了不起的解剖學者、醫學影像學者，增加更多的額外知識，如果沒有這幾本書，我想我也沒有機會得到這些線索去探究這些過去偉大的人所做過的事，真的是滿懷感恩。

可惜的是，我們再也沒有機會閱讀到柯麗齊醫師更多精闢的見解了，先走一步的他留下這三冊充滿精彩知識與人生哲理的書籍，我真心推薦每一位醫師、治療師、身體工作者、運動教練都能細細品嘗，從中獲得柯麗齊醫師滿滿對這個世界的關懷和愛，知識的傳遞如暖流，流淌在每一個讀者的心頭。

蔡忠憲

# 序

從我們這一代開始，遇到抱持疑問的年輕同事就會跟他這樣說：「去看柯龐齊的書，你就會懂了。」

從《骨關節解剖全書》中獲得的知識，成為我們這一行的專業核心，無論是臨床症狀、診斷程序、手術操作都能在書中找到答案。作者柯龐齊師從多位解剖學大師，在學習的路途上受過非常嚴格的訓練，他從非常早的時候，就知道自己該為功能解剖學的教學開啟新時代，把知識變得清楚簡單，以打通讀者的任督二脈。

謝謝你柯龐齊：任何事能夠看起來簡單易懂，都是因為幕後有位天才。這本書的完美，源自你的淵博學識。《骨關節解剖全書》充滿巧妙思維，不管是出自於寫作構思或手術操作的優雅及效率，都極為完美。最後我想說的是，這本書同時也是最好的教學手冊，它的地位將永遠屹立不搖。

本書新版內容豐富更勝前版，無論是學生、正式執業人員、外科醫師、風濕科醫師、復健科醫師、物理治療師，只要對人體運動感興趣，都值得將這套書放置在書架上最顯眼的位置。

**提爾利・儒得教授（Thierry Judet）**

# 第六版序

　　第六版全三冊主題為功能解剖學，歷經改版及更新。作者使用電腦把解說圖全數上色，進一步提高圖像的解說效果。整個過程就如同蛻變，全文在完成重新編寫後破蛹成蝶。第六版增添許多內容並且優化，除了原始章節還加入新的章節解說步態，以及附錄「下肢神經綜觀」。最後，為了實現圖像立體化，作者在本書最後附上力學模型，供讀者自行製作，可親身體驗生物力學。本書新版將部分內容刪去或簡化，亦有部分內容新增。


# 第七版序

　　這次新版仔細修正、優化原文，新增八頁內容說明跟腱彈性、孕婦重心，進一步解說快步走、上肢擺盪、一般或行軍等不同步態、以及跳躍。這本新書肯定能夠再次燃起讀者的興趣。

# 目錄

## 第 1 章　肩關節

## 第 2 章　肘關節

## 第 3 章　旋前–旋後動作

## 第 4 章　腕關節

## 第 5 章　手部

# 第1章

# 肩關節

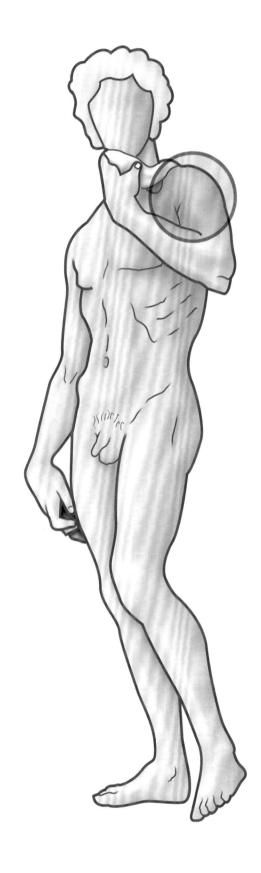

# 肩關節生理學

肩關節是上肢的**近端**關節（見P.3的圖），是人體所有關節中**活動度最大**的。

它有**三個自由度（圖2）**，允許上肢相對應**三個主要旋轉軸**在空間中有**三個平面**方向：

1）**水平軸（1）**在冠狀切面上，允許矢狀切面上的屈曲與伸直動作**（圖3和4，P.7）**。

2）**前–後軸（2）**在矢狀切面上，允許冠狀切面上的外展（上肢遠離身體）與內收（上肢靠近身體）動作**（圖7–10，P.9）**

3）**垂直軸（3）**在矢狀切面與冠狀切面的交叉上，當手外展90度時控制水平切面上的屈曲與伸直動作**（圖17–19，P.13）**。

**肱骨長軸**（4）允許兩種不同的內轉與外轉類型發生：

1）**自主旋轉**（也被稱為MacConaill的「附屬旋轉」）取決於第三個自由度**（圖11–13，P.11）**，只會發生在**三軸關節**[杵臼關節（enarthroses）]，由旋轉肌群收縮產生。

2）**自動旋轉**（也被稱為MacConaill的「共同旋轉」）在**雙軸關節**上發生非自主動作，甚至在只有使用兩軸動作的三軸關節上。我們會在討論Codman矛盾時回來看這個點**（P.18）**。

**基準位置**定義為上肢垂直懸掛在身體側邊，使肱骨長軸（4）與垂直軸（3）相符。在外展90°時長軸（4）與水平軸（1）相符。在屈曲90°時會與前–後軸（2）相符。

因此，肩關節是有三個主要軸與三個自由度的關節。肱骨長軸可以與任何軸相符或擺放在任何中間位置，允許外轉或內轉動作。

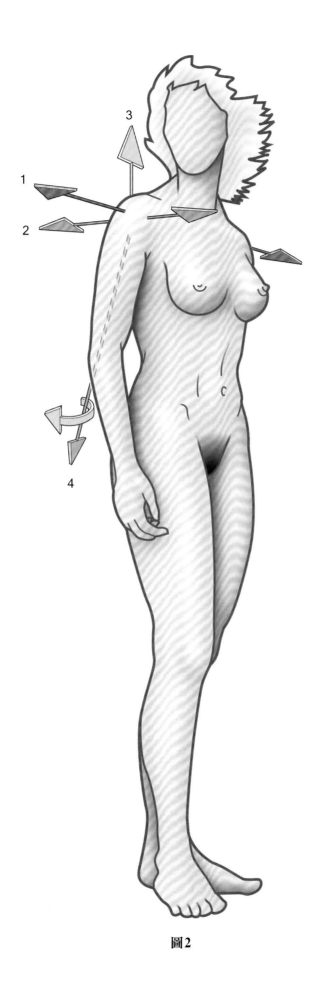

圖2

# 屈曲–伸直和內收動作

**屈曲–伸直**動作（**圖3-6**）在矢狀切面（**平面A，圖20，P.15**）上的水平軸（**軸1，圖2**）執行：

- **伸直**：小範圍的動作，到45–50°。
- **屈曲**：大範圍動作，到180°。注意屈曲180°的位置也定義為外展180°，與軸向旋轉相關（見P.18的Codman矛盾）。

詞彙前舉（antepulsion）與後舉（retropulsion）常被分別誤用代表屈曲與伸直。這會造成肩帶在水平切面動作的困惑（**圖14-16，P.11**），最好避面這些關於上肢動作的詞彙。

**內收**動作（**圖5和6**）在冠狀切面上發生，從基準位置起始（完全內收），但因為軀幹的存在所以力學上不可能做到。

然而，從基準位置內收只可能在合併以下動作時發生：

- **伸直動作**（**圖5**）：內收很小。
- **屈曲動作**（**圖6**）：內收可達30–45°。

從任何外展姿勢起始的話，在冠狀切面上內收或稱「相對內收」到基準位置就都有可能發生。

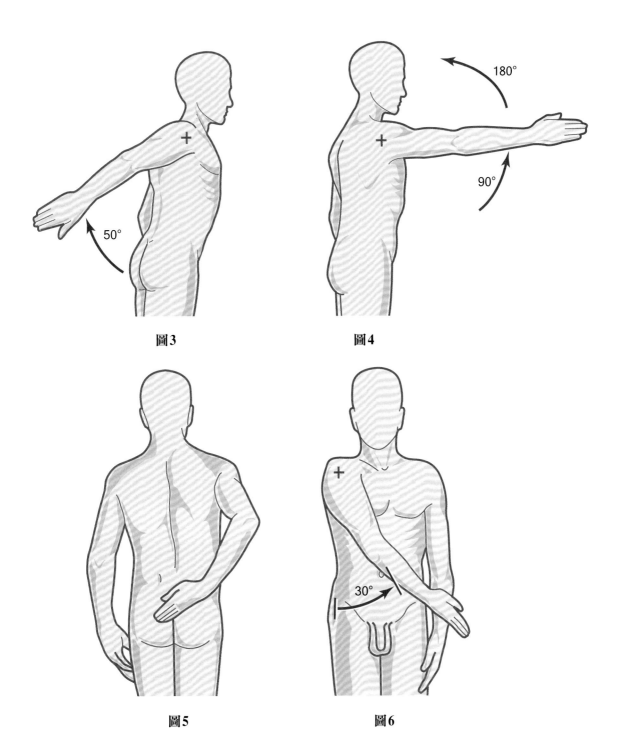

圖3 圖4

圖5 圖6

# 外展動作

外展（圖7-10）是上肢在**冠狀切面（平面B，圖20，P.15）**上的**前-後軸（軸2，圖2，P.5）**遠離身體的動作。

外展範圍是180°，為手臂垂直在軀幹上的位置（**圖10**）。

**兩點值得注意**：

- 在90°位置後，外展動作讓上肢靠近身體對稱平面，嚴格來說是內收動作。
- 最終180°外展姿勢可由屈曲180°達到。

在肌肉與關節動作方面，**外展**從基準位置起始（**圖7**）進展經過**三個階段**：

1）外展0-60°（**圖8**）僅發生在肩關節。
2）外展60-120°（**圖9**）需要徵召肩胛胸廓「關節」。
3）外展120-180°（**圖10**）需要肩關節與肩胛胸廓「關節」合併軀幹屈曲到對側。

注意純粹的外展很少使用，僅出現在與背平行的冠狀切面上。相對的，外展合併一些程度的屈曲，即在冠狀切面前方30°的肩胛平面舉手，是生理上最常使用的動作，特別是將手舉到脖子後或嘴巴。這個平面的動作上肩膀肌肉達到平衡（**圖22，P.15**）。

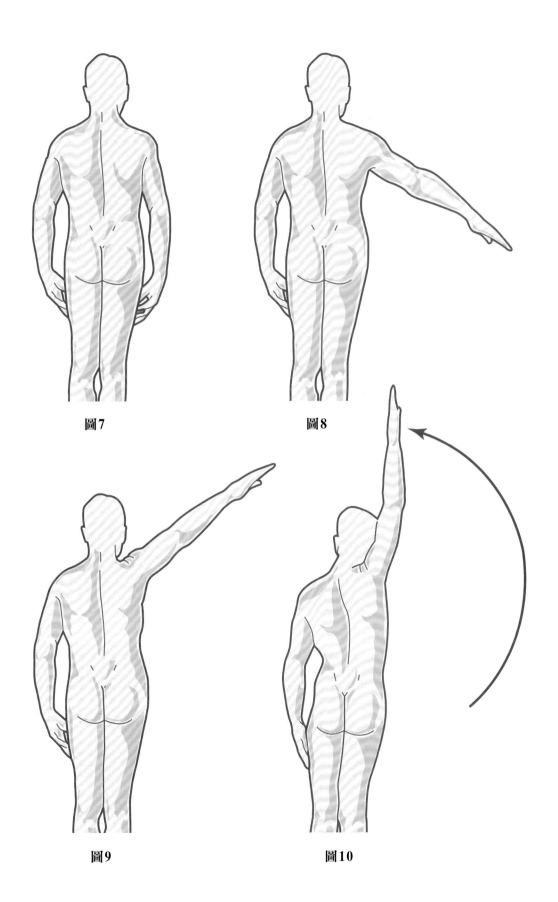

圖7

圖8

圖9

圖10

# 手臂軸向旋轉動作

## 肩關節手臂旋轉

手臂可以在任何肩膀位置進行長軸旋轉（**軸3，圖2，P.5**）。這樣的**自主或附屬旋轉**發生在有三個軸與三個自由度的關節。旋轉通常從基準位置來量化，即手臂垂直懸掛在身體旁（**圖11-13上面觀**）。

## 基準位置（圖11）

這也稱為沒有旋轉的位置。量測旋轉範圍時手肘必須屈曲90°並將前臂放在矢狀切面上。沒有注意到這點的話手臂旋轉的範圍也會包含前臂的外轉與內轉。

前臂擺在矢狀切面上這個基準位置完全是隨意的。在操作上，起始位置最常使用的是相較於真正的基準位置內轉30°，手放在軀幹前側的位置。這個位置稱為**生理性基準位置**。

## 外轉（圖12）

外轉會延伸到80°而總是少於90°。80°的整個範圍鮮少能在手臂垂直懸掛在身體旁時達成。相對的，外轉最常使用也最具功能的類型是發生在生理性基準位置（內轉30°）與典型基準位置（旋轉0°）中間的平面。

## 內轉（圖13）

內轉可達100到110°。完整範圍只能在**前臂**擺在軀幹後側還有肩膀些微伸直下達到。這個動作必須能自由讓手觸碰背部，對於後側會陰部清潔很重要。只要手擺在軀幹前側，起始的內轉90°需要合併肩膀屈曲。負責軸向旋轉的肌肉稍後會討論。

基準位置以外的手臂軸向旋轉只有**使用極座標（polar coordinates）（圖24，P.17）**或經線測試（meridian test）（**圖25，P.17**）才能精準量測。在每個位置下旋轉肌肉的表現都不同，某些沒作用而其他則有旋轉功能，取決於肌肉的位置。這是另一個**肌肉動作功能反轉定理（law of inversion of muscular action）**的例子。

## 肩帶在水平面上的動作

這些動作包含**肩胛胸廓「關節」**（圖14-16）如下：

a) **基準位置**（圖14）
b) **肩帶後縮（retraction）**（圖15）
c) **肩帶前伸（protraction）**（圖16）

注意前伸的範圍比後縮的範圍大。

做出這些動作的肌肉如下：

- 前伸：**胸大肌、胸小肌、前鋸肌**
- 後縮：**菱形肌群、斜方肌**（水平纖維）、**闊背肌**

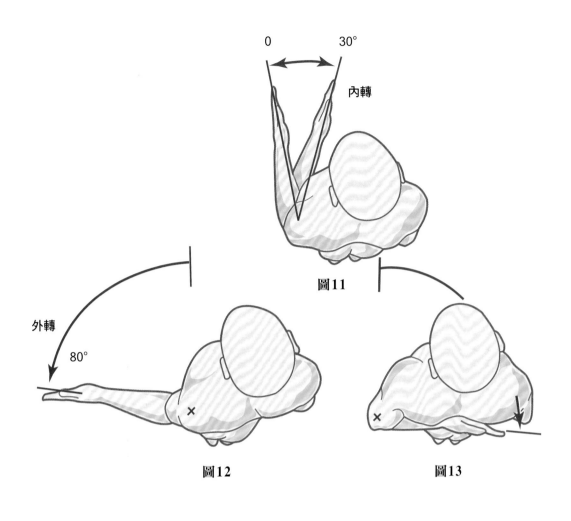

圖11

圖12　　　　　　　　　圖13

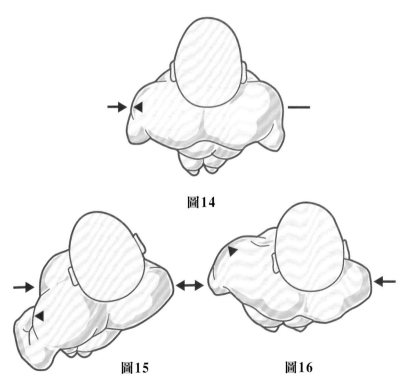

圖14

圖15　　　　　　　　　圖16

# 水平屈曲–伸直動作

這些上肢動作（**圖17-19**）發生在水平切面上的一個垂直軸，更精確來說是一系列垂直軸上。因為它包含肩關節（**軸4，圖2，P.5**）和肩胛胸廓「關節」兩者。

## 基準位置（圖18）

上肢在冠狀切面外展到90°時，參與的肌肉如下：

- **三角肌**（基本上是肩峰纖維III，圖101，P.63）
- **棘上肌**
- **斜方肌**：上方（肩峰和鎖骨）和下方（結節）纖維
- **前鋸肌**

## 水平屈曲（圖17）

水平屈曲結合內收達140°的範圍，參與的肌肉如下：

- **三角肌**（前–內側纖維I、前–外側纖維II與外側纖維III有不同程度的貢獻）
- **肩胛下肌**
- **胸大肌和胸小肌**
- **前鋸肌**

## 水平伸直（圖19）

水平伸直結合伸直與內收有較受限的範圍約30-40°，參與的肌肉如下：

- **三角肌**（後–外側纖維IV和V、後–內側纖維VI和VII與外側纖維III有不同程度的貢獻）
- **棘上肌**與**棘下肌**
- **大圓肌、小圓肌**和菱形肌群
- **斜方肌**（全部纖維包含水平纖維）
- **闊背肌**同時扮演拮抗肌–協同肌與三角肌一起作用，消除強力的內收功能。

屈曲與伸直的**完整動作範圍**在180°內。像鋼琴上的音階，從極端前側位置到極端後側位置，能成功活動到不同纖維的三角肌（P.63），它是主要作用肌肉。

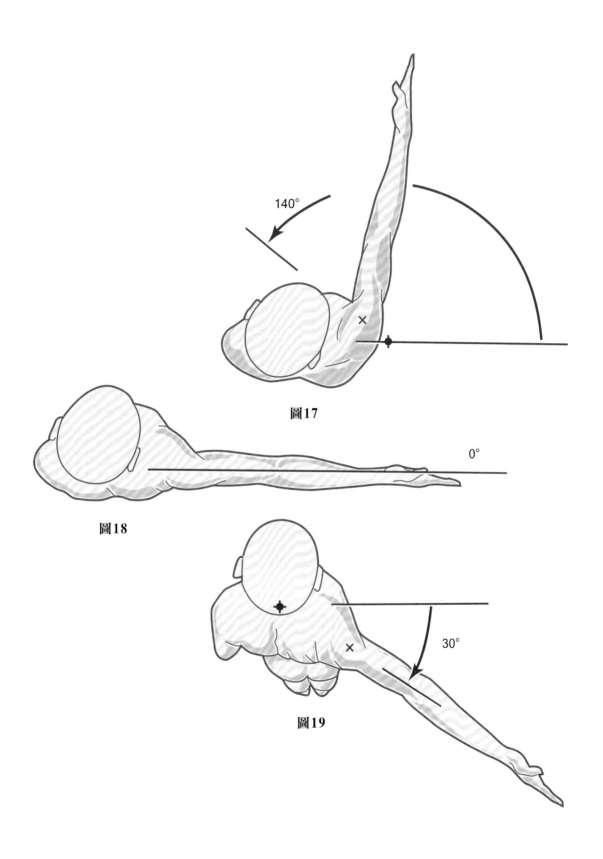

140°

圖17

0°

圖18

30°

圖19

# 迴旋動作

**迴旋**結合三個基本軸（**圖20**）的基本動作來達到最大範圍。手臂在空間中畫出圓錐狀的表面：**迴旋錐**。它的尖端是肩關節理論上的中心，側面等同於上肢的長度，但基底不是一個規律的圓形，因軀幹的存在而變形。這個圓錐在空間中畫出**可達到的球扇形區域（spherical sector of accessibility）**，手可以在軀幹不移動下抓取物體並帶到嘴巴。圖20用紅色顯示手指尖移動的路徑來代表受軀幹影響而變形的迴旋錐。

三個參考的直交平面（互相垂直）交會一點為肩關節的中心，平面如下：

- **平面A：矢狀切面**或副矢狀切面。因為真正的矢狀切面與身體長軸一致。這是屈曲與伸直的平面。
- **平面B：冠狀切面**。這是和背部平行的平面，是外展與內收的平面。
- **平面C：水平切面**。垂直於身體長軸。這是水平屈曲－伸直的平面，這動作只在水平面發生。

從上肢垂直懸掛在身體旁的基準位置起始，圓錐的基底連續橫跨區域III、II、VI、V、IV。在圓錐內部上肢可經過區域I。區域VII和VIII（未顯示）因為手肘的彎曲仍然可以觸及。因此，手可以伸到身體所有部位，讓人類梳洗比動物更有效率。

延伸手臂軸的紅色箭號表示迴旋錐的軸，與肩膀功能位置（**圖21**）與關節周圍肌肉的**平衡位置**或多或少一致。這可以解釋為何這個姿勢適合當肩膀和上肢骨折時的**固定不動姿勢**。手在這個姿勢擺在第IV區域，適當命名為**優先可達到的區域（sector of preferential accessibility）**，這可以滿足工作的手維持在視線控制下的需求（**圖22**）。這樣的需求也透過軀幹前方的兩個上肢可達到的區域有部分重疊來滿足。允許兩手在立體視覺控制下能一起工作，這也是兩眼視野因區域重疊有超過90°的結果。因此視野與可達到區域幾乎精確重疊。

這樣的一致在系統發生學（phylogeny）上透過枕骨大孔往下位移來達成，而在四足類動物的頭骨中是面向後側的。因此，人類的臉可面向前面與垂直的頸椎有關，眼睛可以看與身體長軸垂直的方向，而四足類動物注視的方向與身體軸一致。

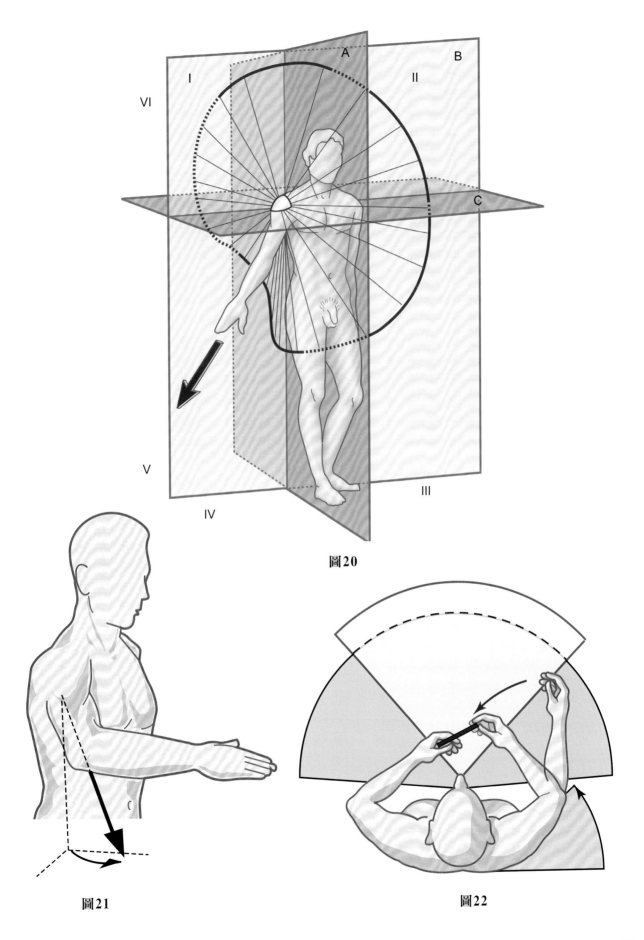

圖20

圖21

圖22

# 肩膀動作的定量

由於術語上的模糊不清，定量三個自由度的關節位置與動作是困難的，特別是肩膀。例如，如果外展定義為上肢遠離身體中間平面，這個定義只適用到90°，超過那個點後上肢就移動靠近身體而術語「內收」則更合適。在實務上，還是使用外展來著重動作的連續性。

軸向旋轉的定量更是困難。如果定量基本平面上的動作都困難的話，在中間平面上就更困難。至少需要兩個座標，不論是直角系統或是極座標。

使用**直角座標系統（圖23）**，測量手臂（**P**）投射在三個基準平面[冠狀切面（**F**）、矢狀切面（**S**）和水平切面（**T**）]的角度。純量座標**X**、**Y**和**Z**精確定義在球體中的**P**點，中心是肩關節。這個系統不可能考量到手臂的軸向旋轉。

**極座標系統（圖24）**被水手使用，允許測量手臂的軸向旋轉。在球體上，**P**點的位置由兩個角度定義：

- **α**角是**前伸的角度**，與**經度**一致。
- **β**角是**屈曲的角度**，與**緯度**一致。

注意兩個角度就足夠。這個系統的優點是從上升角ω可以推論出手臂軸向旋轉的程度。

後者的系統比前者更精確與完備。這是唯一的系統能允許迴旋錐代表球體表面上的封閉迴路，就像追蹤球體表面上環形路徑的船。然而，實務上不會使用，因為對非水手來說太複雜。

但仍有其他方法可以定量手臂在任何位置相對於基準位置的軸向旋轉。它包含**透過經線觀察手部回到基準位置時的位置（圖25）**，例如從手能梳頭的位置，從這個位置手肘垂直往下回到基準位置，即經線與起始位置一致。如果注意向下動作過程沒有手臂自主旋轉，軸向旋轉的量就能用平常的方式測量。在這個案例裡，它接近最大，即30°。這是我個人發展的方法。

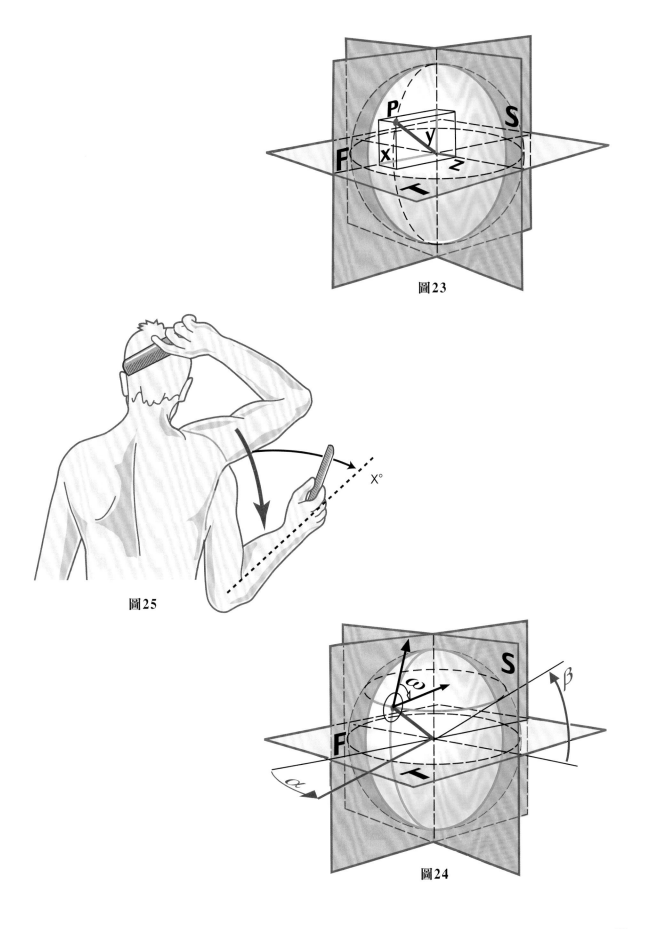

圖23

圖25

圖24

# Codman矛盾（Codman's 'paradox'）

**Codman操作（圖26-30）**如下方式執行：

- 基準位置**（圖26外側觀，圖27後側觀）**為上肢垂直懸掛軀幹側邊，拇指朝向前方（Av）且掌心朝內。

- 肢體外展到+180°**（圖28）**。

- 從這個垂直姿勢下手掌心朝外姿勢，肢體在矢狀切面上伸直-180°**（圖29）**。

- 現在沿著身體回到原始位置**（圖30）**，而此時手掌朝外且拇指朝後（Ar）。這被Codman稱為「矛盾」，不能解釋為何經過兩個連續的外展與伸直動作後，手掌的方向有180°改變。

實際上，這是因為肢體在長軸上的**自動內轉**，也被**MacConaill**稱為**共同旋轉**，在兩軸與兩個自由度的關節很典型。這可由**Ricemann曲面幾何學**應用到球體表面來解釋。因為**歐基里德**我們知道平面上的三角形內角總和為180°（兩個直角）。如果在球體表面（例如橘子）我們利用經度0°與90°和赤道切出一個三角形**（圖31）**，會得到一個基底是曲面三角形的「三角錐」**（圖32）**。三角形的角度總和會大於180°，加起來會是270°（三個直角）。

現在我們來沉迷於愛因斯坦享受的奇異**思想實驗（圖34）**。你現在從南極沿著90°經度往北走。一旦你走到北極，沿著0°經度走回南極。但不要進行90°轉彎，像螃蟹走路由側邊向前。不能否認，這樣走2萬公里會非常不舒服！等到你用盡力氣抵達時，你會發現你與起始位置背靠背，你無意間旋轉180°了！在這實驗你執行了MacConaill所謂的自動旋轉。在**曲面幾何學**上，**兩個三直角三角形（圖33）**的角度總和為540°（6×90°）並超過平面上兩個三角形的總和（360°）180°。這樣的差異可以解釋你為何會轉半圈。

但正常來說，肩關節不會如此運作，因為在兩個完整週期後，它應該轉了360°，這在生理上是不可能的。這是為何像髖關節一樣，肩關節是三軸與三個自由度的關節；它有**自主軸向旋轉**，被MacConaill稱為**附屬旋轉**。總結來說，肩關節能無限地做出**連續週期**，像游泳一樣，這些週期稱為**人體工學**，因為附屬旋轉會無時無刻不抵消掉共同旋轉。Codman「矛盾」只有在把肩關節當作雙軸關節時才會發生，此時附屬動作不會抵消共同動作。

可以說Codman「矛盾」是偽矛盾，很容易可以理解到為何在肢體基部的關節要有三個自由度，它們的動作不會受限於空間中移動肢體時的共同旋轉。

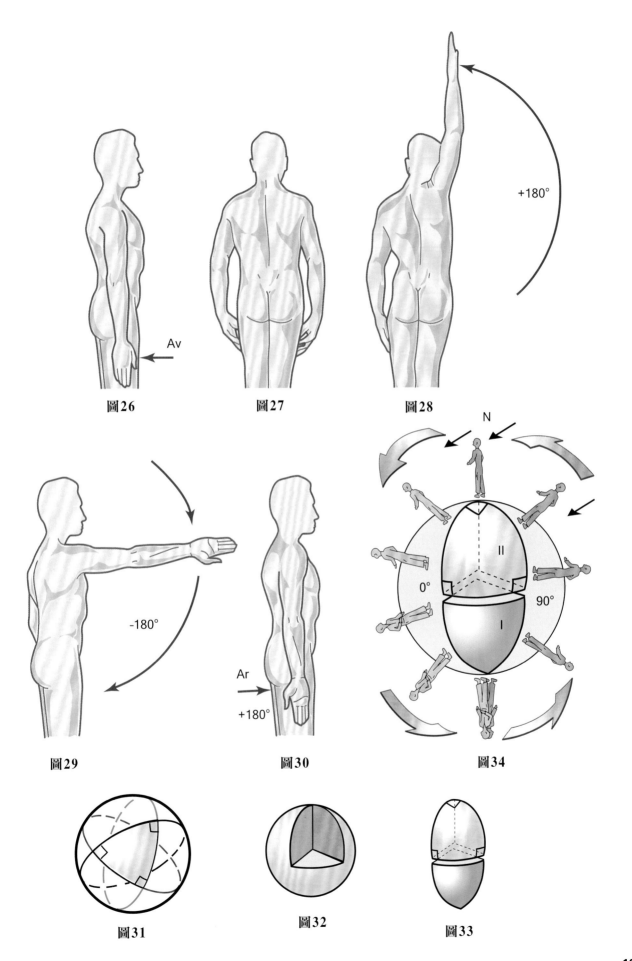

圖26 圖27 圖28

圖29 圖30 圖34

圖31 圖32 圖33

# 評估肩膀整體功能的動作

實務上許多日常動作能給予肩膀功能良好評估，像梳頭、迅速穿上夾克或外套、抓後背或頸部背後。

然而，可以使用像是**三點測試**的策略，正常人可以透過三個不同路徑來觸碰後背對側的肩胛骨**三個點**。**圖35**顯示藍色點線是環繞所涵蓋的路徑，還有三組到三點的可能路徑，如下所示：

- 淡藍色：**前對側路徑（C）**，經過對側頭部。
- 綠色：**前同側路徑（H）**，經過同側頭部。
- 紅色：**後側路徑（P）**，直接從同側到背部。

指尖延著每條路徑到的點都可以顯示出五個階段。階段**5**是三條路徑共有的，位在對側肩胛骨的**三點**（大紅點）。

**前對側路徑（圖36前側觀，圖38後側觀）** 從嘴巴（**1**）開始，進展到對側耳朵（**2**）、頸部後側（**3**）、斜方肌（**4**），最後到肩胛骨（**5**）。這可以**評估水平內收或屈曲**。

**前同側路徑（圖37後側觀）** 經過同樣的階段但在同側：嘴巴（**1**）、耳朵（**2**）、頸部後側（**3**）、斜方肌（**4**）和肩胛骨（**5**）。這可以**評估外轉**，在階段5達到最大。這個圖合併同側與後側路徑。

**後側路徑（圖38）** 從臀部（**1**）開始，進展到薦椎區域（**2**）、腰椎區域（**3**）、肩胛下角（**4**），最後到肩胛骨主體（**5**）。這可以**評估內轉**，在三點時達到最大。第一階段（**1**）非常重要，這是能達到後側會陰清潔的最低要求，決定病患的功能性自主。在這個圖中合併對側與後側路徑。

顯然這個測試的結果取決於手肘功能的完整性。這個測試對於上肢整體功能評估也很有用。

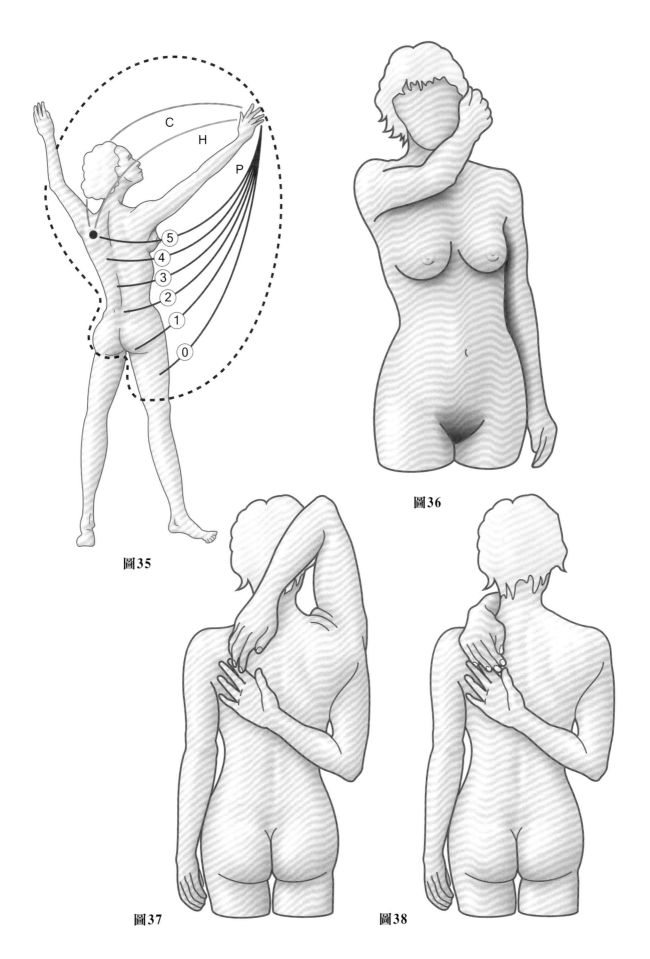

圖35

圖36

圖37

圖38

# 肩膀多關節複合體

肩膀包含**五**個關節而非一個，形成**肩關節複合體（圖39）**。我們已經描述過包含上肢的動作。五個關節分成兩類。

- **第一類**：兩個關節
1）**肩（盂肱）關節**：解剖上真正的關節，兩個關節表面有透明軟骨。是這類關節中最重要的。
2）**三角肌下「關節」**或次要肩關節：它是生理性而非解剖性關節。它包含兩個表現互相滑動。三角肌下「關節」在力學上與肩關節連結，因為任何前者的動作都會造成後者的動作。

- **第二類**：三個關節
3）**肩胛胸廓「關節」**：一樣是生理性而非解剖性關節。這是這類關節中最重要的，但因為力學上相連結，沒有其他兩者無法作用。
4）**肩峰鎖骨關節**：真正的關節，位在鎖骨末端外側。
5）**胸骨肋骨鎖骨關節**：真正的關節，位在鎖骨近端內側。

肩膀關節複合體可以系統化如下：
- **第一類**：真的主要關節（肩關節）連結「偽」關節（三角肌下「關節」）
- **第二類**：「偽」的主要關節（肩胛胸廓關節）連結兩個真關節（肩峰鎖骨關節和胸骨肋骨鎖骨關節）。

在每類中關節都在力學上相連結，即它們必須合力產生功能。實務上，兩類也同時以不同的比例合力作用，取決於動作的類型。

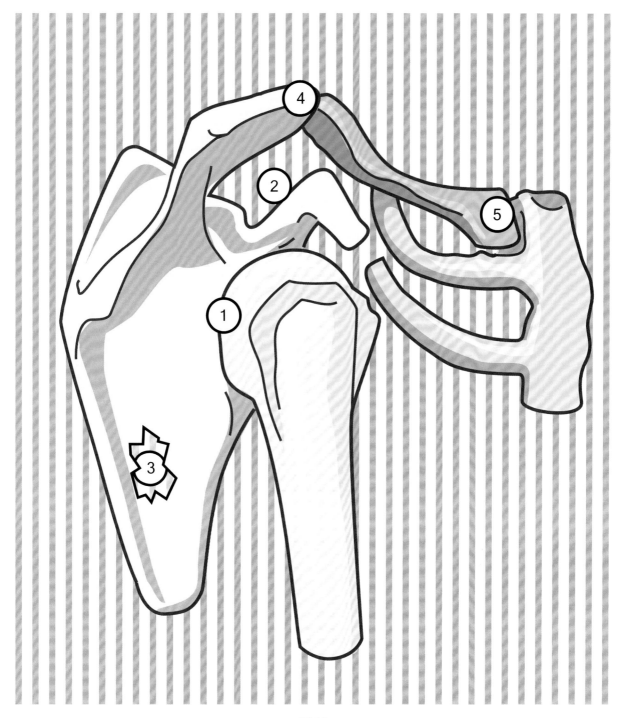

圖39

# 肩關節的關節表面

它是有典型球體表面的球窩關節，有三個軸和三個自由度（**圖18，P.13**）。

### 肱骨頭

肱骨頭面向上方、內側與後側（**圖40**），為半徑3公分的1/3球體。實際上球體不是規則的，因為垂直徑比前後徑多3-4公分。再者，從冠狀切面（**圖42**）顯示曲率半徑在上下方向些微減少，曲率中心也不是一個點，而是一系列向螺旋排列的曲率中心。因此當肱骨頭上端接觸盂窩時，力學支撐最大關節也最穩定，也因為中下盂肱韌帶纖維變緊。外展90°的位置對應到MacConaill說的鎖定位置或**鎖緊位置**。

肱骨頸的軸與肱骨幹的軸夾角135°（傾斜角），且與冠狀切面夾角30°（後傾角）。

這與解剖肱骨頸上的近端肱骨骨骺的夾角作區別，它與水平面的夾角45°[下傾角（the angle of declination）]。

旁邊有兩個結節，是一些關節周圍肌肉的末端接點：

- 小結節：面向前面。
- 大結節：面向後面。

### 肩胛骨的盂窩（glenoid cavity）

位在肩胛骨上外角，面向外側、前側並些微向上（**圖41**）。在垂直與水平面上都是凹面，但凹面不規則而且沒有肱骨頭凸面那麼明顯。邊緣些微上抬且凹窩面向前上方。盂窩比肱骨頭小很多。

### 肩盂唇（glenoid labrum）

在盂窩邊緣連接環形纖維軟骨（b），充滿前上方凹窩。它加深盂窩的深度讓關節表面更密合。

它是三角形有三個表面：

- 內側面連接肩盂邊緣。
- 外側面連接關節囊韌帶。
- 中心或軸面為盂窩延伸，連接軟骨與肱骨頭接觸。

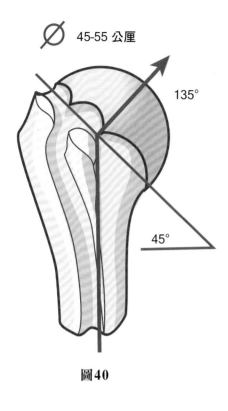

45-55 公厘

135°

45°

圖40

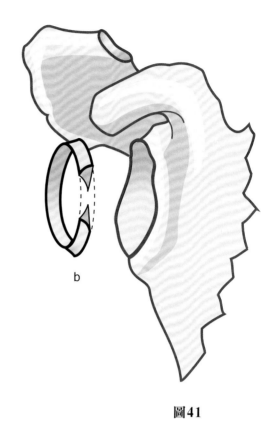

b

圖41

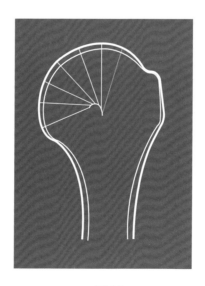

圖42

# 瞬時旋轉中心

關節表面的曲面中心不一定會是旋轉中心，因為其他因素像關節表面形狀、關節內力學因素和肌肉收縮也會扮演角色。

在過去認為**肱骨頭**是球體的一部分，所以相信它有固定與不變的旋轉中心。L. R. Fisher 等人的研究顯示存在一系列的瞬時旋轉中心（ICRs），在兩個非常接近的位置間與動作中心一致。這些中心是由電腦一系列連續影像所決定的。

因此在**外展**時，只考量冠狀切面上肱骨頭旋轉成分，有兩組瞬時旋轉中心（**圖43肱骨頭前側面**），被不明原因的明顯間隔（**3-4**）所區分。第一組在圓形部分（**C1**），接近肱骨下內側，它的中心是瞬時旋轉中心的質心，它的半徑是質心與每個瞬時旋轉中心的平均距離。第二組是另一個圓形部分（**C2**），位在肱骨頭上1/2處。這兩部分有間隔區別。

在肩關節外展時可與兩個關節連接（**圖44 肱骨頭前側觀**）

- 外展到50°時，肱骨頭旋轉發生在圓形1內的某個點。
- 外展50到90°時，旋轉中心在圓形2內。
- 在大約50°外展時有一個不連續性現象，旋轉中心會跑到肱骨頭上內側。

在**屈曲**時（**圖45外側觀**），同樣的分析就沒有發現瞬時旋轉中心路徑的不連續性，中心的單一圓形部分位在肱骨頭下方兩個邊緣的中間。

在**軸向旋轉**時（**圖46上側觀**），瞬時旋轉中心的圓形部分與骨幹內在皮質邊緣垂直且與頭的兩個邊緣等距離。

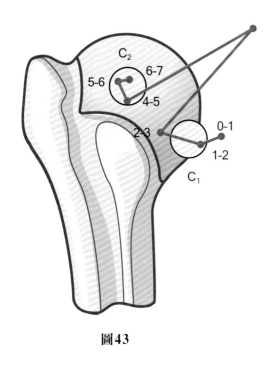

圖43

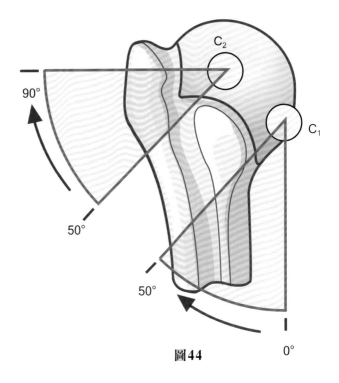

圖44

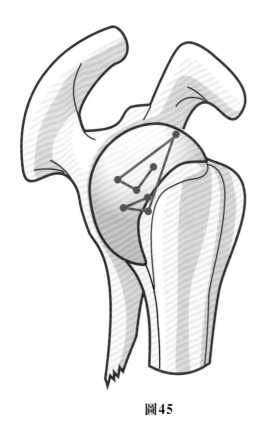

圖45

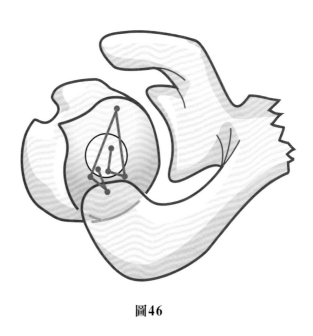

圖46

# 肩膀關節囊韌帶組合

這個組合足夠鬆弛而允許大的活動度，但本身不夠強壯到可確保關節表面接合。

為了顯示關節表面和關節囊（**圖47–50，根據Rouvière**），關節被打開且皮瓣在兩旁被轉到後側。

**肱骨上段的關節內側觀（圖47）**顯示如下：

- **肱骨頭**被**關節囊袖**（1）包圍
- **關節囊繫帶（frenula capsulae）**即關節囊下方的滑液摺疊
- **盂肱韌帶的上方束**（4）增厚上方關節囊
- 被切斷的**肱二頭肌長頭肌腱**（3）
- **肩胛下肌肌腱**（5）末端接小結節處被切斷

**肩胛外側觀（圖48）**顯示：

- **盂窩**（2）被盂唇環繞，肩盂邊緣內的凹槽。
- 被切斷的**肱二頭肌長頭肌腱**（3）連接到肩胛骨的肩盂上結節並分成兩束連接到盂唇，對盂唇形成有貢獻。這條肌腱進入關節囊內。
- **關節囊**（8）被一些韌帶加強：
  - 喙肱韌帶（7）
  - 盂肱韌帶**（圖49）**有三條束：上（9）、中（10）與下（11）
- **喙突**：肩胛棘（10）切掉後可見
- **肩盂下結節**（11，**圖48**）：**肱三頭肌長頭**的接點，在關節囊外。

**肩膀前側觀（圖49）**清楚顯示前側韌帶：

- **喙肱韌帶**（3）：從喙突到大結節，並接到**棘上肌**（4）。
- 兩條喙肱韌帶的接點與結節間溝槽的空間是**肱二頭肌長頭（6）進入關節窩的位置**。沿著結節間溝槽（intertubercular gutter）到**橫肱骨韌帶**位置轉換成**肱二頭肌溝槽**。
- **盂肱韌帶**有盂窩上肱骨上上束（1）、盂窩上肱骨前中束（10）和盂窩前肱骨下下束（11）。這個複合體在前側關節囊形成**Z**字狀分布。在這些束中間有**兩個微弱點**：
  - **Weitbrecht孔**（12）
  - **Rouvière孔**（13）
  - **肱三頭肌長頭肌腱**（14）

**打開關節的後側觀（圖50）**清楚看到肱骨頭移除後的韌帶。大體中鬆弛的關節囊讓關節表面能至少分開3公分，顯示：

- **盂肱韌帶**的中（2）、下（3）束，看到它們的深層部分。上方是**上束**還有**喙肱韌帶**（4），連接到沒有力學影響的**喙盂韌帶**（未顯示）。
- 上面的**肱二頭肌長頭肌腱的關節內**（6）部分。
- **盂窩**（7）在內側，由**盂唇**（8）加強。
- 凹窩外的大結節是三條後側關節旁肌肉的末端接點：
  - *棘上肌*（11）
  - *棘下肌*（12）
  - *小圓肌*（13）

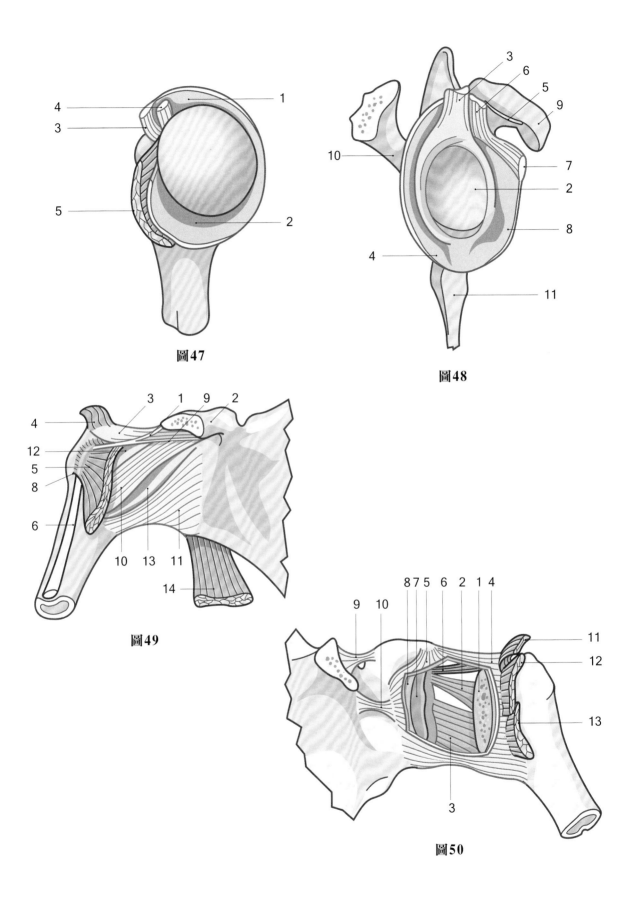

圖47

圖48

圖49

圖50

# 肱二頭肌肌腱關節內路線

**肩膀的冠狀切面（圖51，來自Rouvière）**顯示如下：

- 盂窩的骨頭不規則由關節軟骨（1）所平順
- 盂唇（2）加深了盂窩深度，但關節面間的穩定連結仍弱，所以時常脫位。盂唇的上邊緣（3）沒有完全連接在骨頭上，其銳利的中央緣在凹窩中自由活動像半月軟骨。
- 在基準位置，關節囊上部（4）被拉緊而下部（5）有皺褶。這樣關節囊的「鬆弛」與未皺褶的關節囊繫帶（6）允許外展發生。
- 肱二頭肌長頭肌腱（7）起源於肩胛骨的肩盂上結節和盂唇上部邊緣。當它從關節凹窩出現進入肱二頭肌溝槽（8），會滑到關節囊下面（4）。

**關節囊上部的矢狀切面（圖52）**顯示肱二頭肌長頭肌腱在以下三個位置與滑膜接觸：

1）借由滑膜線（S）擠壓**關節囊深層表面（C）**。

2）滑膜在關節囊與肌腱間形成兩個小皺褶，由細的滑膜吊帶稱為**肌腱繫膜（mesotendon）**與關節囊接觸。

3）兩個滑膜皺褶融合並消失，因此肌腱可自由活動但被滑膜包圍。

大體來說，這三個肌腱位置是肌腱從離開起點後連續性地從關節內到關節外。**但每個肌腱儘管是關節內仍維持在滑膜外。**

現在我們了解了肱二頭肌長頭肌腱對**肩膀生理與病理扮演重要角色**。當肱二頭肌收縮來舉起重物時，兩個頭會共同作用來確保肩關節表面的穩固接合。接在喙突上的短頭與其他縱向肌肉（**肱三頭肌、喙肱肌**和三角肌）相對於肩胛骨舉起肱骨，預防肱骨頭向下脫位。同時肱二頭肌長頭將肱骨頭向盂窩擠壓，特別是外展時（**圖53**）。

因為肱二頭肌長頭也是個外展肌，如果斷裂的話會有20%外展肌力降低。肱二頭肌長頭的起始張力取決於橫向關節內路徑的長度，肱骨在中間位置（**圖56上側觀**）和外轉（**圖54**）時張力會達到最大。在這些位置下長頭的效率最高。相反的，肱骨內轉（**圖55**）時，肱二頭肌的關節內路徑和效率都最低。

很明顯的，在這個高度的肱二頭肌溝槽沒有種子骨帶來的效益，會受到強大的力學壓力，肌肉只有在最佳位置時才能承受壓力。若膠原纖維因年齡而退化，很小的出力就可以讓進入肱二頭肌溝槽的關節內肌腱斷裂，引起與肩周邊關節炎相關的臨床表徵。

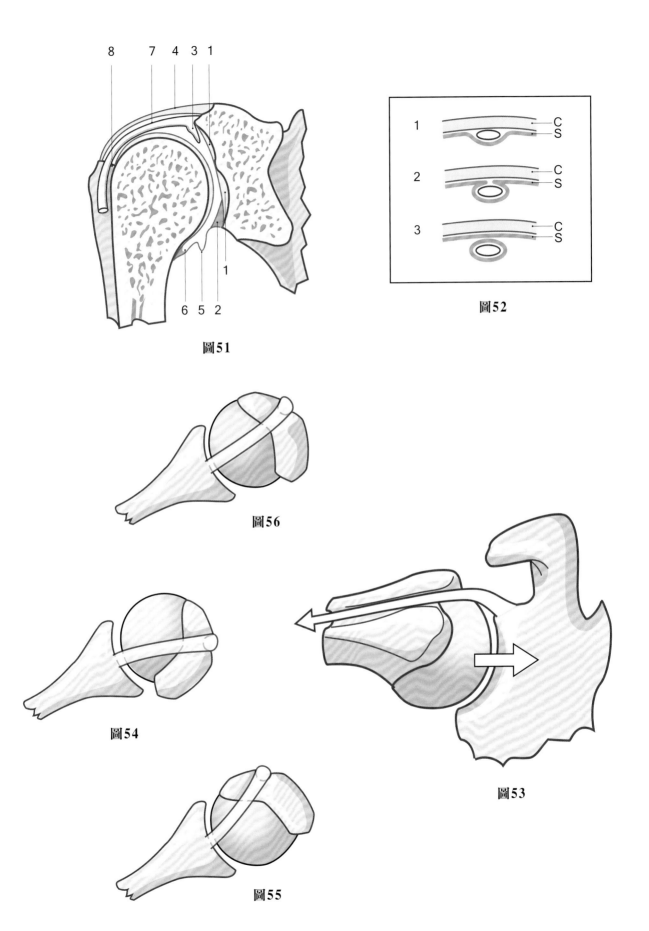

圖51

圖52

圖56

圖54

圖53

圖55

# 盂肱韌帶的角色

## 外展期間

a) **圖57**顯示**基準位置**下的中束（淺綠色）和下束（深綠色）

b) 在**外展**時（**圖58**），盂肱韌帶的中和下束會被拉緊，而上束和喙肱韌帶（這裡沒有顯示）會放鬆。因此，外展時韌帶會達到最大牽拉而關節表面達到最大接觸，因為肱骨頭曲率半徑會上面比下面大。因此外展為MacConaill所謂的鎖定或**鎖緊位置**（**close-packed position**）。

當大結節撞到肩盂上部和盂唇時外展也會被限制。這個接觸會因外轉而延遲，在外展末端時把大結節拉回來，把肱二頭肌溝槽拉到肩峰喙突弓下並些微鬆弛盂肱韌帶下方纖維。因此外展到90°。

當外展合併肩胛平面上的30°屈曲，盂肱韌帶會延遲拉緊而肩外展可達到110°。

## 軸向旋轉期間

a) **外轉**（**圖59**）拉扯到三條盂肱韌帶束。

b) **內轉**（**圖60**）使它們放鬆。

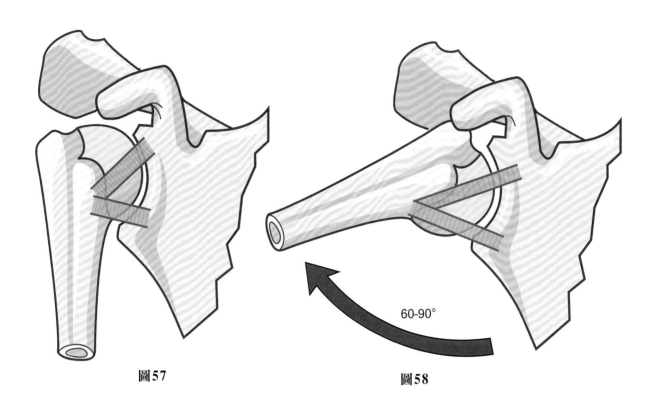

圖57

圖58

60-90°

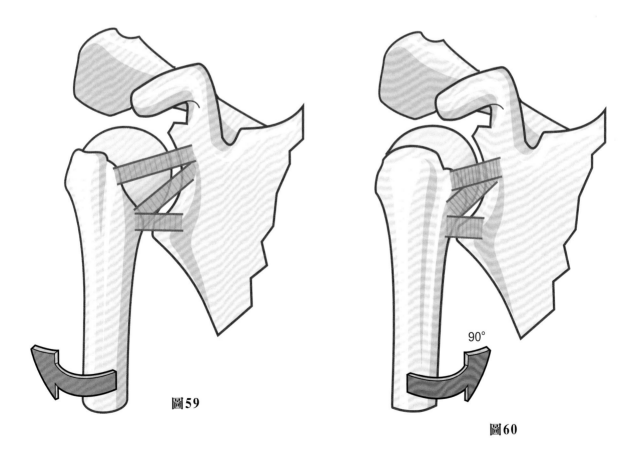

圖59

圖60

90°

# 屈曲與伸直時的喙肱韌帶

肩關節的外側觀概要顯示喙肱韌帶兩束張力的不同發展：

a) **基準位置（圖61）**顯示喙肱韌帶的兩束，即後側（深綠色）接到大結節而前側（淺綠色）接到小結節。圖上也可看到肱二頭肌長頭在喙肱韌帶兩束間進入肱二頭肌溝槽的進入點。

b) **伸直時（圖62）**張力主要發生在前束。

c) **屈曲時（圖63）**張力主要發生在後束。

在肱骨屈曲末端進行內轉會鬆弛喙肱和盂肱韌帶，因此可增加關節活動度。

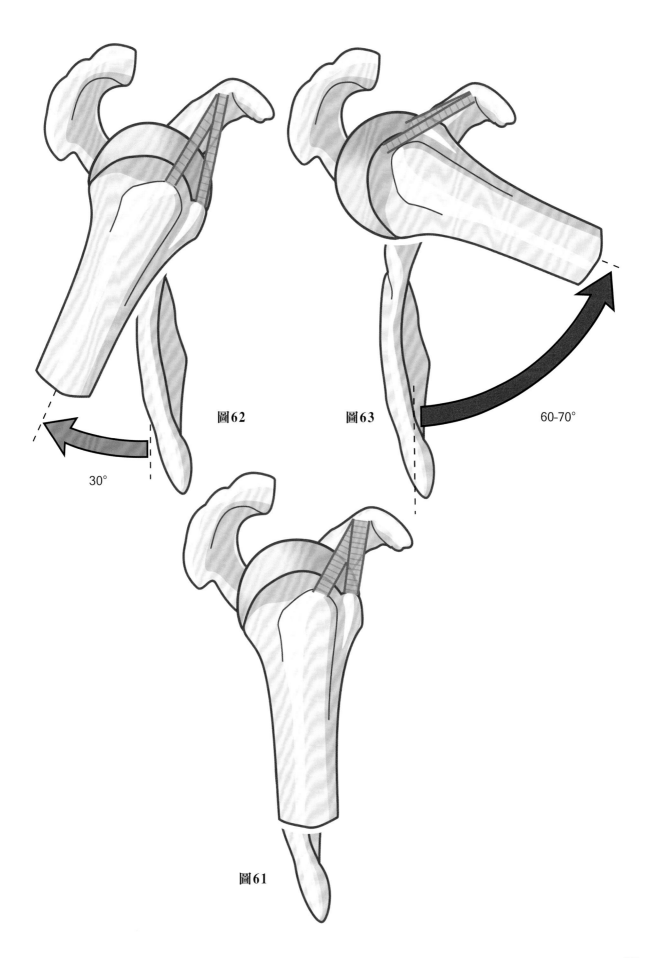

圖62

圖63

30°

60-70°

圖61

# 關節周圍肌肉使關節表面接合

因為肩關節有很大的活動度，**關節表面接合不能只靠韌帶達成**，需要**肌肉幫忙接合**，分成以下兩類：

1）**橫向肌群**：因為其方向擠壓肱骨頭向盂窩（**圖64–66**）。

2）**縱向肌群（圖67、68）**：當手拿著重物時支持上肢並預防向下脫位。它們將肱骨頭「帶回」盂窩中。**「垂肩」**症候群是因為這些肌肉功能不足或癱瘓。相對的，當它們主導動作時，透過橫向肌群接合的「重返中心」動作可預防向上脫位。

這兩類肌群以**拮抗肌–協同肌作用**，因為它們的動態平衡點在外展時移動。

**圖64（後側觀）**：橫向接合的肌肉總共有三個：

1）**棘上肌（1）**：由肩胛骨棘上窩起始，連接到大結節的上壓痕。

2）**棘下肌（3）**：由棘下窩起始，連接到大結節上的後上壓痕。

3）**小圓肌（4）**：由棘下窩下半部起始，連接到大結節上的後下壓痕。

**圖65（前側觀）**顯示：

**棘上肌（1）**，已在圖64顯示。

有力的**肩胛下肌（2）**：從肩胛骨的肩胛下窩起始，連接到小結節。

**肱二頭肌長頭肌腱（5）**：從肩胛骨的肩盂上結節起始，並彎曲進入肱二頭肌溝槽。因此透過「帶回肱骨」，在確保肩關節表面橫向接合

上扮演重要角色，手提重物時會屈曲手肘。

**圖66（上側觀）**再次顯示以下兩個肌肉：**棘上肌（1）**與**肱二頭肌長頭肌腱（5）**都位在關節上。因此，它們的角色是關節**上方支撐**。

**圖67（下側觀）**顯示**三個縱向接合的肌肉**：

1）**三角肌**：外側（8）與後側（8'）束，在外展時抬起肱骨頭。

2）**肱三頭肌長頭（7）**從肩胛骨的肩盂下結節起始，在手肘伸直時將肱骨頭帶回盂窩中。

在**圖68（前側觀）**中，**縱向接合的肌肉**有更多：

1）**三角肌（8）**：外束（8）和前（鎖骨）束（未顯示）。

2）**肱二頭肌長頭肌腱（5）**，和喙突起始的肱二頭肌**短頭（5'）**一起，與**喙肱肌（6）**接近。肱二頭肌會在手肘與肩膀屈曲時將肱骨頭帶回。

3）**胸大肌鎖骨部分（9）**：與三角肌前束一起作用，為主要的肩關節屈肌與內收肌。

縱向接合肌群的主導會在長期造成「袖」肌群的磨損與撕裂，這些肌群在肱骨頭與肩峰間緩衝，某些肌肉甚至會造成斷裂，特別是**棘上肌**。因此，肱骨頭會直接撞擊肩峰下方與肩峰喙突韌帶造成疼痛症候群，典型稱為肩周邊關節炎，現在重新命名為**「旋轉肌袖斷裂症候群」**。

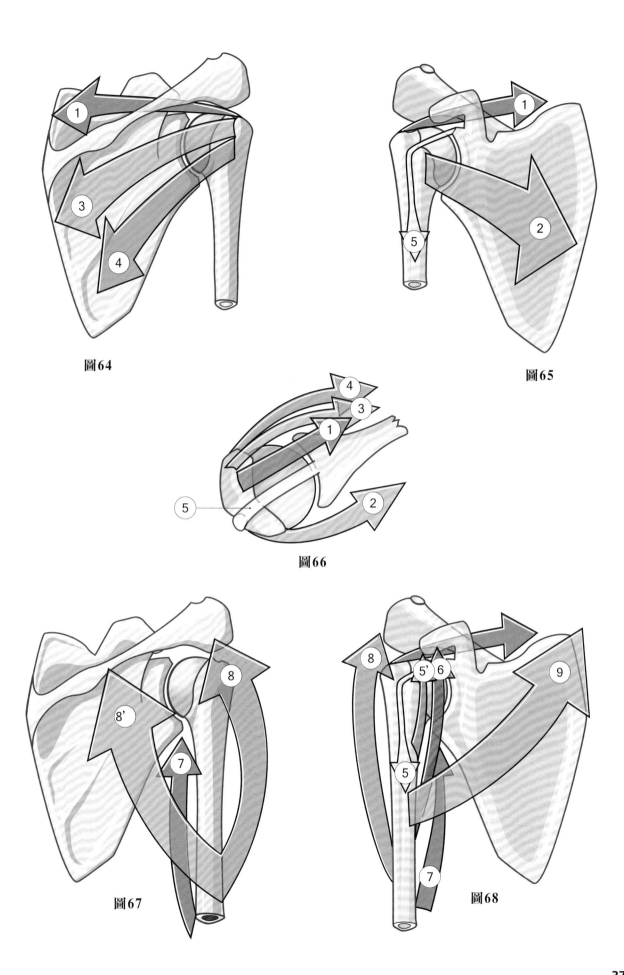

圖64

圖65

圖66

圖67

圖68

# 三角肌下「關節」

三角肌下「關節」真的是**「假關節」**，因為它沒有關節軟骨，在三角肌深層和「旋轉肌袖」之間僅有一層裂隙。一些作者描述有**黏液滑囊**，可促進「關節」內的滑動。

打開的**三角肌下關節觀（圖69，來自Rouvière）**：在三角肌（1）被橫向切開且往回拉後，顯示滑動平面的深層表面，即肩膀的「旋轉肌袖」，由上肢的肱骨（2）與連接肌肉組成：

- *棘上肌*（3）
- *棘下肌*（4）
- *小圓肌*（5），位在**肩胛下肌**（這裡未顯示）後面。
- 肱二頭肌長頭肌腱沿著肱二頭肌溝槽（9）跑進「關節」內。

切開三角肌打開黏液滑囊，可以看見切開邊緣（7）。

滑動平面透過**喙肱肌**（14）和肱二頭肌短頭（13）的融合肌鍵向前延伸，連接到喙突形成「關節」的「前側支撐」。在背景可見**肱三頭肌長頭肌腱**（6）、**胸大肌**（15）和**大圓肌**（16）。

這些肌肉的功能可藉由兩個**肩膀冠狀切面**推論：一個是基準位置，手垂掛在身體旁（**圖70**），另一個是外展，手臂在水平位置（**圖71**）。

**圖70**顯示之前提到的肌肉，**肩關節切面**（8）有**盂唇**和**關節囊下皺褶**。三角肌下黏液滑囊（7）在三角肌和肱骨上段之間。

**圖71**顯示外展下**棘上肌**（3）和三角肌（1）收縮造成**黏液滑囊**（7）在兩條肌肉面間滑動。肩關節的切面（8）顯示關節囊下皺褶被拉扯，它的多餘體對肩膀的完整外展角度有其必要性。也可見**肱三頭肌長頭**被牽拉的肌腱（6），形成肩關節的**下方支撐**。

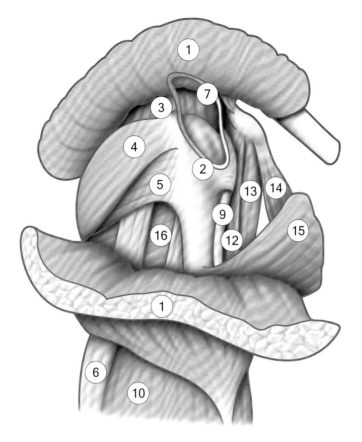

圖69

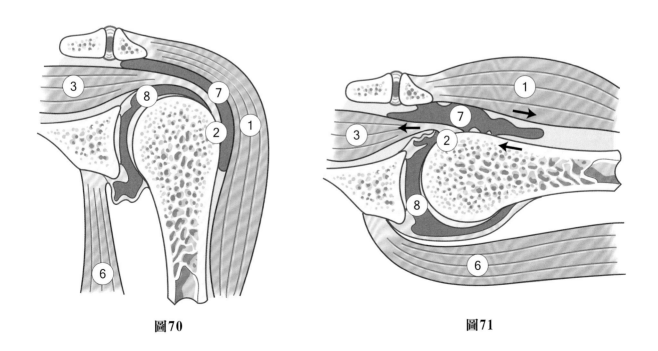

圖70                                圖71

# 肩胛胸廓「關節」

這也是個**「假關節」**，因為它沒有關節軟骨且包含**兩個滑動平面**，在**胸廓的橫向切面**上顯示（**圖72**）。

**左側切面**顯示胸廓組成，肋骨斜向切面還有肋間肌，以及接到肱骨上的*胸大肌*和旁邊的**三角肌**。肩胛骨形狀彎曲（黃色），前側有*肩胛下肌*，後側有**棘下肌**、**小圓肌**和**大圓肌**。*前鋸肌*像一層薄片從肩胛骨內緣向前延伸至外側胸廓，造成有**兩個滑動空間**：

- **肩胛下肌和前鋸肌之間的空間**（1）
- **胸廓和前鋸肌之間的空間**（2）

　　**右側切面**顯示**肩帶的功能性結構**：

- 肩胛骨與背部平面形成**30°夾角**，背部平面與冠狀切面平行。這個夾角代表**肩膀外展的生理性平面**。

- 鎖骨形狀像斜體的S，向後外側斜向延伸，與冠狀切面形成**30°夾角**。它與前內側的胸骨形成**胸骨肋骨鎖骨關節**，與後外側的肩胛骨形成**肩峰鎖骨關節**。

- 鎖骨與肩胛骨的夾角開口向內，在基準位置夾角**60°**，隨著肩帶動作而改變。

　　胸廓骨骼與肩帶的後側觀（**圖73**），習慣上會顯示肩胛骨在冠狀切面上，實際上它在斜向平面上且傾斜。在正常位置下肩胛骨從第2肋骨（2）延伸到第7肋骨（7）。其內上緣對應到第1胸椎棘突。其內緣或脊椎緣距離棘突間線有5-6公分距離。其下角距離棘突間線有7公分距離。

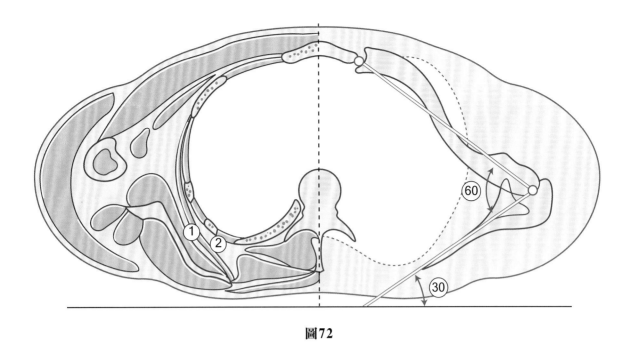

圖72

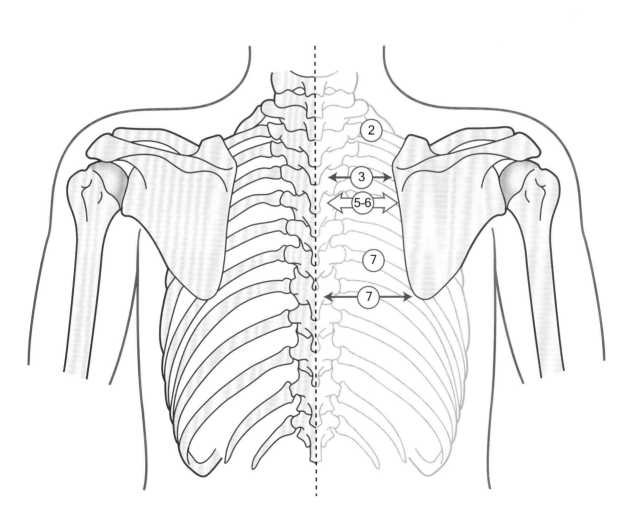

# 肩帶動作

分析上確認肩胛骨與肩帶三類動作：向外、垂直與旋轉。事實上，這三類動作總是互相關聯但角度變動。

**水平切面（圖74）**顯示肩胛骨向外動作，取決於鎖骨在胸骨肋骨鎖骨關節上的旋轉，以及肩峰鎖骨關節的活動度。

- 當肩膀在**後縮**動作時往後拉（右半切面），鎖骨會往後呈現更斜向且肩胛骨與鎖骨的夾角會增加到**70°**。
- 當肩膀在**前伸**動作向前拉（左半切面），鎖骨會移動靠近冠狀切面（形成小於30°的夾角），肩胛骨的平面會接近矢狀切面，肩胛骨與鎖骨的夾角會**小於60°**，且盂窩會面向前側。在這個位置胸廓的橫徑最大。

在這兩個極端位置下肩胛骨平面的改變從30°到45°。

**後側觀（圖75）**顯示前伸讓肩胛骨內緣距離棘突間線10-12公分。

**後側觀（圖76）**也顯示肩胛骨的垂直移動，範圍是10-12公分，與許多傾斜和肩胛骨抬起或降低有密切相關。

**後側觀（圖77）**也顯示肩胛骨的傾斜動作。這樣的旋轉發生在與肩胛骨平面垂直的軸上且軸通過靠近上外角的中心：

- 當肩胛骨「下」轉（右側）時，肩胛下角會向內移動且盂窩面向下方。
- 當肩胛骨「上」轉（左側）時，肩胛下角會向外移動且盂窩面向上方。

旋轉的範圍在45-60°。肩胛下角的位移為10-12公分，而上角為5-6公分。然而最重要的是，盂窩方向的改變對於肩膀動作扮演重要角色。

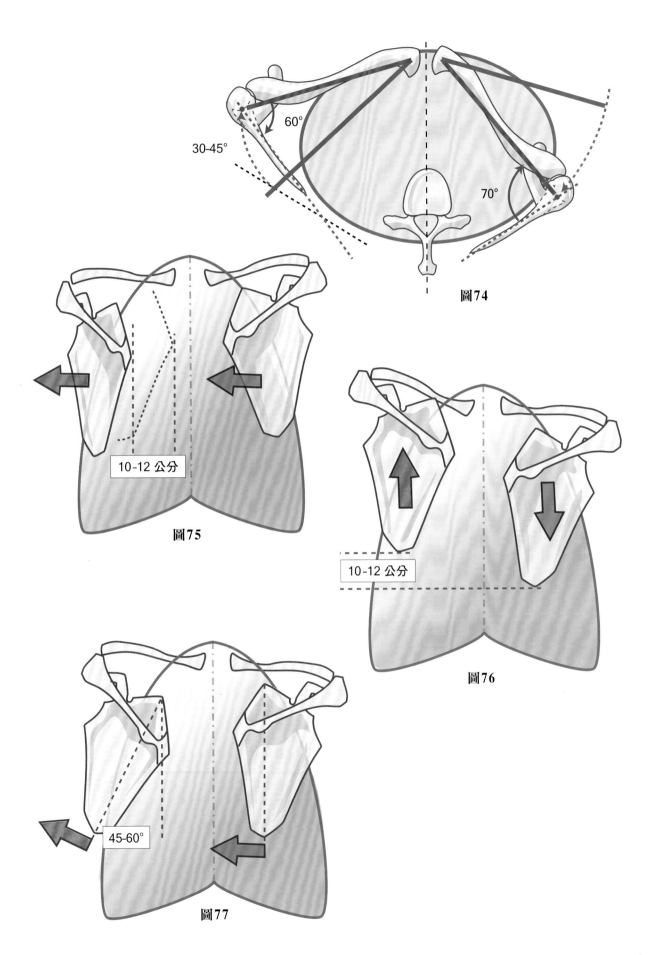

60°

30-45°

70°

圖74

10-12 公分

圖75

10-12 公分

圖76

45-60°

圖77

# 肩胛胸廓「關節」的真實動作

我們在先前已經描述**肩胛胸廓「關節」的基本動作**，但現在知道在上肢外展或屈曲時，這些基本動作是以不同角度合併產生。藉由在外展時拍攝一系列影像且比較不同位置下肩胛骨的影像，J.-Y. de la Caffinière已經能夠研究它的真實動作組成（**圖78**）。觀看角度從肩峰（上方）、喙突和盂窩（上方和右方）顯示外展時肩胛骨有四個動作：

1）**上抬**8-10公分，通常認為沒有任何相關的向前位移。

2）**角旋轉**38°，外展0°到145°時幾乎線性增加。從120°以上旋轉角度在肩關節和肩胛胸廓「關節」相同。

3）在內側斜向外側和後側斜向前側的水平軸上**傾斜**，所以肩胛下角向前向上移動，而上部則向後向下移動。這個動作可以想像一個人向後彎看頭頂的摩天大樓。在外展0°到145°下傾斜的角度為23°。

4）在垂直軸上以兩階段形態**旋轉**（swiveling）：
- 起初，在外展0°到90°間，盂窩會反常地位移10°面向後方
- 外展超過90°時，盂窩位移6°面向前方，無法回到起始前後平面的位置。

在外展時，盂窩進行一系列複雜動作，即上抬、內側位移和改變面向，因此肱骨大結節會「錯開」前側肩峰且在肩峰喙突韌帶下滑動。

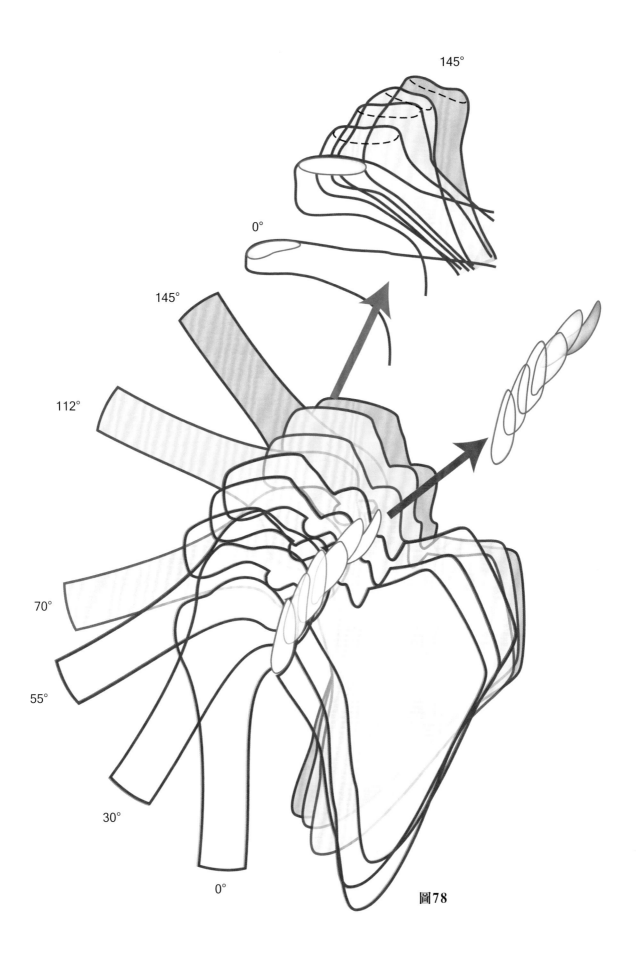

145°

0°

145°

112°

70°

55°

30°

0°

圖78

# 胸骨肋骨鎖骨關節

像大多角骨–掌骨關節，這個關節屬於**環面（toroid）**形態，因為這個鞍狀關節表面與**環形**內部表面切面一致，像輪胎的「內環」。兩個表面在**圖79**分開呈現**反向雙曲面**：一個方向是凸面一個是凹面，就像「剪出」環形的內側表面。一個凹曲面與另一個凸曲面吻合。小的表面（1）是鎖骨而大的表面是胸骨–肋骨（2）。小的表面實際上在水平面上比垂直面上長，因此在前側，特別是後側，會超過而「突出」胸骨–肋骨表面。

這關節在空間中會有**兩個垂直或直角的軸（圖80）**。軸1對應到胸骨–肋骨的凹曲面和鎖骨的凸曲面。軸2對應到胸骨–肋骨的凸曲面和鎖骨的凹曲面。這些平面的兩個軸完全重疊，就像兩個曲面。這些平面稱為鞍狀（saddle-shaped or sellar），因為鎖骨表面與肋骨–胸骨表面輕易吻合，就像騎馬者坐在他的馬鞍上。

- 軸1允許鎖骨垂直面上的移動。
- 軸2允許鎖骨水平面上的移動。

這個關節類型與普遍的關節一樣。它有**兩個自由度**，但合併兩個基本動作後可以執行軸向旋轉，即**共同旋轉**。鎖骨也會有被動軸向旋轉。

**右胸骨–肋鎖關節（圖81）**顯示前側被打開的樣貌。後傾的鎖骨（1）在上胸鎖韌帶（3）、前胸鎖韌帶（4）和肋鎖韌帶（5）被切除時顯示它的關節表面（2）。只有後側韌帶（6）沒有被切除。胸骨–肋骨表面（7）的兩個曲面清楚可見。

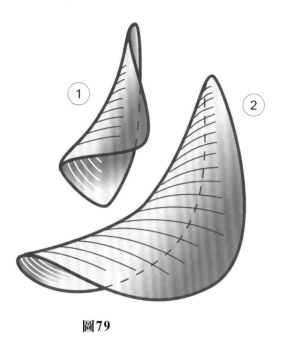

圖79

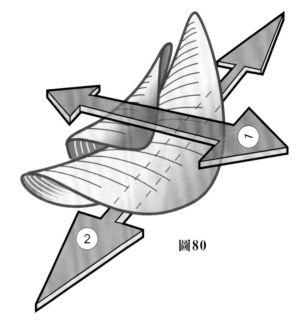

圖80

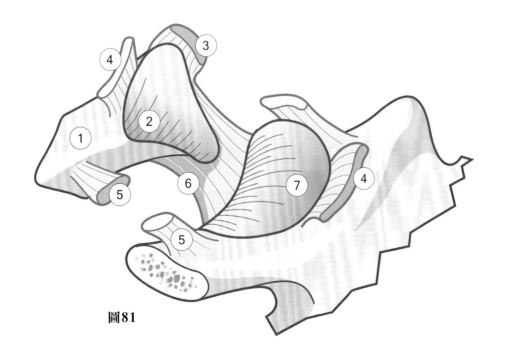

圖81

## 動作

　　**圖82（胸肋鎖關節，來自Rouvière）**的右邊為**冠狀切面**，左邊為**關節前側觀**。冠狀切面顯示肋鎖韌帶（1），從第1肋骨上部向上外側連接到鎖骨的下部表面。

- **兩個關節表面**經常沒有同樣的曲率半徑，透過**半月軟骨**（3）來達成密合，就像騎馬者和馬中間的馬鞍一樣。**半月軟骨**將關節分成兩個次要凹窩，它們之間可能會或不會互相連通，取決於半月軟骨中間有無穿孔。
- **胸鎖韌帶**（4）在關節上方，由上方的**鎖骨間韌帶**（5）所強化。

　　**前側觀**顯示：

- **肋鎖韌帶**（1）和**鎖骨下肌**（2）。
- **軸X**：水平且些微斜向前外側，對應到鎖骨在垂直面上動作範圍為10公分上抬和3公分下降。
- **軸Y**：在垂直面上斜向下方與些微向外側，通過肋鎖韌帶的中間且對應到鎖骨水平面上的動作。這些動作的範圍如下：鎖骨外側末端可向前移動10公分和下後3公分。從嚴謹的力學角度來看，真實的動作軸（Y'）與軸Y平行但在關節內側。

　　也有第三種動作形態，即鎖骨30°**軸向旋轉**。至今被認為這樣的旋轉有可能發生，因為韌帶鬆弛而來的關節的「鬆弛」，像所有兩個自由度的關節一樣，胸鎖關節也會在兩軸旋轉時產生**共同旋轉**。這個想法在實務上被確認，鎖骨軸向旋轉只會在上抬–後縮或下降–前伸時被看到。

### 鎖骨在水平面上的動作（圖83上側觀）

- 粗體線顯示鎖骨在休息時的位置。
- 點Y'是動作的力學軸。
- 兩個紅色叉號代表肋骨鎖骨韌帶的鎖骨末端極端位置。

　　肋鎖韌帶位置的切面（插入圖）顯示韌帶在極端位置產生的張力：

- 前伸（A）被肋鎖韌帶與前側關節囊韌帶（1）所產生的張力限制。
- 後縮（R）被肋鎖韌帶與後側關節囊韌帶（2）所產生的張力限制。

### 鎖骨在冠狀切面上的動作（圖84前側觀）

　　紅色叉號代表軸X。當鎖骨外側抬起（粗體線顯示）時內側會往下外側滑（紅色箭號）。動作會受到肋鎖韌帶（條紋束）和鎖骨下肌張力（2）產生的張力所限制。

　　當鎖骨下降時內側會上抬。這個動作會被上關節囊韌帶（4）所產生的張力和鎖骨與第1肋骨上表面的接觸所限制。

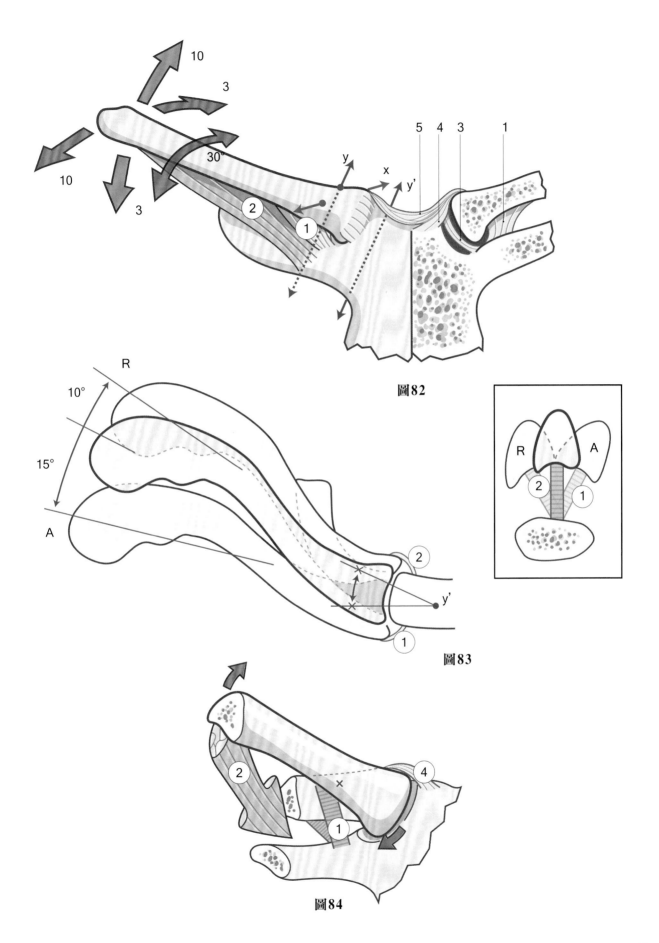

圖82

圖83

圖84

# 肩鎖關節

放大的**後側觀（圖85）**顯示這個平面關節的特色，因為缺乏連結的關節平面，而有很大的關節不穩定，且韌帶微弱連結有較大脫位的可能。

- **肩胛棘**（1）延伸到外側為**肩峰**（2），其前內緣為面向上方與前內側的橢圓形、平面或些微凸面的**關節表面**。
- **鎖骨**（4）外緣為向下的關節表面（5），與肩胛骨的**關節表面**相似且面向下方與後外側，鎖骨就像「懸在」肩峰上。
- 這個關節突出超過**肩胛骨盂窩**（10）並非常外露。
- 冠狀切面（插入圖）顯示**上肩峰鎖骨韌帶**（12）的微弱連結。
- 關節表面經常是凸面並不密合，所以有1/3的個案是靠關節內纖維**半月軟骨**（11）來增進密合。

事實上，這個關節的穩定取決於**兩條關節外韌帶**連結**喙突**（6），連結到棘上窩的上緣（9）與**鎖骨下緣**。這些韌帶是：

- **圓錐韌帶**（conoid ligament）（7）：從喙突的「肘部」連接到接近鎖骨後下緣的圓錐結節（conoid tubercle）。
- **斜方韌帶**（trapezoid ligament）（8）：從喙突上圓錐韌帶的前側，往上外側連接到鎖骨圓錐結節上外側的粗糙三角區域。

從**獨立的喙突前側觀（圖86）**顯示**圓錐**（7）與**斜方韌帶**（8）的排列，一起形成無空隙面向前內側的角。圓錐韌帶在冠狀切面上而斜方韌帶走斜向，所以它的前緣面向前內側與上方。

肩鎖關節與胸肋鎖關節在肩關節屈曲（F）－伸直（E）時加入動作**（圖87）**，因為肩胛骨傾斜取決於鎖骨的**扭轉（R）**，這個扭轉平均分配在兩個關節上。在伸直E與屈曲F的180°動作範圍中，60°動作被這些關節的鬆弛所吸收，剩下30°是胸肋鎖關節共同旋轉的結果。

肩鎖關節的活動度非常典型，完美地呈現一個滑動關節（arthrodial joint）的模型，只依賴關節上力學作用來產生**六個自由度**。小平面間沒有維持密合而移動，可以往所有方向滑動和「張開」。相對於微弱的韌帶連接與較強的肌肉僅能限制它的動作範圍。肩胛骨懸在鎖骨末端，可以跟**打穀器（swingle）**相比，它是現今已過時的農業工具連枷（flail）的活動部分，過去用來打麥用（**圖87-2**：年輕男孩使用連枷打小麥）。合併收割機是更大的機械，在田地使用後會只剩下麥稈與麥袋，這已經取代連枷。這些機械也意外地造成了失業問題。

連枷（來自拉丁文flagellum：鞭子）像有長把手的鞭子連接長條平面的皮帶（稱為打穀器），用來打小麥耳部並造成它們裂開釋出穀粒。連枷的打穀器透過軟皮革連接到把手並能夠在所有方向移動（**圖87-3**顯示連枷的力學原則）。這樣的活動度是滑液關節的**最大可達到程度**，可解釋為何肩鎖關節脫位是最頻繁的。

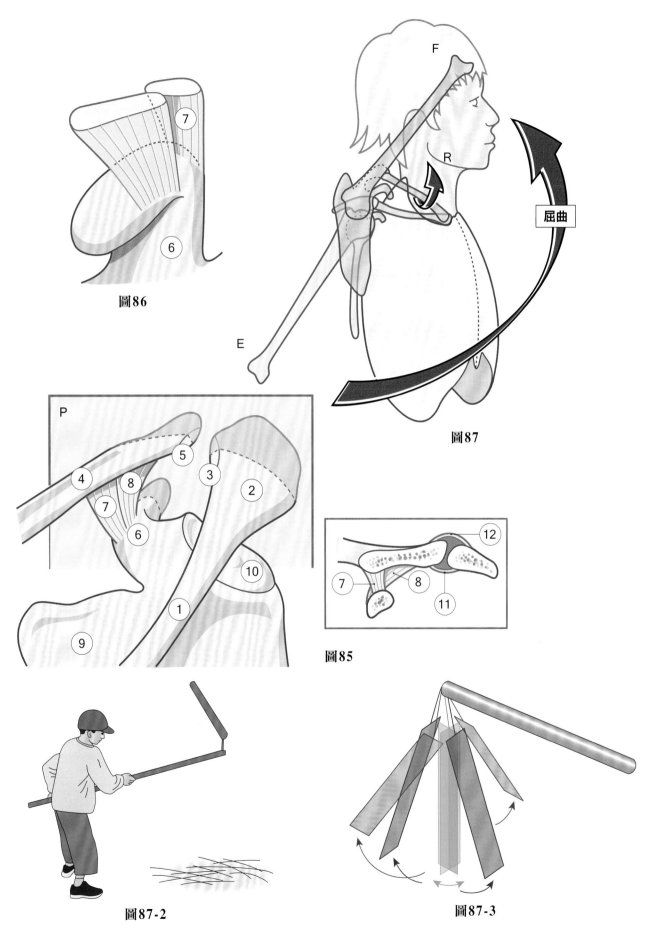

圖86

圖87

屈曲

圖85

圖87-2

圖87-3

圖88中（**右側肩鎖關節的外上側觀，來自Rouvière**）顯示：

- **肩鎖韌帶**（11）的上方切面顯示其**深處**，加強了關節囊（15）。
- **圓錐韌帶**（7）、**斜方韌帶**（8）與**內側喙鎖韌帶**（12）。
- **喙肩韌帶**（13）沒有扮演關節控制角色，但形成**棘上肌隧道**（**圖96，P.61**）。盂窩（10）觀顯示旋轉肌袖肌腱與喙肩韌帶有多接近。

- 表層連接**三角斜方腱膜**，由連接三角肌和斜方肌的膠原纖維組成。這個近期才被描述的結構對關節表面接合扮演重要角色，是唯一一對限制肩鎖關節脫位程度有貢獻的部位。

將鎖骨內側末端「脫離」（**圖89下內側觀，來自Rouvière**），可見上文描述的結構以及喙突韌帶（14），它連接到肩胛上切跡（suprascapular notch）且沒有扮演力學角色。

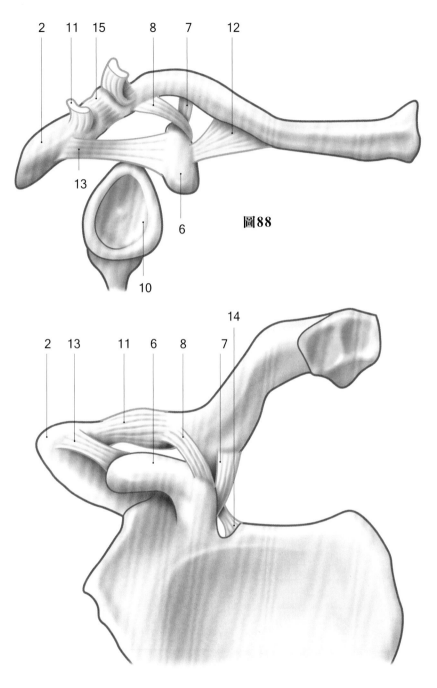

圖88

圖89

# 喙鎖韌帶的角色

肩鎖關節的示意圖（**圖90上側觀**）顯示圓錐韌帶（7）的角色：

- 從上可見肩胛骨的喙突（6）與肩峰（2）
- 鎖骨在起始位置（4，虛線）與最終位置（4'，實線）的輪廓

示意圖顯示鎖骨與肩胛骨間的角度變寬時（紅色小箭號），動作會受到圓錐韌帶的拉扯所限制（由兩條綠束代表兩個接續的位置）。

另一個相似的概觀（**圖91上側觀**）顯示**斜方韌帶**（8）在鎖骨與肩胛骨之間的角度靠近（紅色小箭號）時，斜方韌帶被拉扯且限制動作。

**前內側觀（圖92）**可清楚見到肩鎖關節的**軸向旋轉**，顯示以下：

- 叉號代表關節旋轉中心。
- 肩胛骨起始位置（明亮）：其下半被切掉。
- 肩胛骨最終位置（陰暗）：在鎖骨端旋轉後

的位置，**像連枷在把手端的打擊器**。

讀者可以見到圓錐韌帶（亮綠色）與斜方韌帶（暗綠色）被拉扯。這個30°旋轉加上胸骨−肋鎖關節的30°旋轉，允許肩胛骨產生60°的傾斜。

Fischer等人使用連續攝影顯現**肩鎖關節完整的動作複合**，是部分互鎖相連的平面關節。

在**外展**時，當肩胛骨作為一個固定的參考基準時，可見以下情況：

- 鎖骨內側端10°的上抬。
- 肩胛−鎖骨角度70°的變寬。
- 鎖骨向後45°的軸向旋轉。

在**屈曲**時基本動作相似，儘管肩胛−鎖骨角度的變寬較少。

在**伸直**時肩胛−鎖骨角度變小。

在**內轉**時唯一的動作為肩胛−鎖骨角度打開到13°。

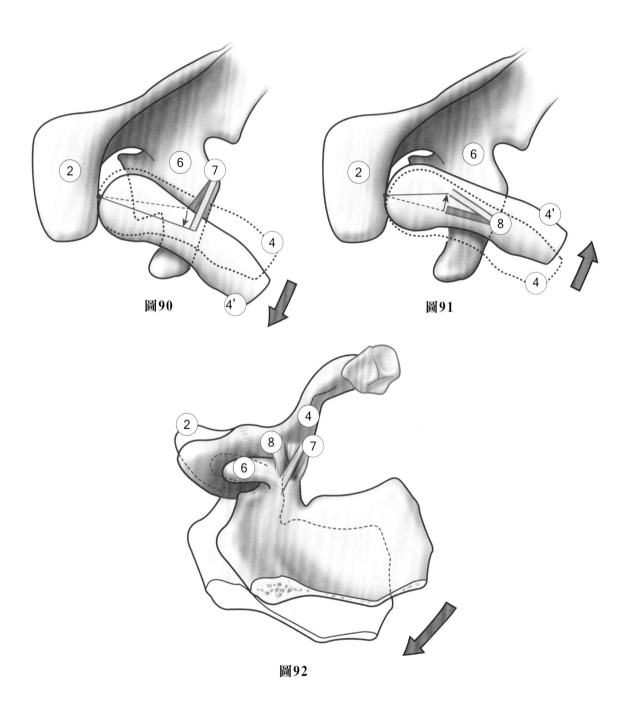

圖90

圖91

圖92

# 肩帶的動作肌群

　　胸廓右半邊圖示（**圖93**）代表後側觀且顯示如下：

## 1) *斜方肌*（Trapezius）

　　斜方肌由三個不同動作的部分組成：

- **上肩峰–鎖骨纖維**（1）將肩帶抬起並預防因重量負荷而下垂。當肩膀固定時它們可以過度伸直頸部且將頭轉向對側（見第3冊）
- **中間水平纖維**（1'）：從脊椎起始，將肩胛骨內緣靠近中線2–3公分並將肩胛骨推向胸廓。它們將肩帶往後移動。
- **下纖維**（1"）：往斜下內側走，將肩胛骨拉往下內側。

**同時收縮三組纖維：**

– 將肩胛骨往下內側拉。
– 將肩胛骨上轉20°，在外展上扮演較小角色，在提重物時扮演較大角色。預防手臂下垂且將肩胛骨拉離胸廓。

## 2) *菱形肌群*（Rhomboid muscles）

- 菱形肌群（2）斜向往上內側走：
  – 將肩胛下角往上內側拉並上抬肩胛骨。往下轉因此盂窩面向下方。
- 將肩胛下角固定在肋骨，菱形肌群癱瘓會造成肩胛骨與胸廓分離。

## 3) *提肩胛肌*（Levator scapulae）

提肩胛肌（3）斜向往上內側走，與菱形肌群有相同動作：

- 將肩胛骨上內角往上內側拉2–3公分（如同聳肩）。
- 它在抬重量時活化，它的癱瘓則會造成肩帶下垂。
- 它造成盂窩些微向下旋轉。

## 4) *前鋸肌*（Serratus anterior）（圖94，4'）

　　圖93顯示左半的前側觀，有*胸小肌*和*鎖骨下肌*。

## 5) *胸小肌*（Pectoralis minor）

　　胸小肌（5）斜向往前下方走：

- 降低肩帶，因此盂窩面向下方（例如在雙槓上動作）。
- 將肩胛骨往前外側拉，因此，後緣會被拉離胸廓。

## 6) *鎖骨下肌*（Subclavius）

　　鎖骨下肌（6）斜向往下內側走，幾乎平行鎖骨：

- 降低鎖骨與肩帶
- 將鎖骨內側端壓向胸骨柄以確保胸骨–肋鎖關節平面的接合。

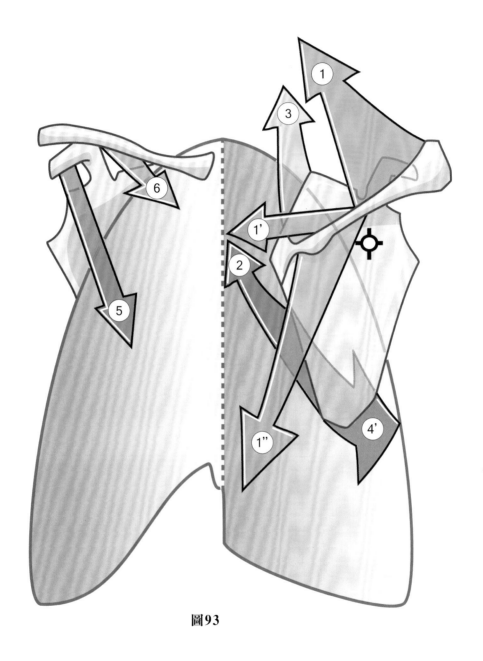

圖93

**胸廓圖示（圖94）**顯示：

- **斜方肌**（1）：將肩胛帶上抬
- **提肩胛肌**（3）
- **前鋸肌**（4和4'）：位在肩胛骨的深處並往胸廓後外側展開。由兩個部分組成：
  - **上部**（4）：橫向往前側走，在將重物推向前時把肩胛骨往前外側拉12-15公分並停下。它的癱瘓在臨床上容易偵測，當病患前傾靠牆時，癱瘓側的肩胛骨會從胸廓上分離。
  - **下部**（4'）：斜向往前下方跑，藉由拉動肩胛下角往外將肩胛骨往上傾斜，並造成

盂窩面向上方。在手臂屈曲、外展與提重物（例如一桶水）時活化，但只有在手臂外展超過30°時發生。

**胸廓水平切面（圖95）**強調肩胛帶，讓我們可見肌肉的動作：

- **右側**：**前鋸肌**（4）和**胸小肌**（5）將肩胛骨往外拉並增加肩胛骨的脊椎（內）緣與脊椎之間的距離。**胸小肌**與**鎖骨下肌**（這裡未顯示）將肩胛帶下拉。
- 左側：**斜方肌**的中間纖維（這裡未顯示）和**菱形肌群**（1）將肩胛骨的脊椎緣往脊椎靠近。菱形肌群也上抬肩胛骨。

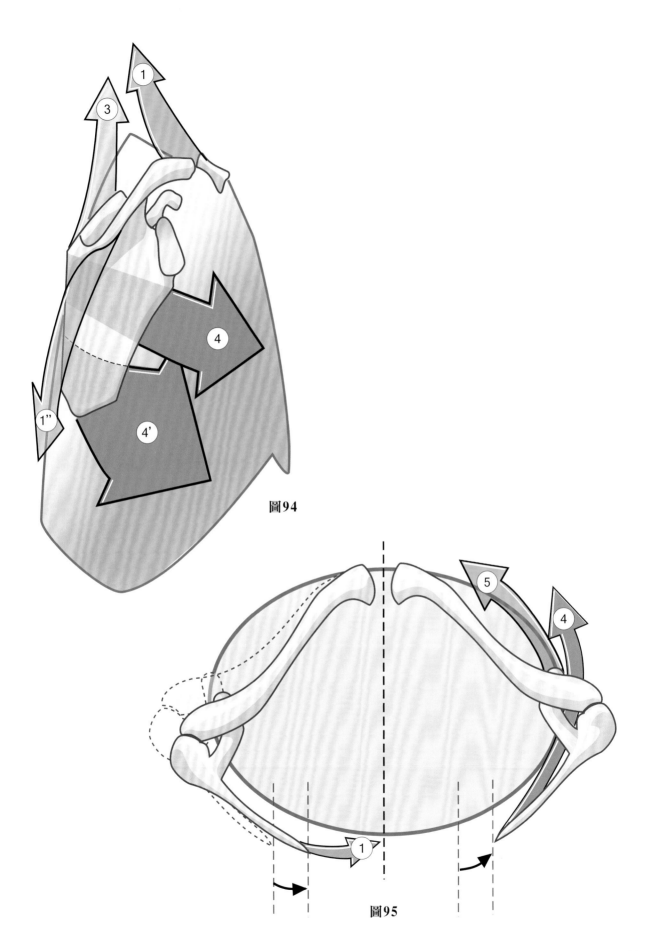

圖 94

圖 95

# 棘上肌與外展動作

**圖96（肩胛外側觀）**清楚顯示**棘上肌隧道**（*），界線如下：

- 後側有肩胛棘與肩峰（a）
- 前側有喙突（c）
- 上方有喙肩韌帶（b）：直接與肩峰連接，因此產生一個纖維–骨骼弓，稱為**喙突–肩峰弓（coraco–acromial arch）**。

棘上肌隧道形成一個**堅硬沒有延展性的環**，因此：

- 如果棘上肌肌腱因為發炎反應或退化過程而增厚，肌肉則無法在隧道內滑動。
- 如果肌肉形成結節狀水腫，它會卡在隧道直到結節最終滑過去。這現象稱為**「彈跳肩」**。
- 如果因退化過程而肌肉斷裂，會造成**「旋轉肌袖斷裂」**，並造成以下結果：
  - **喪失完全主動外展**，不會超過水平面。
  - **肱骨頭與喙突–肩峰弓的直接接觸**，造成「旋轉肌袖斷裂」的相關疼痛。

肌腱的手術修復是困難的，因為隧道很小，這樣的困難支持**肩峰下成形術（inferior acromioplasty）**（下半肩峰的完全切除）**配合喙肩韌帶的切除**。

**肩關節前上側觀（圖97）**顯示從肩胛骨棘上窩連到肱骨大結節的棘上肌（2）如何在喙突–肩峰弓（b）下滑動。

**肩關節後側觀（圖98）**顯示四條外展肌的排列：

- **三角肌**（1）：與*棘上肌*（2）合力形成肩關節**外展肌力偶（force couple）**。
- *前鋸肌*（3）與*斜方肌*（4）形成肩胛胸廓「關節」的**外展肌力偶**。

以下肌肉沒有顯示在圖上，但仍然在外展時會用到：*肩胛下肌*、*棘下肌*和*小圓肌*。它們將肱骨頭往內下方拉並與三角肌形成肩關節次要的外展肌力偶。最後，肱二頭肌長頭肌腱（未顯示）在外展扮演重要角色。現在已知肌腱斷裂會造成20%外展肌力下降。

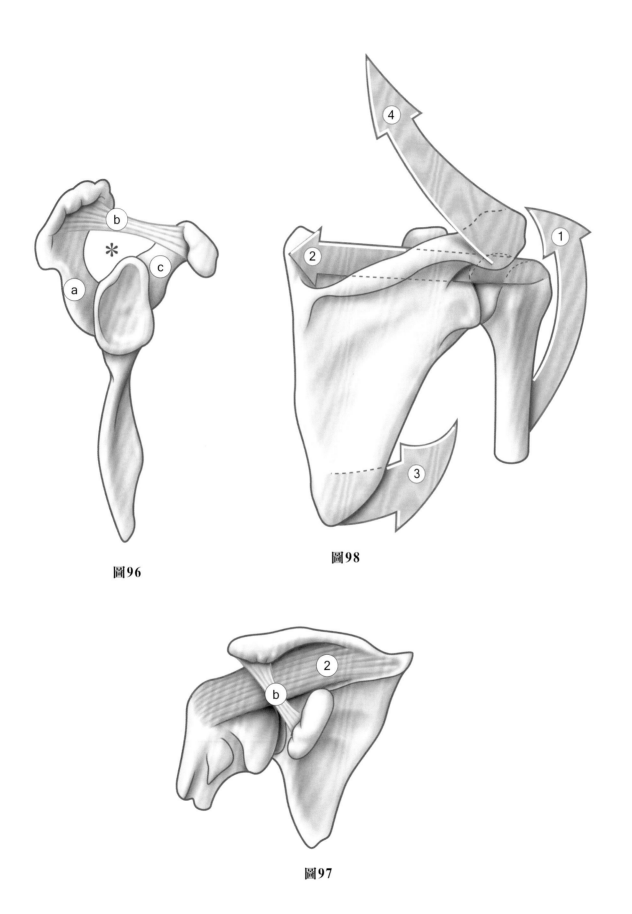

圖96

圖98

圖97

# 外展生理學

　　儘管起初認為外展是只涵蓋**三角肌**和***棘上肌***兩條肌肉的簡單動作，關於它們個別的貢獻仍有爭議。近期肌電圖研究（（J.-J. Comtet與Y. Auffray，1970）對問題有新的解釋。

### 三角肌的角色

　　根據Fick（1911）的研究，三角肌（**圖99和100**中的黑色叉號）由七個功能性部分組成**（圖101肌肉下部的水平切面）**

- 前側（鎖骨）束有兩個部分：I和II。
- 中間（肩峰）束只有一個部分：III。
- 後側（脊椎）束有四個部分：IV、V、VI和VII。

　　當考量每個部分的位置與純外展軸AA'時**（圖100前側觀和圖99後側觀）**，顯然某些部分，即肩峰束（III）、鎖骨束最外側的部分II以及脊椎束的部分IV在外展軸的外側並在開始時產生外展**（圖101）**。另一方面，其他部分（I、V、VI、VII）在上肢垂直懸掛在身體旁時扮演內收肌。後者成分與前者為拮抗肌，而在開始外展後它們會逐漸移動到外展軸AA'的外側。因此這些部分有反轉的功能，取決於動作的起始位置。注意有些部分（VI和VII）不管外展角度永遠都是內收肌。

　　Strasser（1917）總體上同意這個觀點，但是注意當外展發生在肩胛平面，即30°屈曲並圍繞著垂直於肩胛骨平面的BB'軸**（圖101）**時，幾乎所有的鎖骨束從起始就是外展肌。

　　肌電圖研究顯示肌肉不同部分會在外展時接續被徵召，在起始時越是強力的內收肌會越晚被徵召，就像它們在音樂刻度下受到中央鍵盤的命令。

　　因此外展部分不會被拮抗內收肌所對抗。這是個Sherrington提出的交互支配的例子。

在**純粹外展**時，徵召順序如下：
1）肩峰束III
2）部分IV和V（之後幾乎立刻）。
3）最後是在外展20–30°後的部分II。

在**外展合併屈曲30°**：
1）部分III和II在最開始收縮。
2）部分IV、V和I再進一步收縮。

在**肱骨外轉合併外展**：
1）部分II在起始時收縮。
2）部分IV和V即使到外展的最後也不收縮。

　　在**肱骨內轉合併外展**時收縮順序則相反。
　　**總結來說**，三角肌從最起始活化，可以靠自己完成外展完整角度。它在外展90°時達到最大效率，根據Inman，它產生等同於上肢重量8.2倍的力量。

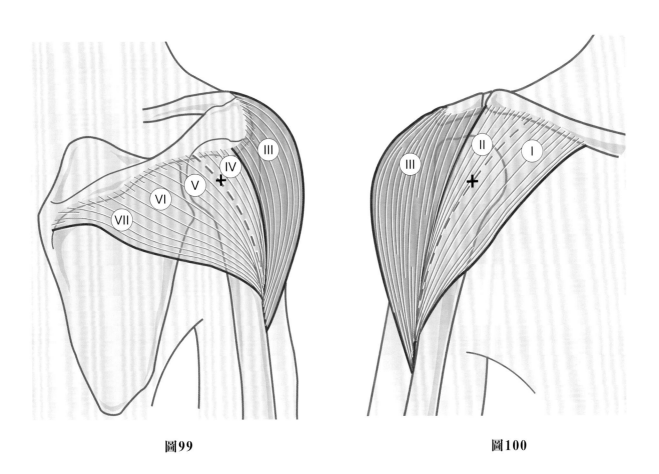

圖99                                    圖100

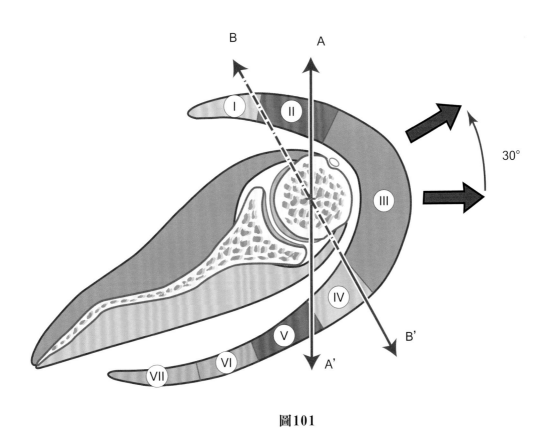

圖101

# 旋轉肌群的角色

以前三角肌與棘上肌的協同作用被認為在外展扮演重要（若非討論基礎時）的角色。然而近期認為其他旋轉肌群對於三角肌的效益也不可或缺（Inman）。事實上，在外展時（**圖102**），三角肌**D**產生的力量可以分解成縱向部分**Dr**，在減掉上肢**P**重量的縱向部分**Pr**（作用在重心）後，得到作用於肱骨頭中心的力**R**。力R接著可分解成將肱骨頭推向盂窩的分力Rc，以及將肱骨頭向上外側脫位的更強分力RI。若旋轉肌群（棘下肌、肩胛下肌和小圓肌）在此時收縮，它們的總力Rm直接對抗脫位力RI，預防肱骨頭向外上方脫位（**圖104**）。因此力Rm傾向於降低上肢，而上抬部分Dt為產生外展的功能性力偶。旋轉肌群產生的力量在60°外展時最大。這個結果由棘下肌的肌電圖證實（Inman）。

## 棘上肌的角色

**棘上肌**長久以來被認為是「外展起始者」。B. Van Linge和J.-D. Mulder的研究藉由麻醉肩胛上神經來癱瘓這條肌肉，顯示它即使在起始時對於外展也不是必要的。三角肌本身就足夠完成完整外展。

但從Duchenne de Boulogne的電學實驗與臨床觀察，在三角肌獨立癱瘓後，**棘上肌**本身可以產生與**三角肌**一樣範圍的外展。

肌電圖顯示**棘上肌**在完整外展時都有收縮且在外展90°時達到最大，就像三角肌一樣。

**在外展起始時**（**圖103**，De：三角肌，Dt：切線部分），力的切線（tangential）部分Et在比例上比三角肌Dt更大，但力臂較小。徑向（radial）部分Er將肱骨頭強力推向盂窩並顯著對抗三角肌徑向部分Dr產生的肱骨頭向上脫位。它也確保關節表面的接合，如同旋轉肌群的作用。同樣的，它拉緊關節囊上纖維並對抗肱骨頭向下脫位（Dautry和Grosset）。

**棘上肌**因此是其他袖肌群（即旋轉肌群）的協同肌。它是**三角肌**的強力幫手，獨自作用會很快疲乏。

總體來說，它的動作在幫助關節表面接合的**品質**與改善外展耐力與爆發力的**量**很重要。雖然它不再能號稱外展起始者，卻是有用且有效的外展肌，特別是外展起始時。

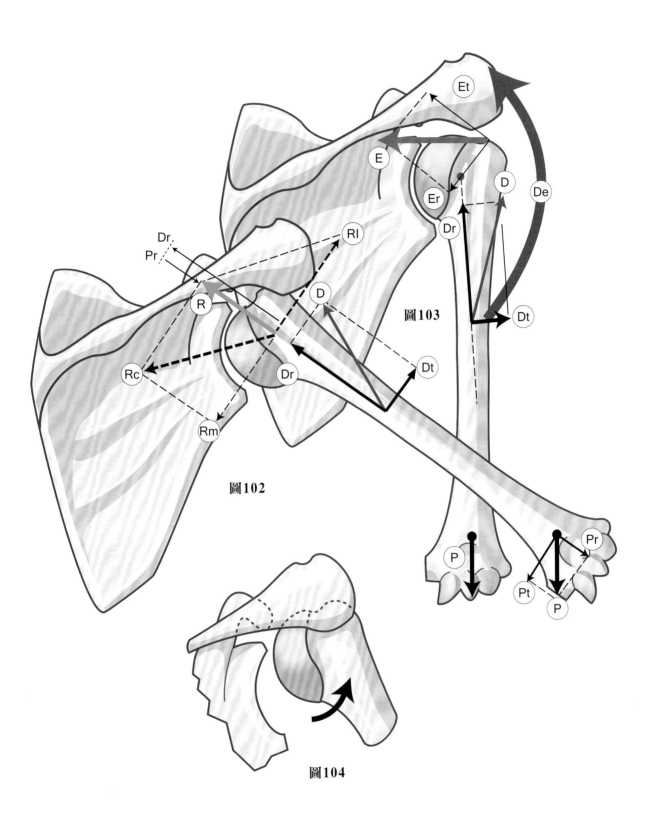

圖102

圖103

圖104

# 外展動作的三個時期

### 外展第一時期（圖105）：0°-60°

涵蓋的必要肌肉為**三角肌**（1）和**棘上肌**（2），形成肩關節的功能性力偶，外展動作起始於這個關節。第一時期會在接近90°肩關節因為大結節撞擊到盂窩上部時「卡住」而結束。肱骨外展和些微屈曲讓大結節向後移並延遲這個力學性阻斷。因此外展合併屈曲30°讓動作發生在肩胛平面上才是真正的生理性外展動作（Steindler）。

### 外展第二時期（圖106）：60°-120°

當肩關節達到它的完全動作範圍，外展需要肩帶參與才能繼續。

動作如下：

- 肩胛骨的「擺動」往逆時針旋轉（右側肩胛骨），讓盂窩面向上方。這個動作的範圍是60°。
- 胸肋鎖關節和肩鎖關節的軸向旋轉，每個關節貢獻30°。

參與第二時期的肌肉為：

- **斜方肌**（2和4）
- **前鋸肌**（5）

這些肌肉形成肩胛胸廓「關節」外展時的力偶。

動作會在約150°（90°+60°，來自於肩胛骨旋轉）時受到內收肌（**闊背肌**和**胸大肌**）拉扯的阻力而受限。

### 外展第三時期（圖107）：120°-180°

為了讓肢體達到垂直位置，脊柱的動作變得重要。

如果只有一隻手臂外展，對側脊椎肌群（6）所產生的脊柱側屈是需要的。若兩隻手臂外展則需要最大肩屈曲才能兩側縱向平行。為達到縱向位置，增加腰椎前凸是必須的，且由脊椎肌群動作達成。

這樣把外展分成三個時期當然是人為的。實際上這些肌肉動作的不同組合會在其他時期發生。因此容易觀察到肩胛骨在達到90°外展前開始「擺動」，同樣地脊椎彎曲會在外展到150°前發生。

在外展末端所有肌肉都在收縮。

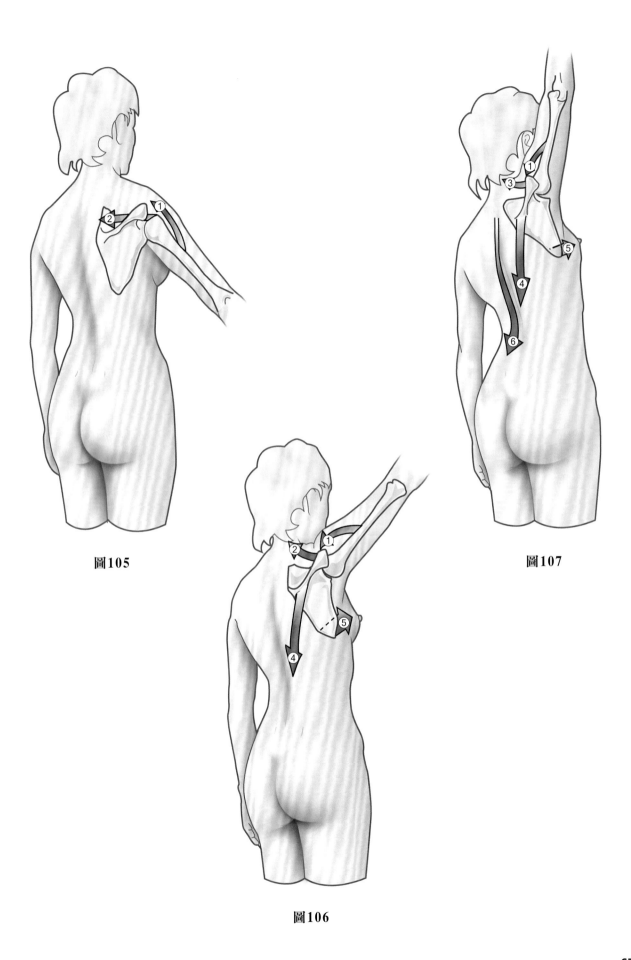

圖105

圖106

圖107

# 屈曲動作的三個時期

## 屈曲第一時期（圖108）：0°–50°/60°

涵蓋的肌肉如下：

- **三角肌**的前側鎖骨纖維（1）
- **喙肱肌**（2）
- **胸大肌**的上方鎖骨纖維（3）。

肩關節屈曲動作受兩個因素限制：

1）喙肱韌帶產生的張力

2）**小圓肌**、**大圓肌**和**棘下肌**提供的阻力

## 屈曲第二時期（圖109）：60°–120°

肩帶參與如下：

- 肩胛骨60°旋轉讓盂窩面向前上方
- 胸肋鎖關節和肩鎖關節的軸向旋轉，每個關節貢獻30°。

涵蓋肌肉與外展相同：**斜方肌**（未顯示）

與**前鋸肌**（6）。

肩胛胸廓「關節」產生的屈曲動作會受到**闊背肌**（未顯示）與**胸大肌**下方纖維（未顯示）的阻力所限制。

## 屈曲第三時期（圖110）：120°–180°

由**三角肌**（1）、**棘上肌**（4）、**斜方肌**下纖維（5）和**前鋸肌**（6）的活動，繼續舉起上肢。

當肩關節與肩胛胸廓關節的屈曲受到限制時，脊柱的動作變得必要。

如果只有一隻手臂屈曲，透過移動到最大外展位置與脊柱側屈來完成動作。若兩隻手臂屈曲，最終期的動作與外展相同，即透過脊椎肌群（未顯示）來增加腰椎前凸。

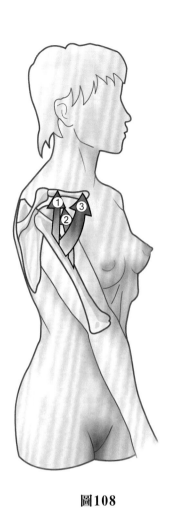

圖108

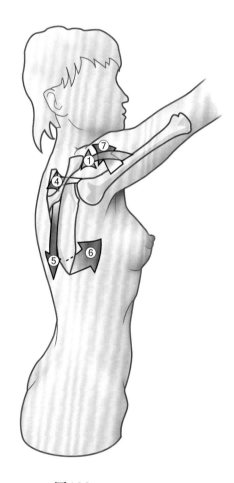

圖109

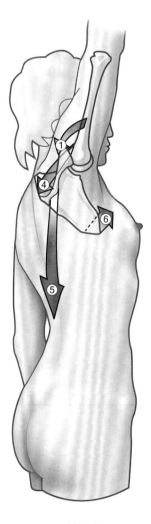

圖110

# 旋轉肌群

**肩關節上側觀（圖111）**顯示旋轉肌群：

- **內轉肌群**（也可見**圖112**）：

  1）**闊背肌**（1）

  2）**大圓肌**（2）

  3）**肩胛下肌**（3）

  4）**胸大肌**（4）

- **外轉肌群**（也可見**圖113**）

  5）**棘下肌**（5）

  6）**小圓肌**（7）

相較於許多有力的內轉肌，外轉肌是無力的。但它們仍然是上肢正常功能必要的肌肉。因為他們的作用能讓手處在軀幹前且移動向前側與外側。右手的內–外側動作對寫字很重要。

需要注意的是，這些肌肉有不同的神經支配（上肩胛神經支配棘下肌；腋下神經支配小圓肌），這兩條神經來自臂神經叢同一個根（C5）。所以兩條肌肉會因為向前跌倒傷害肩關節（機車車禍）造成臂神經叢牽拉損傷而導致同時癱瘓。

但肩關節旋轉不能代表整個上肢的旋轉。會因為肩胛骨（還有盂窩）的方向而有額外改變，如在胸廓上向外移動（**圖75，P.43**）。這樣40–45°肩胛骨方向的改變造成相對應的旋轉動作範圍增加。涵蓋的肌肉如下：

- 為了外轉（肩胛骨內收）：**菱形肌群**和**斜方肌**。
- 為了內轉（肩胛骨外展）：**前鋸肌**和**胸小肌**。

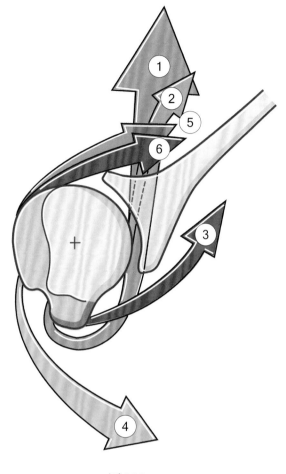

圖111

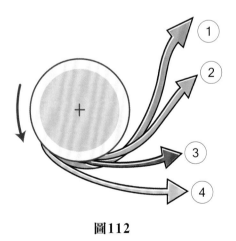

圖112

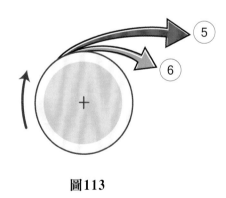

圖113

# 內收動作和伸直動作

**內收肌群**（**圖114**前側觀和**圖115**後外側觀，同樣的圖說標號）有**大圓肌**（1）、**闊背肌**（2）、**胸大肌**（3）和**菱形肌群**（4）。

**圖117**插入圖顯示兩個圖解釋兩個肌肉力偶動作產生內收：

- **圖117a**：**菱形肌群**（1）和**大圓肌**（2）力偶的協同動作對內收不可或缺。若**大圓肌**單獨收縮且上肢對抗內收阻力，肩胛骨會在軸上（以叉號標記）產生上轉。**菱形肌群**的收縮可預防肩胛骨旋轉並讓**大圓肌**內收手臂。

- **圖117b**：當非常強力的內收肌**闊背肌**（3）收縮時會使肱骨頭向下位移（黑色箭號）。**肱三頭肌長頭**（4）是微弱的外展肌，可借由同時收縮並提起肱骨頭（白色小箭號）來對抗向下位移。這是另一個拮抗–協同的例子。

**伸肌群**（**圖116**，後外側觀）在兩個位置產生伸直：

1）**肩關節伸直**：
   - **大圓肌**（1）
   - **小圓肌**（5）
   - **三角肌**後側肩胛棘纖維（6）
   - **闊背肌**（2）。

2）**肩胛胸廓「關節」伸直**（肩胛骨內收）：
   - **菱形肌群**（4）
   - **斜方肌**中間水平纖維（7）
   - **闊背肌**（2）

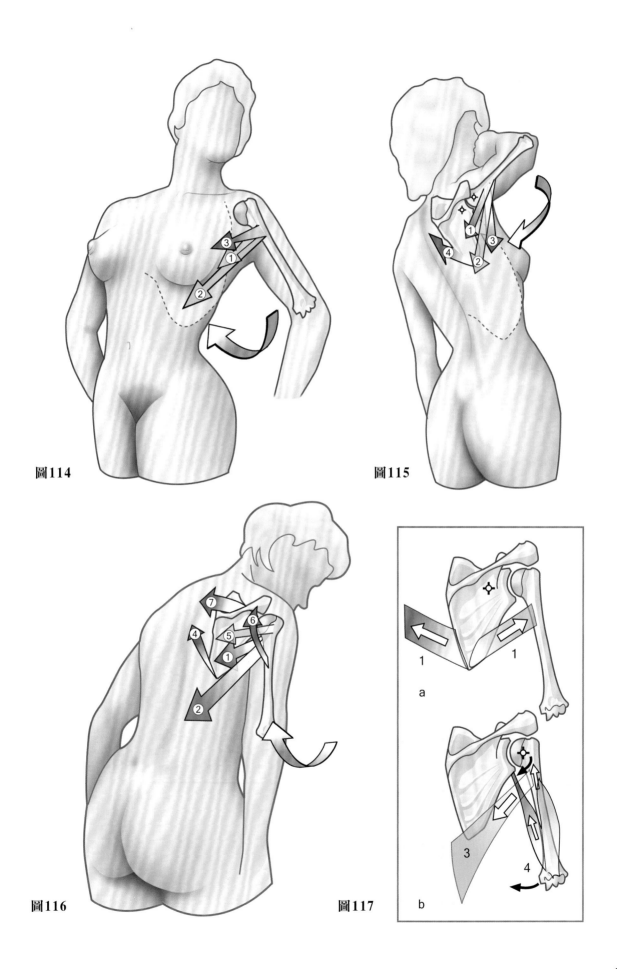

圖114

圖115

圖116

圖117

# 屈曲動作與外展動作的「希波克拉底」量測（'Hippocratic' measurement of flexion and abduction）

現在的檢查方法像是X光、電腦斷層（CT）和核磁共振影像（MRI）對醫師來說不會總是可行，這些進階方法對於給予診斷或建立損傷的位置與重要性非常有用且不可或缺，但在臨床檢查開始時醫師必須能像醫學創立者希波克拉底一樣只靠五感來診斷與評估病患。

**當我們視人體為其自身的參考系統**時，評估關節功能而不使用任何量測工具〔包括測角儀（goniometer）或量角器〕是可能的。**回溯到希波克拉底時期**，這個系統可以在沒有科技工具可取得的情況下使用，這完全適用在肩關節檢察。

對於**屈曲動作（圖119和120）**和**伸直動作（圖118）**我們必須記得：

- 當手指碰到嘴巴**（圖119）**則肩關節屈曲為**45°**。這個動作讓食物能送入口中。

- 當手能夠放在頭頂**（圖120）**則肩關節屈曲為**120°**。這個動作讓個人可以整理頭髮（例如梳頭）。已經在P.21顯示的「三點測試」也提供肩關節整體臨床評估一個極佳的工具。

對於**伸直動作（圖118）**，當手能放在髂嵴上則肩關節伸直達到**40-45°**。

對於**外展（圖121和122）**：

- 當手放髂嵴上**（圖121）**則肩關節外展達到**45°**。

- 當手指碰到頭頂**（圖122）**則肩關節外展達到**120°**。這個動作讓個人可以整理頭髮（例如梳頭）。

這些方法可以應用在幾乎任何關節，稍後我們會再見到。

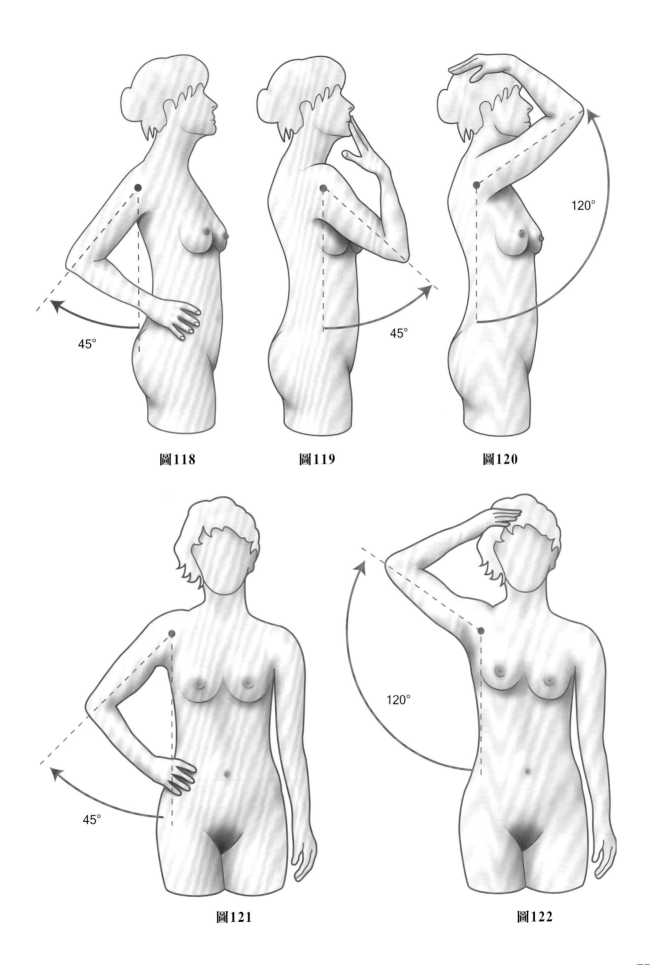

圖118　　　　　　　　圖119　　　　　　　　圖120

圖121　　　　　　　　　　　　　圖122

# 第2章

# 肘關節

解剖上，肘關節由單一關節窩的關節組成。 然而生理上它有**兩個不同功能**：

- **屈曲–伸直動作**涵蓋兩個關節：肱尺關節和肱橈關節。
- **旋前–旋後動作**涵蓋上橈尺關節。

這章只會討論**屈曲**動作與**伸直**動作。

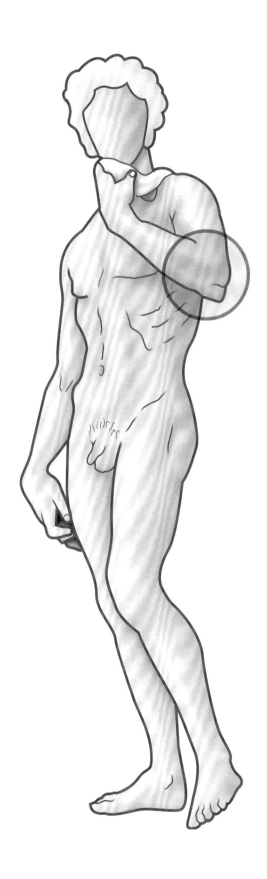

# 手靠近或遠離身體的動作

肘關節是上肢的**中間關節**，形成第一區段（**上臂**）和第二區段（**前臂**）的力學連結。允許前臂能移動功能性肢體（手）到離開身體任何距離的位置（多虧肩關節動作能到空間中的任何位置）。

**肘關節屈曲構成將食物送入口中能力的基礎**。伸直且旋前的前臂（**圖1**）由於合併屈曲與旋後，將食物送入口中。在這方面能執行這兩個動作的肱二頭肌可以被稱為**餵食肌肉**。

這讓我們清楚知道肘關節屈曲**對餵食很重要**。如果雙側手肘被卡在完全伸直或半伸直，人將無法自行進食。

肘關節是由上臂和前臂構成的**一組羅盤**（**圖2**），當肘關節從 $C_1$ 屈曲到 $C_2$，可以讓腕關節 $P_1$ 非常接近肩關節（**E**）的位置 $P_2$。因此，手能輕鬆碰到三角肌和嘴巴。

在**望遠鏡模型**中（**圖3**）呈現另一種理論與想像的力學版本，手無法碰到嘴巴，因為手和嘴巴的最短距離是肢段 **L** 長度與框架 **e** 長度的總和，用以維持系統的堅固。

因此，假使後者是生物學上可能的話，肘關節的**「羅盤」解法**比**「望遠鏡」解法**更有邏輯且更好。

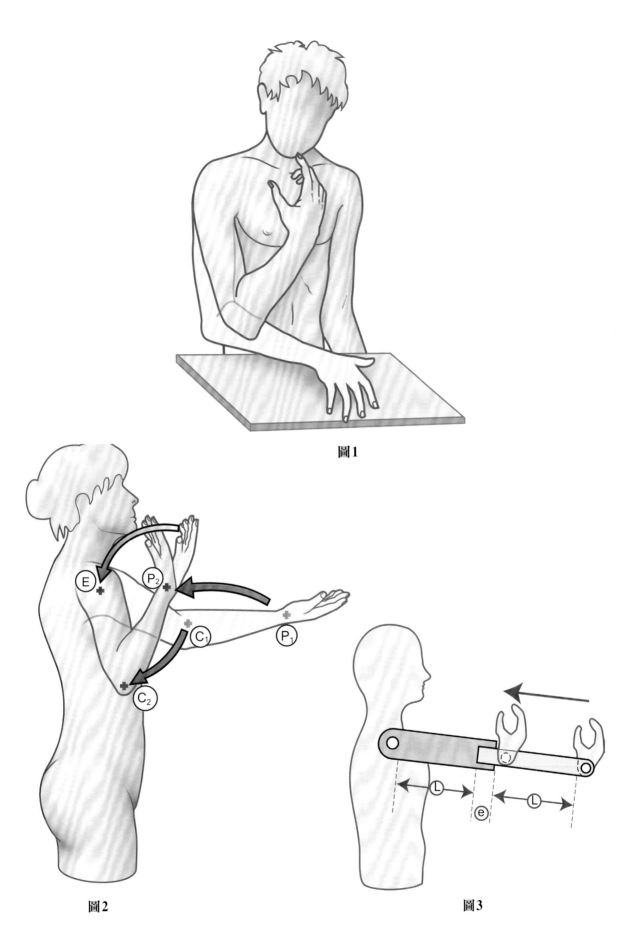

圖1

圖2

圖3

# 關節表面

**肱骨末端**有兩個關節表面（**圖4，來自Rouvière**）：

- **滑車**（trochlea）（2）：滑輪形狀（**4A**）有一個中央溝在矢狀切面上，並由兩個凸面邊緣相接。

- **肱骨小頭**（capitulum）：圓形表面（3），在滑車外面且面向前方。

由滑車與肱骨小頭形成的複合體（**圖5**），可以比喻為球和線軸並以同個軸T穿在一起，這個軸初步構成**肘關節屈曲–伸直的軸**。

以下兩個需要注意：

1）**肱骨小頭並非完整的球形而是前半個球體的半球形**。因此肱骨小頭不像滑車，沒有延伸到後側，而是短短的停在肱骨下端。它的平面不只可以屈曲–伸直，還可以在軸L上軸向旋轉（藍色箭號，**圖5**）。

2）**肱骨小頭–滑車溝（圖4A和5）**是一個轉換區（4），有圓錐狀節段的外觀，滑車外側邊緣有比較寬的基底。肱骨小頭–滑車溝的用處稍後會呈現。

**圖5**顯示為何關節內側區域只有屈曲–伸直的一個自由度，而外側則有**屈曲–伸直和軸向旋轉**兩個自由度。

**前臂兩個骨頭的近端末端**有兩個平面與肱骨接觸：

1）**尺骨的滑車切跡（圖4B）**：與肱骨滑車相接並有相對應形狀。它由一個縱向環狀嵴（10）組成，從上方鷹嘴突（olecranon process）（11）起始往前下方的冠狀突（coronoid process）（12）延伸。對應到滑車溝，在嵴的兩側都是凹面，與滑車（13）的邊緣相符。關節表面形狀像一條波形鐵片（**圖5，紅色雙箭號**），有一個嵴（10）和兩個溝槽（11）。

2）**橈骨頭的杯狀近端表面（圖4）**是凹面（14），對應到肱骨小頭（3）的凸面。由一個環（15）圍繞，與肱骨小頭–滑車溝（4）相接。

這兩個表面因為有環狀韌帶（annular ligament）（16），所以實際上讓它們一起形成一個單一關節表面。

**圖6**（前側觀）與**圖7**（後側觀）顯示**關節表面的相連接**。**圖6（右側）**顯示在滑車上方的鷹嘴窩（5）、橈窩（6）、內上髁（7）和外上髁（8）。**圖7**（後側觀，**左側**）也顯示鷹嘴窩（21），容納鳥喙形狀的鷹嘴突（11）。

**關節的冠狀切面（圖8，來自Testut）**顯示關節囊（17）包含一個解剖關節窩與兩個功能性關節（**圖9，圖示冠狀觀**）：

1）**屈曲–伸直的關節**：由肱尺關節（**圖8，18**）和肱橈關節（**圖8，19**）組成。

2）**上橈尺關節**（20）由環狀韌帶（16）包圍，對旋前/旋後很重要。

也可看見鷹嘴突（**圖8，11**），伸直時會在鷹嘴窩裡面。

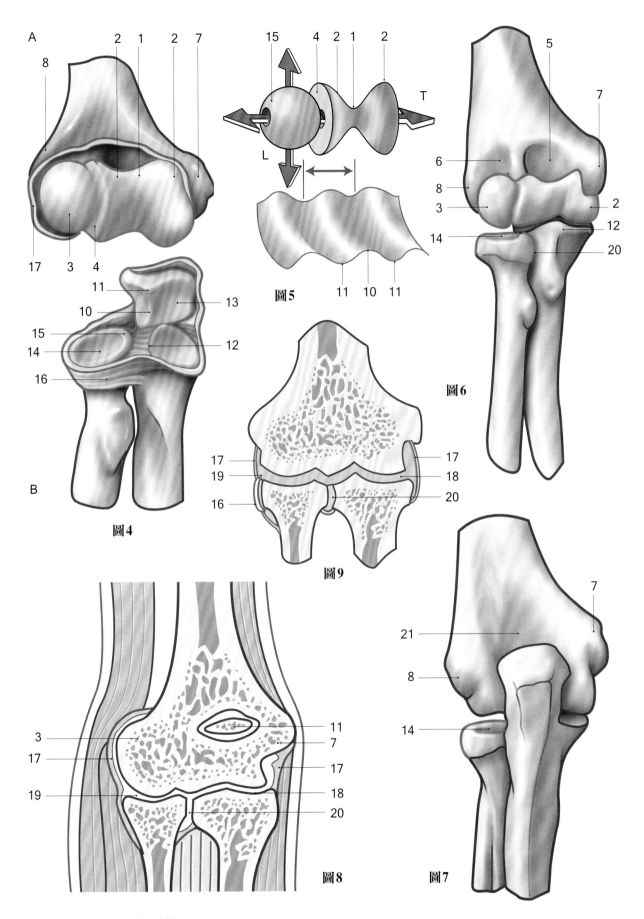

圖4

圖5

圖6

圖9

圖8

圖7

這裡的標號適用於所有的示意圖

# 遠端肱骨末端

它的形狀像**藝術家的調色盤（圖13後側觀與圖14前側觀）**並且前後側是平坦的。它的遠端有兩個關節表面，**滑車**與**肱骨小頭**。為了解肘關節生理學，知道肱骨這個節段的結構與形狀是很重要的。

1）肱骨調色盤像**腳踏車叉（圖15）**，有關節表面軸通過遠端兩個叉。事實上，它的中間部分包含兩個窩：

- 前側的**冠狀突窩**（coronoid fossa）：屈曲時容納尺骨的冠狀突**（圖12和14）**。
- 後側的**鷹嘴窩**（olecranon fossa）：伸直時容納鷹嘴突**（圖10和13）**。

這些凹窩透過延遲冠狀突和鷹嘴突在肱骨柄上動作產生的衝擊，在增加肘關節屈曲與伸直角度上扮演重要角色。沒有它們，尺骨的滑車切跡對應到半圓形，只能在滑車上從中間位置往任一側滑動一小段距離**（圖23）**。

這兩個窩有時候非常深而會在骨板中穿洞，兩側可互相連結（像在腳踏車叉中間）。

遠端肱骨末端的堅硬部分，在這些窩的兩側形成兩個分開的柱狀物**（圖13-15）**。其中一端是內上髁另一端是外上髁。這個叉子狀的結構是很難減少遠端肱骨末端特定骨折的原因。

2）肱骨調色盤像是整個**向前的突出物（圖16外側觀，紅點線）**，與尺骨柄夾45°角，因此滑車整個在柄的軸的前方。在遠端肱骨末端骨折復位後必須重新排列。

肱骨調色盤與近端尺骨末端的側面觀，首先整個拉開**（圖17）**，接著在伸直時**（圖18）**和屈曲90°**（圖19）**時相接，顯示肱骨調色盤的前側突出**（圖20）**僅能促進一部分屈曲，因為會被尺骨冠狀突擋住（紅色箭號）。喙突窩透過延遲衝擊來達到完整屈曲**（圖21）**。兩個骨頭近乎平行**（圖21）**但是分開的（雙箭號），中間的空間有肌肉。

沒有這兩個力學因素**（圖22）**，會發生：

- 屈曲因為冠狀突阻斷而只能到90°**（圖23）**。
- 屈曲時沒有空間留給肌肉，即使在遠端肱骨末端有相當大的洞能讓兩個骨頭直接接觸**（圖24）**。

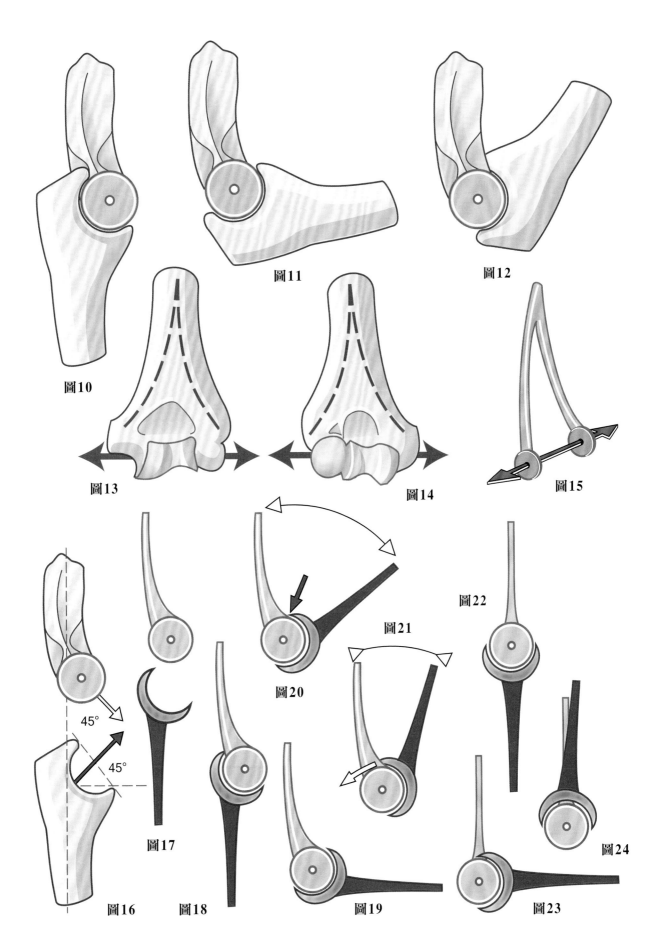

圖10

圖11

圖12

圖13

圖14

圖15

圖16

圖17

圖18

圖19

圖20

圖21

圖22

圖23

圖24

45°

45°

# 肘關節的韌帶

這些韌帶的功能是維持關節表面的位置並引導關節動作。它的作用像關節兩側的兩條支撐帶：**內側副韌帶（圖25，來自Rouvière）**和**外側副韌帶（圖26，來自Rouvière）**。

總體來說，這些韌帶呈扇形，它們的頂端接在肱骨上髁的近端，大約在屈曲-伸直的橫向軸XX'的高度**（圖27，來自Rouvière）**，而它們的另一端向遠端連接在尺骨滑車切跡的邊緣。

肘關節的**力學模型**建構如下**（圖28）**：

- 在上方，遠端肱骨末端的叉子支撐關節滑輪。
- 在下方，半圓（尺骨的滑車切跡）與槓桿臂（尺骨柄）相連並與滑車相接。
- 韌帶代表兩條支撐帶與尺骨柄連接並接到滑車軸XX'末端。

很容易可以了解這兩條外側「帶」的功能**（圖29）**：

- 保持半圓環繞滑車（關節表面相接）。
- 預防任何向外移動。

如果其中一條韌帶斷掉**（圖30）**（例如內側韌帶）（綠色箭號），會發生向對側的動作（紅色箭號）合併關節表面失去接觸。這是肘關節外側脫位的常見機制，在第一階段因為內側韌帶斷裂產生的肘關節嚴重拉傷。

**更多細節**

- **內側副韌帶（圖25）**由三組纖維組成：
  1) **前側纖維**（1）：最前側的纖維**（圖27）**強化環狀韌帶（2）。
  2) **中間纖維**（3）：最強壯。
  3) **後側纖維**（Bardinet韌帶）（4）：由Cooper韌帶（5）的水平纖維強化。

  這個圖示也顯示內上髁（6）（扇形的內側副韌帶從此處起始）、鷹嘴（7）、斜向索（8）和肱二頭肌肌腱（9）（接到橈骨粗隆上）。

- **外側副韌帶（圖26）**也由從外上髁（13）起始的三組纖維組成：
  1) **前側纖維（圖27，10）**：強化前側環狀韌帶。
  2) **中間纖維**（11）：強化後側環狀韌帶。
  3) **後側纖維**（12）

  **關節囊**前側由前側韌帶（14）和斜向前側韌帶（15）強化，後側由後側韌帶強化，後側韌帶水平通過肱骨且從肱骨斜向到鷹嘴。

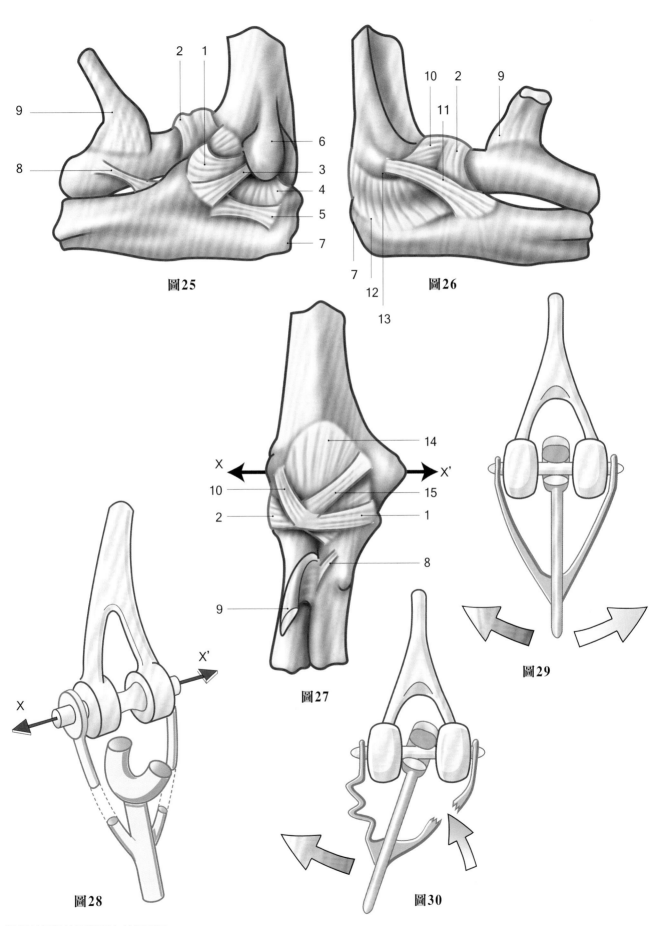

圖25

圖26

圖27

圖28

圖29

圖30

這裡的標號適用於所有的示意圖

# 橈骨頭

橈骨頭的形狀（近端橈骨骨骺）完全取決於它的關節功能。本頁的目的是讓讀者了解橈骨頭的形狀。

- **軸向旋轉**（見第3章：旋前/旋後）：大約是圓柱狀。

- **肘關節髁間軸XX'的屈曲–伸直：**
  - 橈骨頭（**圖31**）必須先對應到球狀的肱骨小頭（A）。因此它的上表面是凹面且呈**杯狀**（B）。它就像從骨頭中切除曲率半徑與肱骨小頭相同的半圓（C）。在旋前/旋後時，不管肘關節屈曲或伸直的角度，橈骨頭都可以在肱骨髁上旋轉。
  - 但肱骨小頭（**圖32**）有像截掉一塊的圓錐的內緣，即**髁–滑車溝（condylo-tro-chlear groove）**（A），因此為了密合，在屈曲–伸直時橈骨頭內側需要移除一個楔形結構（C）。可以借由切除橈骨頭圓柱體正切（B）平面的楔形來達成。

- 最後，橈骨頭不只在肱骨小頭與肱骨小頭–滑車溝的XX'軸上滑動，也同時在旋前/旋後（B）時在垂直軸上旋轉（**圖33**）。因此橈骨頭（C）邊緣在圓周一段距離上做新月形切割，就像頭旋轉（B）時剃刀除毛一樣。

**橈骨頭在極端位置時的關節關係：**

- 在**完全伸直（圖34）**時只有前半的橈骨關節表面和肱骨小頭有接觸。事實上，肱骨小頭的關節軟骨延伸到肱骨下方末端但沒有延伸到後面。

- 在**完全屈曲（圖35）**時橈骨頭的環超過肱骨小頭並進入橈窩（**圖6，P.81**），這沒有像冠狀窩那麼深。

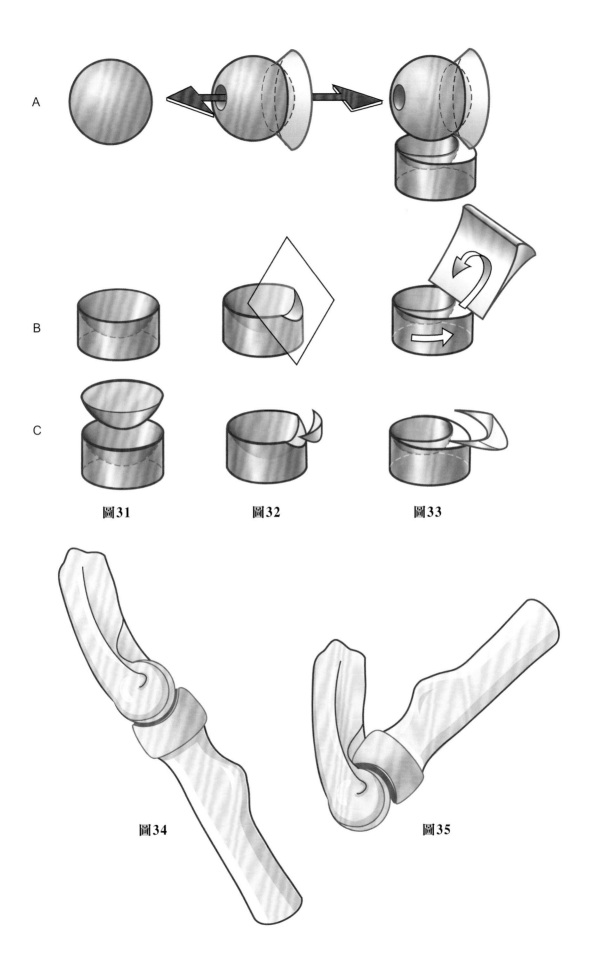

A

B

C

圖31          圖32          圖33

圖34                    圖35

# 肱骨滑車

當肘關節完全伸直時，前臂的軸與上臂形成向外的鈍角，並不是與上臂平行。這個角度在女性更明顯（**圖36**）也被稱為**手臂提物角（carrying angle）**或**肘外翻（cubitus valgus）**。

這取決於滑車溝的坡度，先前提到它不是在矢狀切面上（P.86），事實上滑車溝不是垂直的，而是斜向且有個人變異的。這組示意圖（**圖39-43**）總結這些差異與它們的生理結果。

## 形態I：最常見的形態（最上列-A）

- 從**前側**（**圖39滑車前側觀**），溝是垂直的（黑色箭號）；**後側**（**圖40後側觀**）則斜向往遠端往外側。
- **當整體一起看**（**圖41**）：滑車溝在它的軸上呈螺旋，變異顯示在**圖37**。

功能性結果如下：

- **伸直時**（**圖42，來自Roud**），溝的後側與尺骨滑車切跡接觸，它的斜向也使前臂軸產生類似的斜向。因此，前臂些微斜向下方與外側，它的軸也會與上臂軸分開並形成鈍角，即**手臂提物角（肘外翻）**（**圖36和37**）。
- **屈曲時**，溝的前側部分會影響前臂的方向，如果它在垂直平面上，前臂在屈曲時（**圖43**）會正好來到上臂的前方。

## 形態II：次常見形態（中間列-B）

- 滑車溝**前側**（**圖39**）斜向往近端與外側走；

溝的**後側**（**圖40**）斜向往遠端與外側走。

- **當整體一起看**（**圖41**）：滑車溝以真的螺旋狀環繞著軸。
- **伸直時**（**圖42**），前臂斜向往遠端與外側走，**手臂提物角與**形態I類似。
- **屈曲時**（**圖43**），溝前側部分斜向外側會影響前臂的斜向，並造成其停在上臂的些微外側處。

## 形態III：稀少形態（底部列-C）

- 滑車溝**前側**（**圖39**）斜向往近端與內側跑；溝的**後側**（**圖40**）斜向往遠端與外側跑。
- **當整體一起看**（**圖41**）：滑車溝於空間中在斜向遠端與外側的平面上環繞，或非常拉緊地螺旋往內側傾斜。

  功能性影響如下：

  - **伸直時**（**圖42**），手臂提物角是正常的。
  - **屈曲時**（**圖43**），前臂會來到上臂內側。

滑車溝這樣的螺旋結構會造成的其他結果，是在兩個極端位置之間滑車並非只有一個軸而是有一系列瞬時軸（**圖37**）：

- **屈曲時的軸**（f）是垂直屈曲的前臂F（最常見的形態在這裡呈現）。
- **伸直時的軸**（e）是垂直伸直的前臂（E）。

屈曲-伸直軸的方向在兩個極端位置間漸進改變，換句話說，在兩個極端位置間由一系列**瞬時軸**所組成（**圖38，e和f**）。

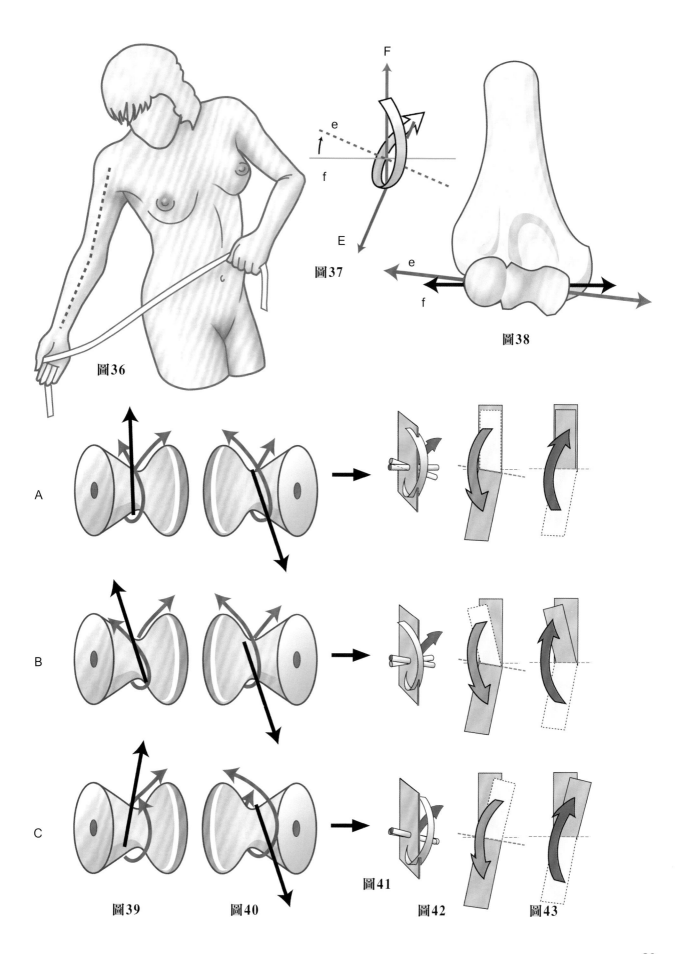

圖36

圖37

圖38

A

B

C

圖39

圖40

圖41

圖42

圖43

# 屈曲動作與伸直動作的限制

**伸直動作**被三個因素所**限制（圖44）**：

1）**鷹嘴突**對鷹嘴窩深處的**撞擊**

2）**關節前側韌帶產生的張力**

3）**屈肌群所提供的阻力**（肱二頭肌、肱肌和肱橈肌）。

如果繼續伸直，這些限制結構的其中之一將會發生斷裂，如下所示：

- **鷹嘴突骨折（圖45，1）**和關節囊撕裂（2）。
- 鷹嘴突（1）沒有骨折**（圖46）**但關節囊（2）和韌帶會撕裂並有後側肘關節脫位（3）。肌肉通常沒有影響但前旋肱動脈（anterior circumflex humeral artery）會撕裂或至少瘀青。

**屈曲動作限制**取決於屈曲是主動或被動的。

**如果是屈曲是主動的（圖47）：**

- 第一個限制因素是因收縮而變硬的前側上臂與前臂肌肉擠壓（白色箭號）。這個機制解釋為何主動屈曲無法超過145°，肌肉越大限制越多。

- 其他因素，即相對應骨頭表面的撞擊以及關節囊韌帶產生的張力，較不顯著。

**如果屈曲是被動（圖48）**，關節「關閉」是來自於外力（紅色箭號），會發生以下情況：

- 放鬆的肌肉彼此會變平坦而屈曲會超過145°。

- 這個階段其他限制因素會扮演角色：
  - 橈骨頭對橈窩的撞擊以及冠狀突對冠狀窩的撞擊
  - 後側關節囊的張力
  - 肱三頭肌產生的被動張力

- 屈曲可以達到**160°**，會增加角度**a（圖47）**。

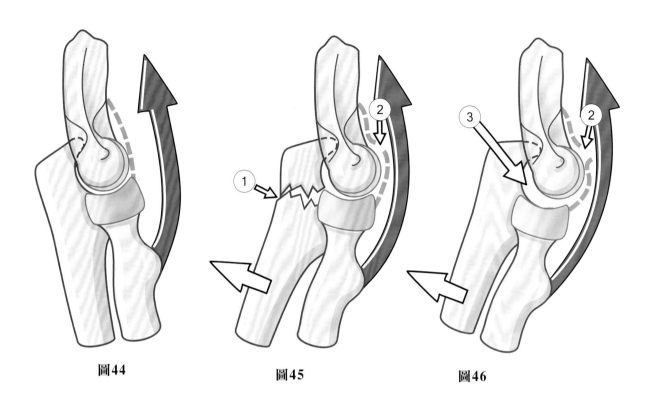

圖44                    圖45                    圖46

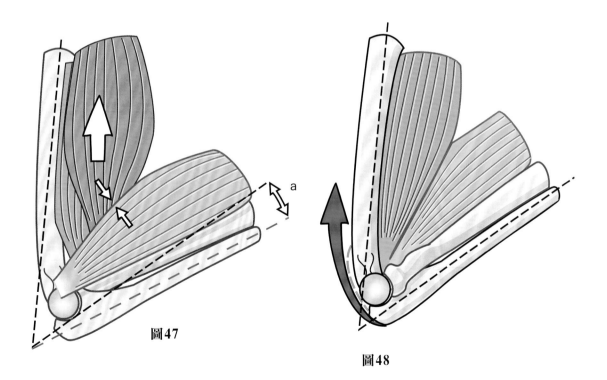

圖47

圖48

# 肘關節的屈肌群

有**三條**屈肌：

1) **肱肌（Brachialis）**（1）從肱骨前側起始並接到尺骨粗隆**（圖49）**。因為它跨過一個關節，它僅僅是肘關節屈肌且是身體很稀少只有單一功能的一條肌肉。

2) **肱橈肌（Brachioradialis）**（2）從肱骨外髁上嵴（supra-condylar ridge）接到橈骨莖突（styloid process）**（圖49）**，主要是肘關節屈肌，在極端旋前時變成旋後肌且極端旋後時變成旋前肌。

3) **肱二頭肌**是肘關節最主要的屈肌**（圖50，3）**。它大部分接在橈骨粗隆上，因為是雙關節肌肉，它不只從肱骨而來也從肩胛骨而來，有**兩個頭**：

    – 長頭（4）從肩盂上結節起始並通過肩關節上部（見第1章：肩關節）。

    – 短頭（5）與**喙肱肌**（coracobrachialis）一起從喙突起始。

藉由這兩個起點，肱二頭肌產生肩關節接合，而長頭也是外展肌。它的主要動作為肘關節屈曲，也在肘關節屈曲90°最大效率時扮演（儘管是次要的）重要的旋後肌角色（見第3章：旋前-旋後動作）。當肘關節屈曲時可以造成橈骨脫位（P.96）。

屈肌群在肘關節屈曲90°時在動作上可以達到最佳優勢。

事實上，當肘關節伸直時**（圖51）**，肌肉產生力的方向幾乎與上臂槓桿平行（粉紅色箭號）。向心力C往關節中心方向作用，比較有力量但力學上扮演屈肌沒有效率，而正切或水平力T是唯一有效率的力量，但相對微弱或在完全伸直時幾乎沒用。

另一方面，在屈曲中段**（圖52）**時，肌肉產生力量的方向幾乎與上臂槓桿平行（粉紅色箭號：肱二頭肌；綠色箭號：肱橈肌），所以向心力是0而正切力與肌肉拉力方向一致，能完全應用在屈曲上。

肱二頭肌在80°-90°間時，是有最大效率的角度。

屈曲90°時**肱橈肌**拉力尚未與正切力一起，與正切符合只會發生在100°-110°，即大於肱二頭肌的屈曲角度。

屈肌的動作遵循第三類槓桿物理定律，利於動作的範圍與速度但犧牲力量。

還有其他附屬的屈肌群：

- **橈側伸腕長肌**（extensor carpi radialis longus）：在肱橈肌的深處（未顯示）。

- **肘肌**（anconeus）**（圖49，6）**：大部分是肘關節主動外側穩定肌。

- **旋前圓肌**（pronator teres）（未顯示）：在Volkmann攣縮症候群中變成縮短的纖維索狀並防止肘關節完全伸直。

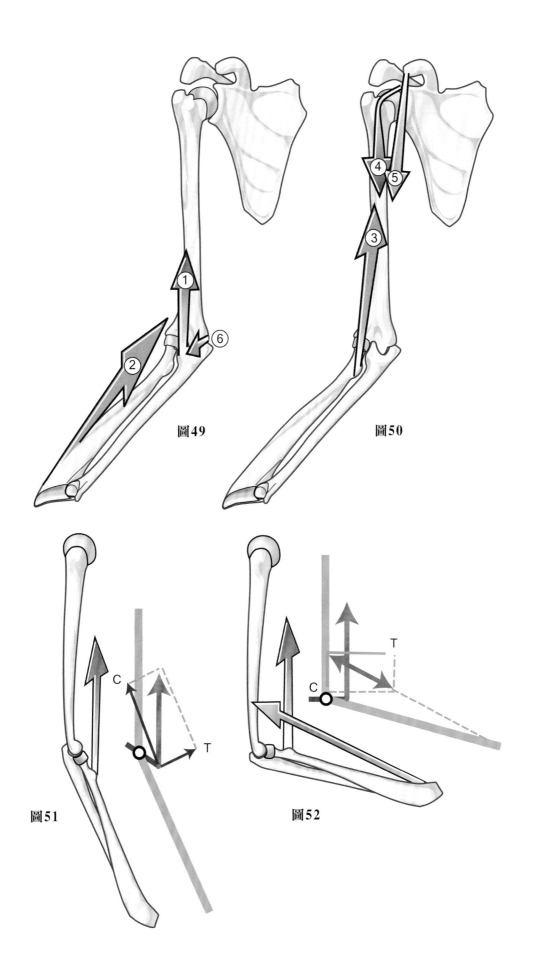

圖49

圖50

圖51

圖52

# 肘關節的伸肌群

肘關節伸直取決於一條肌肉，即**肱三頭肌**（**圖53和54**），如同**肘肌4**的動作，肘肌（**圖60**）儘管對Duchenne de Boulogne來說值得關注，但因為它力量差所以可被忽略。肘肌根據其他作者的説法有肘關節主動外在穩定功能。

**肱三頭肌**（**圖53後側觀和圖54外側觀**）由**三個頭**組成，聚集在共同肌腱上接到鷹嘴突，但有不同部位的起點：

- **內側頭**（1）起始於肱骨後側，在螺旋溝（spiral groove）中的橈神經下方。
- **外側頭**（2）起始於肱骨柄外側緣，在螺旋溝上方。

這兩個頭是**單關節肌肉**。

- **長頭**（3）不是從肱骨起始而是從肩胛骨的肩盂下結節，並且是**雙關節肌肉**。

**肱三頭肌**在肘關節不同屈曲角度有不同的效率：

- 在**完全伸直**下（**圖55**）：肌肉力可以分成兩部分，即微弱的離心力（C）傾向讓尺骨向後脫位，較有力的水平力（T）只在伸直時活動。
- 在**部分屈曲**20–30°之間（**圖56**）：橈骨向心力被消除，只有與肌肉拉扯一起的正切力（T）有效。因此在這個位置肱三頭肌的效率最大。
- 接著，肘關節持續屈曲（**圖57**）時有效的正切力（T）減少而向心力（C）增加。
- 在**完全屈曲**下（**圖58**）肱三頭肌肌腱會在鷹

嘴上表面，就像在滑輪上，這樣的安排與終點位置位移相似並幫助補償失去的效率。此外，最大拉扯的纖維增加收縮力量並代償失去的效率。

**肱三頭肌長頭**以及整個肌肉的**效率**也取決於肩關節位置，因為它是雙關節肌肉（**圖59**）。

很容易觀察到當肩關節屈曲90°時起點與終點的距離比手臂垂直懸掛而手肘擺在相同位置時來得大。事實上，肱骨（1）與肱三頭肌長頭（2）中心的兩個圓圈不一致。如果肱三頭肌長頭的長度沒有改變，中點應該會位於O'，但鷹嘴現在位於$O_2$，表示肌肉被動從O'拉到$O_2$。

因此肱三頭肌在肩關節屈曲或前伸（錯誤稱呼）時**更有力量**，因為肱三頭肌長頭使一些肩關節屈肌（胸大肌鎖骨纖維和三角肌）產生的力量改變方向並增加肩關節伸肌力量。這是雙關節肌肉功能的一個例子，肱三頭肌在肘關節與肩關節屈曲同時達到最大力量（從屈曲90°位置開始），例如用斧頭砍木頭。

同樣的原因，肱三頭肌在肩關節屈曲時更有力量，因為它的纖維已經先被拉扯。向前打擊的動作因為一些肩關節屈肌的力量轉移到肘關節而更有效率。

肱三頭肌（長頭）與闊背肌形成肩關節內收功能性力偶（**圖117，P.73**）。

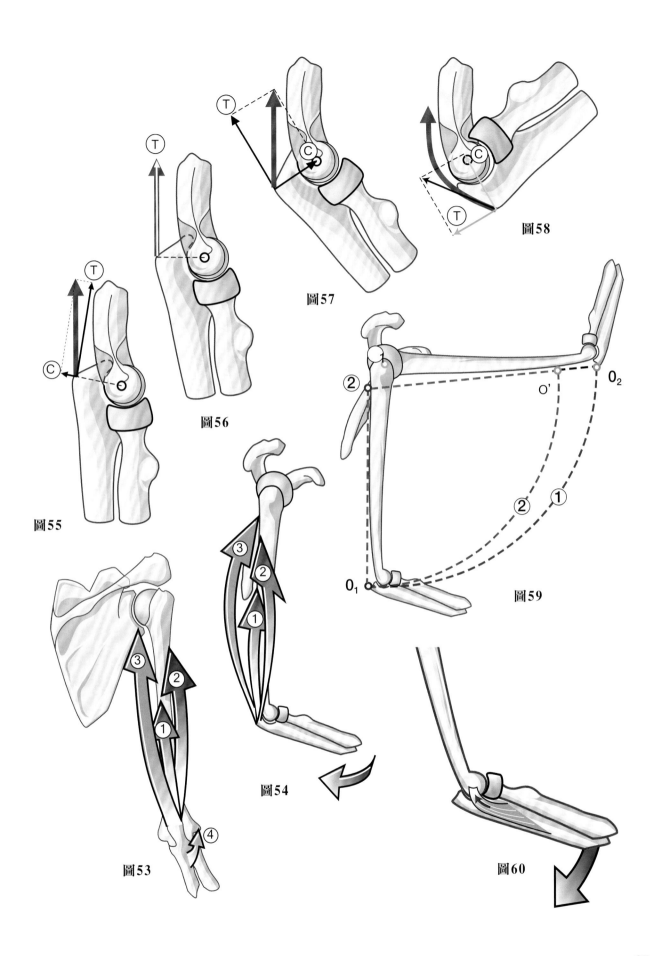

圖55

圖56

圖57

圖58

圖59

圖53

圖54

圖60

# 確保關節表面接合的因素

**關節長軸的關節表面接合**可防止當給予向下力量而伸直時脫位（**圖53和60**），例如一個人提一桶水或往上施力時；或當用力向上而伸直時脫位，例如一個人向前跌倒手肘完全伸直撐地。

## 縱向牽拉的阻力（**圖61和62**）

因為尺骨滑車切跡覆蓋一個圓弧形，頂點角小於180°，軟組織要負責關節接合。因此關節表面的接觸由以下來達成：

- **韌帶**：內側（1）與外側副韌帶（2）。
- **肌肉**：一部分在上臂，即**肱三頭肌**（3）、**肱二頭肌**（4）和**喙肱肌**（5），而一部分在前臂，即**肱橈肌**（6）和**連接在外**（7）**與內**（8）**上髁的肌群**。

在完全伸直下（**圖62**），鳥喙狀的鷹嘴突在鷹嘴窩中勾住滑車，因此沿著肱橈關節的長軸拉長下給予一些力學阻力。

另一方面（**圖61**），必須注意的是肱橈關節在結構上不適合抵抗過度牽拉，相對於環狀韌帶沒有其他能預防橈骨頭往遠端脫位的組織。這個機制會發生在小孩旋前疼痛的情況（即稱為「牽拉肘」）。唯一能預防橈骨相對於尺骨遠端脫位的只有**骨間膜（interosseous membrane）**（**圖32，P.113**）。

## 縱向壓迫的阻力

提供阻力的骨頭包括：

- 在橈骨，傳遞壓力到**頭部**容易骨折（**圖65**），頸部擠壓進頭部的骨折。
- 在尺骨（**圖66**），**冠狀突**（Henlé稱為「座臺突console process」更加合適），傳遞壓力而容易骨折，造成難以復位的肘關節後側脫位，這與關節不穩定相關。

## 屈曲時接合

在屈曲90位置下尺骨非常穩定（**圖63**），因為滑車切跡由**肱三頭肌**（3）和**喙肱肌**（5）兩個強力的肌肉肌腱連接點環繞，保護關節表面緊密接合。**肘肌**（未顯示）在這過程也扮演重要角色。

另一方面，橈骨（**圖64**）因為**肱二頭肌收縮**（4）容易往近端脫位，只由環狀韌帶預防這樣的脫位。當韌帶撕裂時，橈骨近端與前側同時脫位變得無法復位，而且只要肱二頭肌收縮產生一點屈曲就會發生。

## Essex-Lopresti症候群

上橈尺關節的狀態無可避免地影響下橈尺關節的功能。當橈骨頭裂掉或擠壓（**圖67**）或被切除（**圖68**），縮短的橈骨（a）會造成**下橈尺關節脫位**而有臨床併發症。

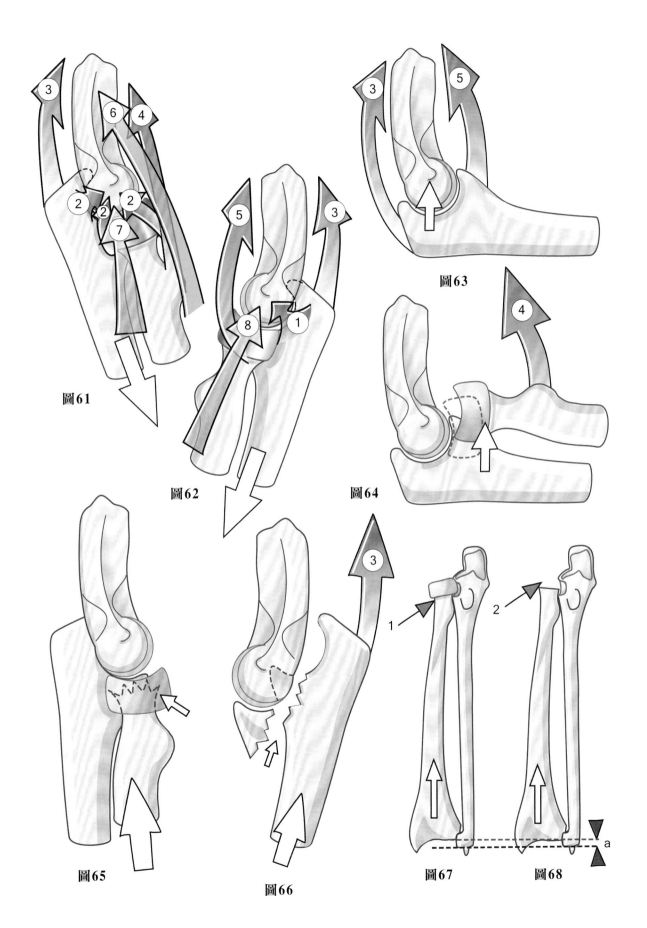

圖61

圖62

圖63

圖64

圖65

圖66

圖67    圖68

# 肘關節動作範圍

**基準位置（圖69）**用來量測動作範圍，被定義為上臂與前臂的軸平行時的位置。

**伸直**是前臂往後的動作。因為基準位置是完全伸直**（圖69）**，肘關節伸直的範圍被定義為0，除了某些人例如女人或小孩有較鬆弛的韌帶**（圖70）**而允許5-10°（z）過度伸直（hE）。相反的，從任何屈曲位置產生相對伸直動作永遠都是可能的。

當伸直不完全時會被定量為負值，因此伸直-40°表示伸直相對於基準位置少40°，即肘關節在完全伸直下仍屈曲40°。在圖中**（圖70）**伸直的差值為-y而屈曲為+x。Dr角代表屈曲差值而有效屈曲-伸直範圍在x-y。

**屈曲**是前臂向前的動作，所以前臂的前側表面會移動靠近上臂前側表面。

主動屈曲範圍有140-145°**（圖71）**，在沒有量角器的情況下可以簡單用**靠緊拳頭測試**來測量，肩關節與腕關節間的距離正常等於拳頭的寬度，因為腕關節不會觸碰肩關節。

被動屈曲範圍是160°，由施測者把手腕推向肩關節。

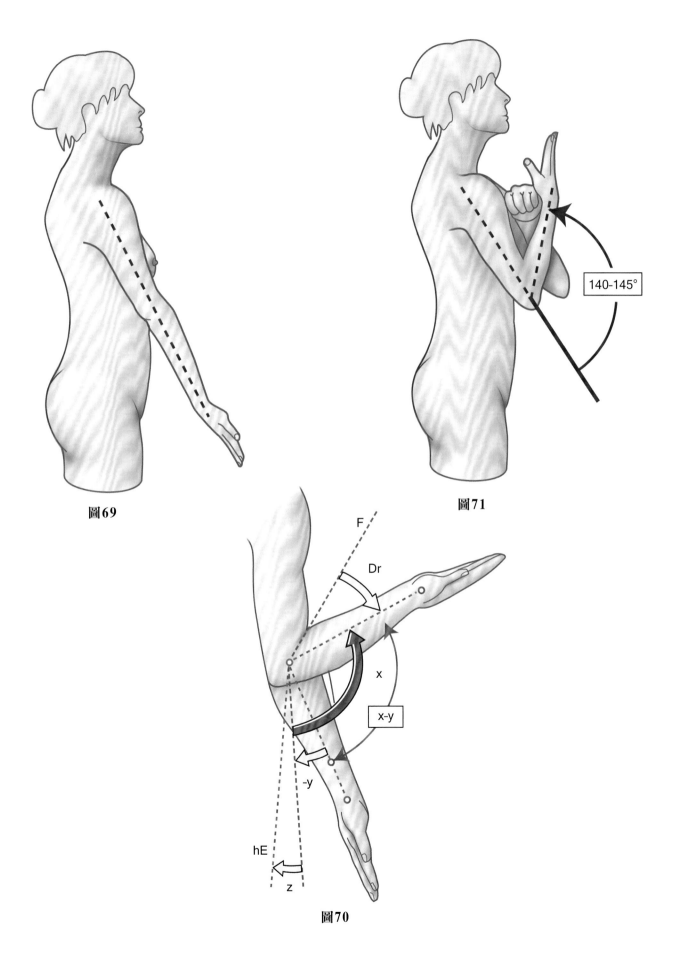

圖69

圖71

140-145°

圖70

# 肘關節表面標記

三個可見且可觸摸到的標記為：

1）**鷹嘴突**（2）：**明顯的中間突出物（肘關節的「腫塊」）**

2）**內上髁**（1）：內側

3）**外上髁**（3）：外側

在**伸直**下（**圖72和75**）這三個標記在水平切面上。鷹嘴（2）與內上髁（1）之間有一個**溝槽**而**尺神經**在裡面，因此任何外力打擊到這個位置的神經，會造成神經支配的區域像觸電一樣（手部的內緣）。外上髁下面（3）當旋前－旋後時可以感覺到橈骨頭在旋轉。

在**屈曲**下（**圖73和76**）這三個標記現在形成在冠狀切面上的等腰三角形，與上臂後側（**圖74**）相切。圖75和76顯示骨骼上這些標記的位置。

**當肘關節脫位**時，這些標記之間的關係被打亂：

- 伸直時，鷹嘴跑到上髁間線的上方（後側脫位）。
- 屈曲時鷹嘴往後延伸超過上臂冠狀切面（後側脫位）。

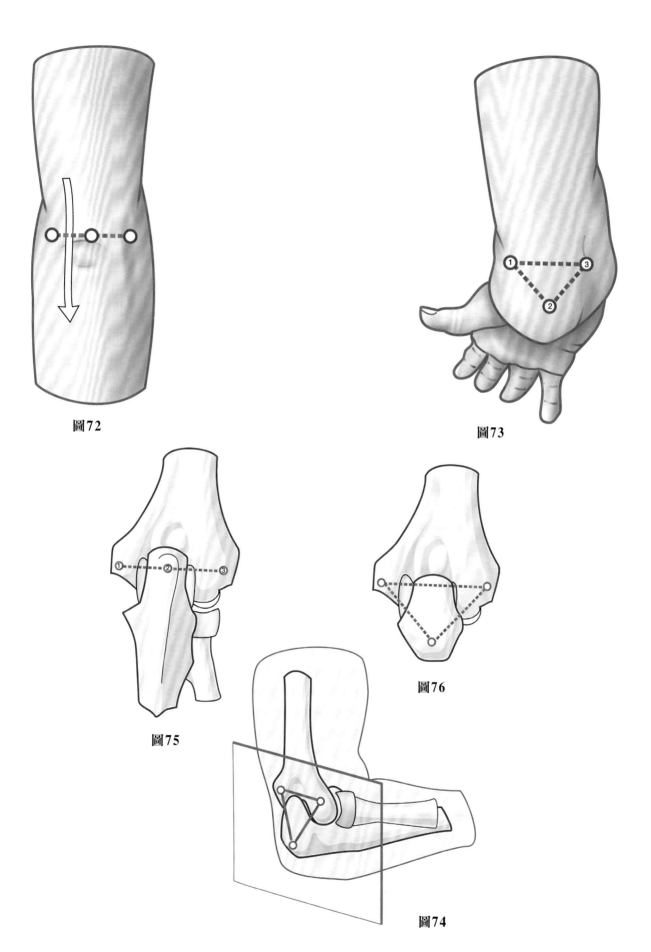

圖72

圖73

圖75

圖76

圖74

# 屈肌群與伸肌群的效率

## 功能與固定不動的位置

　　**肘關節的功能位置及未活動位置**定義如下**（圖77）**：

- 肘關節屈曲90°
- 沒有旋前或旋後（手在垂直面且拇指直立）

## 肌肉的相對肌力

　　整體來看，屈肌群比伸肌群稍微強壯，因此手臂放鬆時手肘會輕微屈曲，**肌肉越大**的人越明顯。

　　屈肌群的肌力因為前臂旋轉而有不同，前臂旋前時比旋後時大，因為肱二頭肌被拉扯更多，於是更有效率且可以將橈骨頭脫位。旋前：旋後的屈曲效率比例為5：3。

　　最後，肌肉力量因肩關節（E）位置而有不同，以圖示完整呈現在**圖78**：

- **上臂垂直在肩關節上方**（H）：
  - 伸直產生的力量（例如舉起啞鈴）等於43公斤（箭號1）。
  - 屈曲產生的力量（例如把自己往上拉）等於83公斤（箭號2）。
- **上臂屈曲90°**（AV）：
  - 伸直產生的力量（例如推一重物向前）等於37公斤（箭號3）。
  - 屈曲產生的力量（例如划船）等於66公斤（箭號4）。
- **上臂垂直放在身體旁**（B）：
  - 屈曲產生的力量（例如舉起一重物）等於52公斤（箭號5）。
  - 伸直產生的力量（例如在平衡槓上舉起自己）等於51公斤（箭號6）。

　　因此肌群有能達到最大效率的合適位置：肘關節伸直時上臂在肩關節下方（箭號6）和肘關節屈曲時上臂在肩關節上方（箭號2）。

　　於是上肢肌群發展出**攀爬**的適應能力**（圖79）**。

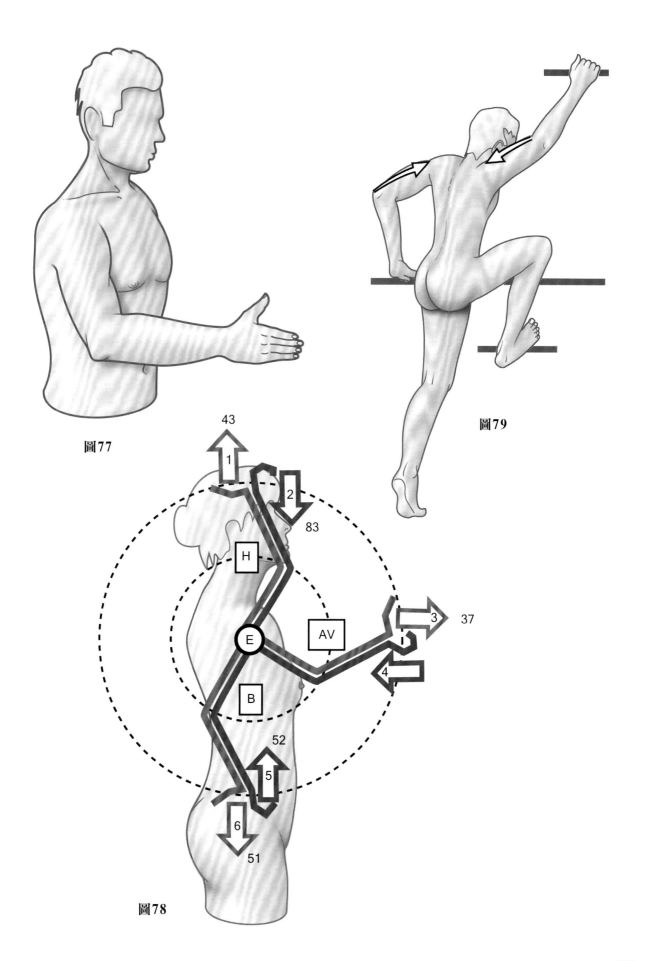

圖77

圖79

圖78

# 第3章

# 旋前–旋後動作

旋前–旋後是前臂在長軸上的動作，它包含兩個力學連結的關節：

- **上橈尺關節**，解剖上屬於肘關節。
- **下橈尺關節**，解剖上與腕關節分開。

這個前臂軸向旋轉在腕關節複合體中產生**第三個自由度**。

因此，身為**上肢受動器（effector）**的手部可以擺在任何位置抓取或支撐物體，這樣的解剖結構有利於替代在肩關節需要三軸球窩關節的需求，而這樣的結果，之後我們就會看到產生嚴重力學併發症。

於此，橈骨軸向旋轉是**唯一有邏輯且細緻的解法**，儘管必須存在第二個骨頭（橈骨），本身不但要支撐手部也要在尺骨上旋轉，這有賴於兩個橈尺關節。

這樣前側與後側肢體有第二區段的結構設計，開始於四億年前某種類的魚類離開海洋佔領陸地轉化成**四足的兩生類**，這有賴於牠們鰭的改變。所以，我們的海洋祖先遠親總鰭組魚已經有這樣的骨骼結構。

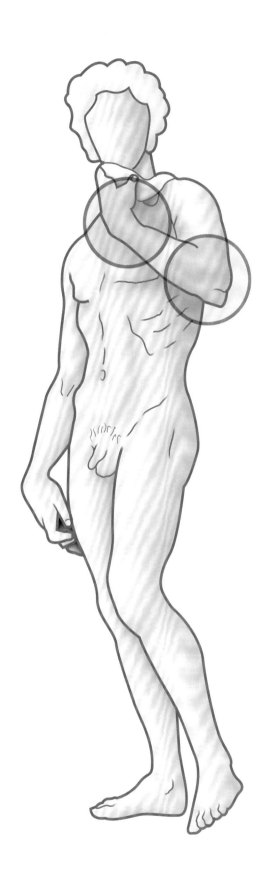

# 量測旋前–旋後動作的需求

旋前–旋後只能在肘關節屈曲90°且放在身體時研究。

事實上，如果肘關節伸直則前臂與上臂是平行的，前者旋轉會因肩關節軸向旋轉而連動後者。

肘關節屈曲90°：

- **基準位置**或**中間位置**或**沒有旋轉的位置（圖 1）** 定義為拇指朝上的位置。手心面向內側而上臂沒有旋前或旋後。旋前和旋後的動作範圍是從這個位置下開始測量。
- 當手心朝上且拇指朝外則達到**旋後的位置（圖2）**。
- 當手心朝下且拇指朝內則達到**旋前的位置（圖3）**。

事實上，當正面看前臂與手部，即與它們的長軸平行：

- 手在**中間位置（圖4）** 時在垂直平面上，與身體對稱的矢狀切面平行。

- 手在**旋後位置（圖5）** 時在水平切面上，旋後動作範圍是90°。
- 手在**旋前位置（圖5）** 時在水平切面上，**旋前**動作範圍是85°（我們之後會知道為何少於90°）。

因此旋前–旋後的總值（沒有其他相關的前臂旋轉）是接近180°。

**當肩關節旋轉動作納入時**（即肘關節完全伸直時），旋前–旋後的總範圍如下：

- 上肢垂直懸掛在身體旁（基準位置）時是360°。
- 上肢外展90°時是270°。
- 上肢屈曲90°時是270°。
- 上肢完全外展到垂直位置則剛好超過180°，確定的事實是當手臂外展180°時，肩關節的軸向旋轉實際上是沒有的。

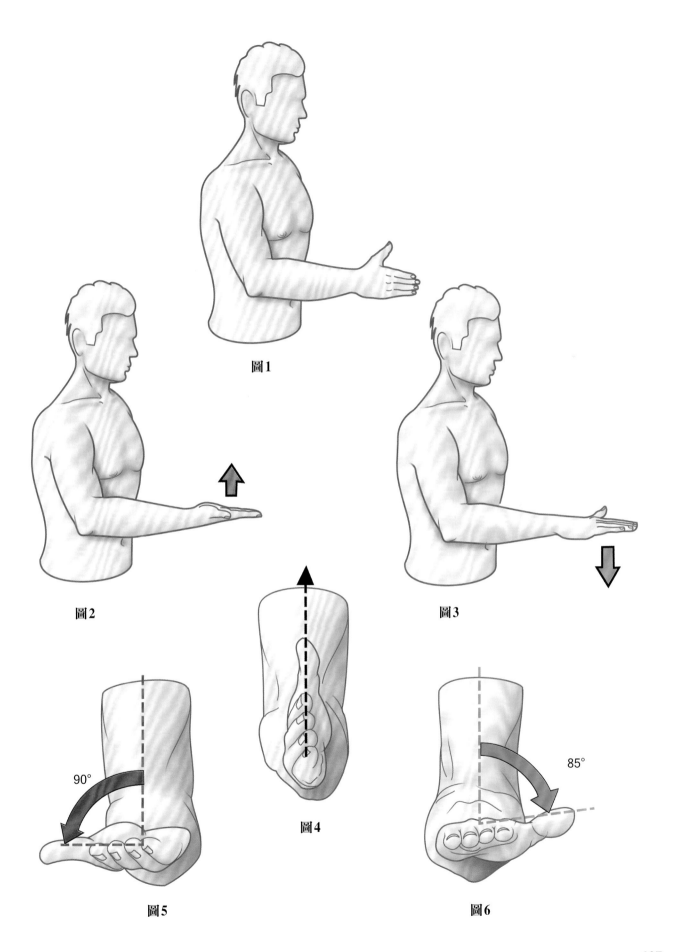

圖1

圖2

圖3

圖4

圖5

圖6

90°

85°

# 旋前–旋後動作的用處

　　上肢從肩膀到手部的關節鏈有七個自由度，旋前–旋後是最重要之一，因為它對於控制手的方向，允許手部以肩關節球體為中心移動到最佳位置，抓取物體並帶到嘴巴上是絕對必要的。因此，旋前–旋後對**自我餵食**來說不可或缺。它也允許手去觸碰身體任何位置做保護或**梳洗**。此外，它在手部所有動作（特別是**工作**上）扮演重要的角色。

　　多虧旋前–旋後，手部（**圖7**）可以支撐盤子、向下擠壓物體或靠在穩定物體上。當工具的軸與旋前–旋後一致時，它也允許自轉或旋轉手掌中間與手指抓住的物體，例如使用螺絲起子的時候（**圖8**）。因為把手是由整個手掌斜向抓住（**圖9**），旋前–旋後會因圓錐狀旋轉而改變工具的方向。手部的不對稱允許工具的把手能處在空間中的任何位置，而圓錐的中心在旋前–旋後的軸上。因此鐵鎚可以在任何控制的角度下敲到釘子。

　　這個觀察可作為**旋前–旋後與腕關節功能性力偶**的例子，另一個則是腕關節取決於旋前–旋後的外展–內收。在旋前或中間位置，手通常會向尺側偏移，讓動態抓握的三點在旋前–旋後的軸上。旋後位置時手則會向橈側偏移，傾向於支撐性抓握，例如托盤。

　　這個功能性力偶使下橈尺關節與腕關節功能整合，儘管前者在力學上與上橈尺關節相連。

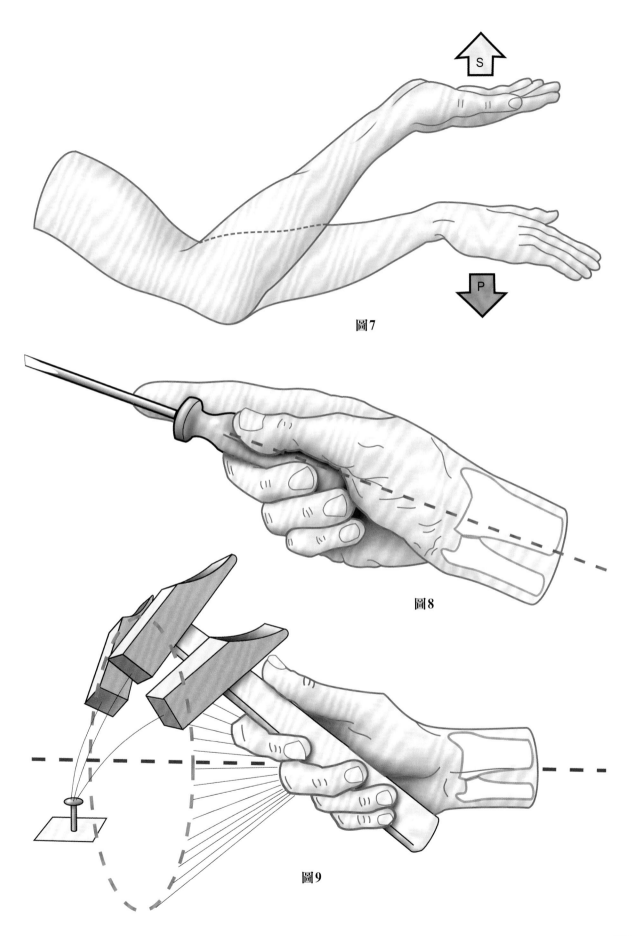

圖7

圖8

圖9

# 橈尺複合體

**骨骼的排列**

　　前臂兩塊骨頭（**圖10**）現在認為會形成**橈尺矩形複合體**（**圖11**），由斜向往內側的線（**圖12**）區分為兩個部分：內側部分的尺骨與外側部分的橈骨。這個斜向是個有效的**樞紐**（**圖13**），讓外側（橈側）部分向前旋轉180°並移動到內側（尺側）前方（**圖14**）。

　　這樣的排列無法說明**肘外翻**（cubitus valgus）（**圖36，P.89**），因此，肘關節斜向空間的角度會被調整（**圖15**）而樞紐會轉移到垂直位置（**圖16**），肘外翻（紅色箭號）則在伸直–旋後時恢復。

　　在解剖位置下，完全旋後位置時兩塊骨頭（**圖17前側觀**）在相同平面以側併排列並互相平行，示意圖（**圖18**）以稍微誇大的方式呈現它們的曲度，後側觀（**圖19**）顯示一樣但相反的排列且相似的曲度，以**圖20**的示意圖說明。兩塊骨頭由**骨間膜**（interosseous

membrane）連結（綠色與斜向纖維），形成彈性的樞紐。

　　當橈骨**旋前**時（**圖21**）會在前側跨過尺骨（**圖22**），後側觀（**圖23**）則顯示相反方向，尺骨部分蓋住橈骨的樣子，橈骨只能被看見兩個端點（**圖24**）。

　　很重要的是，前臂兩塊骨頭在旋後位置下**前側是凹面**（**圖25**），可以從兩塊骨頭的側面觀示意圖看出（**圖26**）。這樣排列的重要性在於旋前時（**圖27**），橈骨跨過尺骨（**圖28**），遠端頭相對於尺骨可以更往後延伸，因為兩塊骨頭的凹面相對。

　　這樣雙凹面的排列可增加旋前範圍，並解釋矯正骨頭因前臂雙重骨折而移位時，恢復凹面是很重要的（特別是橈骨凹面）。為了允許橈骨柄維持彎曲向前，要預先接受旋前的一些限制。

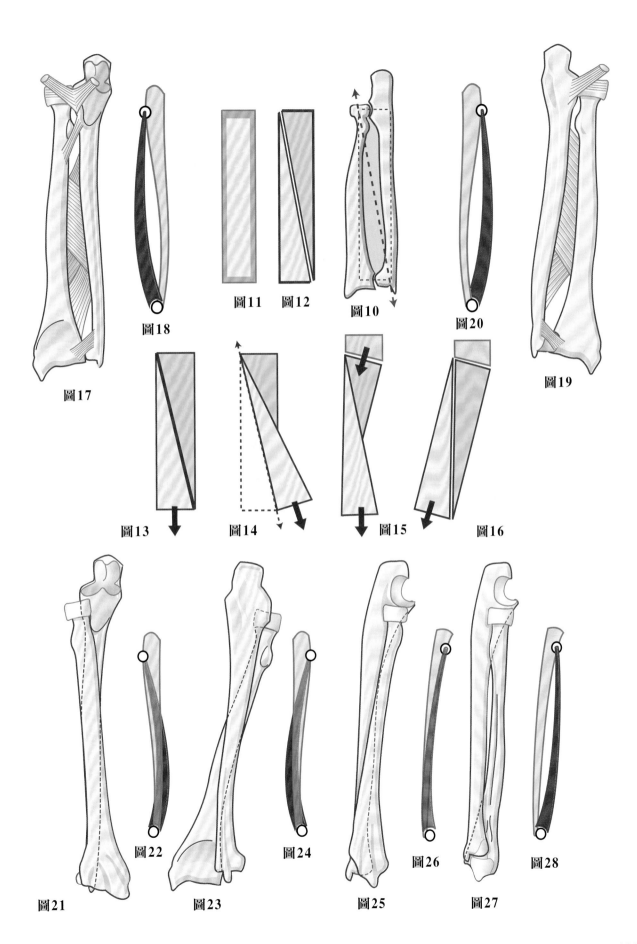

圖17　圖18　圖11　圖12　圖10　圖20　圖19

圖13　圖14　圖15　圖16

圖21　圖22　圖23　圖24　圖25　圖26　圖27　圖28

# 骨間膜

骨間膜在旋前–旋後時維持前臂兩塊骨頭相鄰上扮演**重要角色**（**圖29前側觀，圖30後側觀**），但不是唯一有這個功能的結構。其他結構包含以下：

- **方形韌帶**（quadrate ligament）（8）：連結兩塊骨頭的上方端。
- 上橈尺關節的**環狀韌帶**（9）。
- 由**肘關節外側副韌帶的前側纖維**（10）、**遠處而來肘關節內側副韌帶的前側纖維**（11），以及從後側**肘關節內側副韌帶的後側纖維**（12）所加強。
- **下橈尺關節的前側**（13）、**後側韌帶**（14）和關節盤（未顯示），連結兩塊骨頭的末端。

**骨間膜**從橈骨內緣到尺骨外緣。由**兩束斜向十字交叉纖維**組成。這些纖維的描述是根據近期L. Poitevin（2001）的研究。

- **前束**從橈骨斜向內下方的纖維組成，最低的纖維最斜。在這連續性束中有三個可區別的強化束：
  - **近端束**（1）幾乎水平。
  - **中間下降束**（2）：Hotchkiss指為中間束。
  - **遠端下降束**（3）最斜向。

纖維束的方向（黑色與紅色箭號）預防橈骨向上位移（白色箭號）。

- **後束**有較少連接力，由相反方向的斜向纖維組成，即從橈骨向內上方走。**兩條完整定義的束**可被找到：

- **近端上升束**（4）：永遠存在並強壯。
- **遠端上升束**（5）：由半透明空間（6）與前者分隔，可看見前束。

這些纖維的方向（黑色與紅色箭號）預防橈骨向遠端位移（白色箭號）。

兩條近端束接在橈骨內緣，清楚可見橈骨骨間結節（7）的位置，在肘關節間隙下8.4公分處。

這個**彈性樞紐**（**圖31**）提供兩塊骨頭橫向與縱向大部分的力學連結：

- 在橈尺關節的韌帶被切除後，甚至是尺骨頭和橈骨頭切除後，靠它也能維持兩塊骨頭的接觸並預防橈骨沿著長軸位移。
- 後側纖維預防橈骨遠端位移（**圖32**），這個動作沒有受到任何骨頭限制。
- 橈骨近端位移（**圖33**）會牽拉前側纖維。當肘關節伸直時，橈骨轉移60%由膜所產生的限制力而吸收82%腕關節所產生的限制力。在這個方向，橈骨位移最終會被**橈骨頭給肱骨髁的壓力**所限制。嚴重的外傷會造成**橈骨頭骨折**。

**骨間膜撕裂**（**圖34和35**）很罕見且通常沒有被發現。前側纖維撕裂只會發生在上橈尺關節脫位或橈骨頭破裂時，因為橈骨近端位移通常會被給肱骨髁的壓力所限制（**圖34**）。當後側纖維撕裂時（**圖35**），遠端位移只會被直接接觸腕骨所限制。

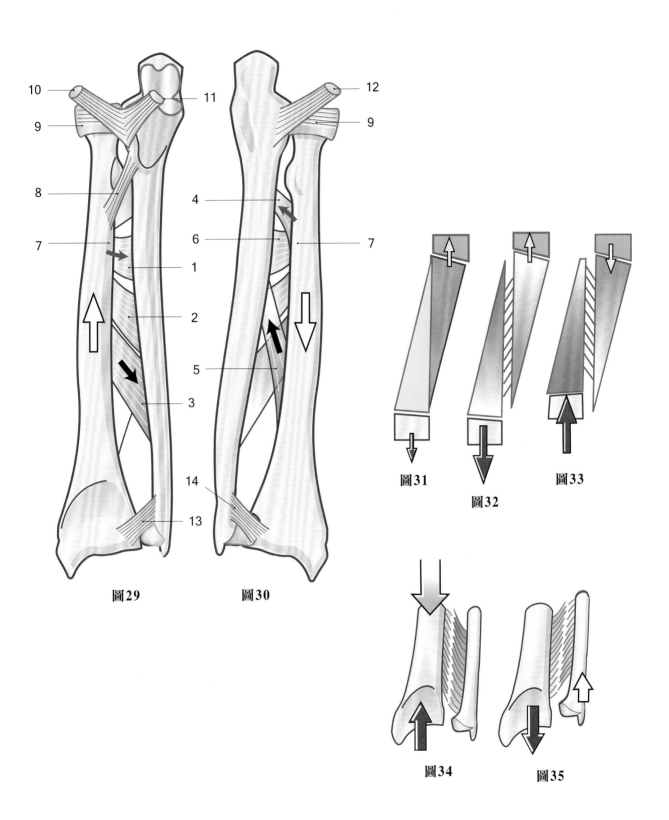

圖29　圖30

圖31　圖32　圖33

圖34　圖35

　　橈骨縱向向下位移超過尺骨不只會被骨間膜阻擋，還有手部和手指的**長肌群（圖36）**阻擋，即從內上髁起始的屈肌群（***屈指淺肌、掌長肌和橈側屈腕肌***）和從外上髁起始的伸肌群（***伸指總肌、橈側伸腕長肌、橈側伸腕短肌和尺側伸腕肌***）。肘關節的三條肌肉（***旋後肌、旋前圓肌和肱橈肌***）也有貢獻**（圖37）**。

　　**當提重物或手臂因物體重量被縱向牽拉時**，這些肌肉會幫助維持橈骨在長軸的穩定，並且維持肘關節的關節表面緊密接觸。

　　可以透過看以下基本纖維**（圖38）**的動作來解釋**骨間膜纖維的力學角色**。從起始位置（1），外側邊緣只能沿著以尺骨為中心（O）環狀移動，不管這個動作（S）向上（2）或向下（3），橈骨與尺骨的骨間邊緣不可避免地會接近距離n。纖維排列相對於拉力方向往斜向走會增加它的效率，可以確定**合併十字斜向交叉的兩層纖維比起單層水平纖維更有效率**。

　　**其他確保這些骨頭緊靠的機制**是由一些連接到骨間膜前側與後側表面的前臂肌肉提供，特別是屈肌群**（圖39）**。休息時（a），兩塊骨頭的間隙最大。相反的，屈肌群的拉動（b）會牽拉骨間膜，減少兩塊骨頭間的間隙，並在最需要時增加兩個橈尺關節的關節表面接合。

　　最後，旋轉產生的力量相當大，在男性，力偶造成旋前產生的力量為70公斤/公分而旋後為85公斤/公分，女性的力量則降低50%。多虧前臂前腔室的肌群，骨間膜可以限制旋前產生**軟性阻擋**的作用。在旋後時**（圖40）**連接到骨間膜的屈肌群**（圖41）**變得更加壓迫**（圖42）**並牽拉骨間膜，造成橈骨和尺骨更靠近，這些參與的肌群在初始時可預防橈骨和尺骨的直接接觸而造成骨折。在基準位置（零的位置）時膜纖維被最大牽拉，因此是最適合進行固定的位置。

　　至今，骨間膜仍然是**前臂最大的未知結構**，但可確定它扮演重要角色。某些研究使用核磁共振將可更進一步讓我們了解其功能性解剖的知識。

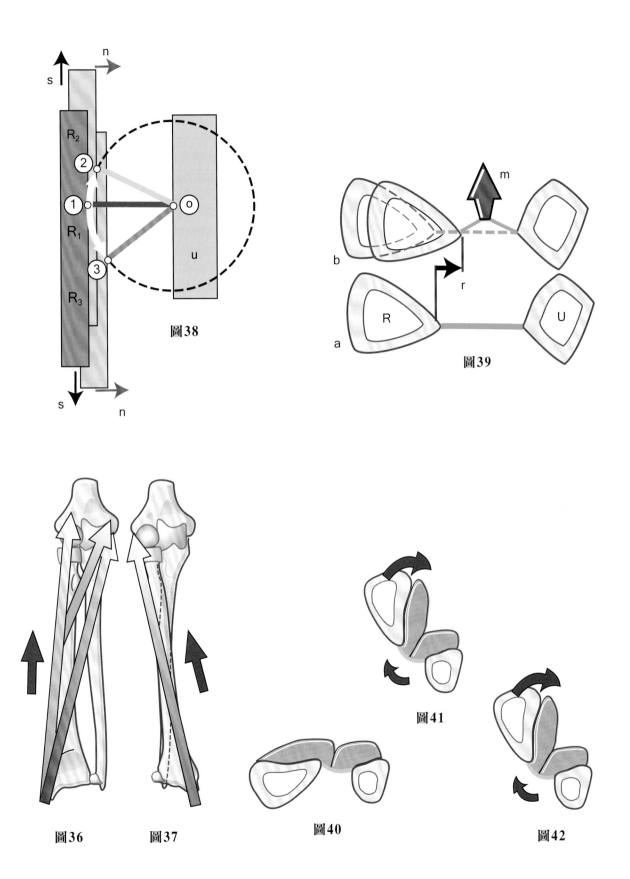

圖38

圖39

圖36 圖37 圖40 圖41 圖42

# 上橈尺關節的功能性解剖

**上橈尺關節**是**轉動（trochoid）[樞軸（pivot）]關節**，有圓柱狀表面與**一個自由度**，即兩個互相連結的圓柱沿著長軸旋轉，它可以從力學上跟滾珠軸承（ball-bearings）的系統相比較**（圖44）**，由兩個接近圓柱的表面組成。

**橈骨頭（圖45）**有軟骨外衣的邊緣（1），在前側與內側較寬並對應到滾珠軸承系統的中央部分（1）。它的上方小面為**凹面**，對應到球體（2）部分與**肱骨小頭**（9）相連接**（圖49矢狀切面）**。因為肱骨小頭沒有向後延伸，只有前半的橈骨頭在伸直時有與它接觸。它的邊緣是**斜角的**（3），而我們已經確定觀察到這個情況的重要性（P.87）。

**一個纖維–骨環（圖43，來自Testut）**在橈骨頭切除後可被清楚看到，對應到滾珠軸承系統的外側部分**（圖44，5和6）**。它由下列組成：

- **尺骨的橈骨切跡（radial notch）**（6）被軟骨包圍，前後方向是凹面而且被滑車切跡（8）的**鈍嵴**（blunt ridge）（7）所分隔**（圖46–48）**。

- **環狀韌帶（5，圖43和49有完整顯示，圖46和47被切開）**由強壯的纖維束所組成，連接到尺骨的橈骨切跡的前後側邊緣，內在由軟骨與橈骨切跡相接。因此，它的作用是作為環繞橈骨頭的**韌帶**並給予向尺骨的橈骨切跡壓迫力，也是與橈骨頭相接的**關節表面**。不同於橈骨切跡，它是有彈性的。

另一條與關節相關的是**方形韌帶（quadrate ligament）**（4），圖示為切開且橈骨頭傾斜的樣貌**（圖47，來自Testut）**。**圖48（上側觀，來自Testut）**顯示完整與鷹嘴和環狀韌帶的切面，它是一條連接到尺骨的橈骨切跡下方以及橈骨頭內側邊緣基部的纖維束**（圖50冠狀切面）**，兩個邊緣被環狀韌帶下緣的放射狀纖維所加強。在韌帶的橈骨連接點下方是橈骨粗隆，是肱二頭肌的連接點（11）。

韌帶加強了關節囊的遠端部分，剩下的關節囊（10）包覆手肘單一解剖凹窩的兩個關節：肱尺關節與肱橈關節。

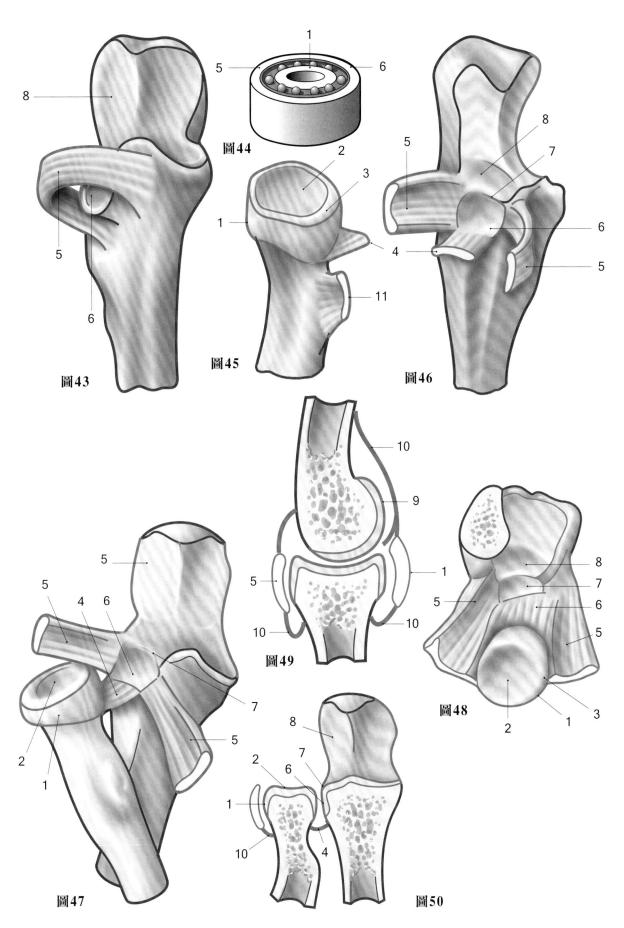

圖43

圖44

圖45

圖46

圖47

圖48

圖49

圖50

這裡的標號適用於所有的示意圖

# 下橈尺關節的功能性解剖

**尺骨遠端的結構與力學特性**

　　就像同類型的上橈尺關節一樣，下橈尺關節是**轉動（trochoid）**［樞軸（pivot）］關節，大致是圓柱狀表面且只有一個自由度，即沿著兩個互相連接的圓柱表面的軸旋轉。

　　這些圓柱表面第一個提到的是尺骨頭，可以看到遠端尺骨**（圖51）**像是將骨幹（diaphyseal）圓柱（1）套疊進圓錐狀骨骺（epiphyseal）（2），這樣圓錐的軸會向外位移並在圓柱軸線的外面。從這樣的混合結構**（圖52）**水平面（3）移除圓錐部分**（圖53，4）**，留下遠端杯狀表面，對應到尺骨頭遠端（7）。接下來**（圖54）**用銳利的圓柱（5）將末端削出一個實體新月形（6）後，它的形狀**（圖55）**就像尺骨頭（7）。注意的是銳利的圓柱（5）是與骨幹圓柱（1）和骨骺圓錐（2）都不同心的圓，因為它向外位移。因此，關節表面的形狀就像一個新月形「包裹」圓柱，前後側的角包住在骨骺後內側的莖突（styloid process）（8）。

　　事實上這個表面不是完全圓柱狀而是圓錐狀**（圖56）**，通過圓錐的下頂點的軸（x）與尺骨幹的軸（y）平行，圓錐的形狀像圓桶**（圖57）**，由一個向外的凸面製成（h）。考慮所有情況，尺骨頭遠端表面不是真的圓柱狀而更像圓錐狀圓桶，從正面與側面看，最高點（h）在前側偏外。

　　尺骨頭下表面**（圖58**，從下往上看）相對平坦且呈半月形，最寬的點對應到周邊最高的點（h），於是下列結構會排列在對稱平面上（箭號）：在莖突上的伸肌支持帶內側纖維（綠色方形）、莖突上的三角關節軟骨頂端的主要連接點（紅色星號）、尺骨末端表面的曲率中心（黑色叉號）和周邊的最高點（h）。

　　在橈骨末端內側**（圖59）**是**尺骨切跡**對應到尺骨頭的周邊表面。切跡的曲度是尺骨頭的相反結構，即兩個方向都是凹面且和頂點向下有垂直軸（x）的圓錐表面相接。中間部分的高度與尺骨頭外側表面（h）相同。

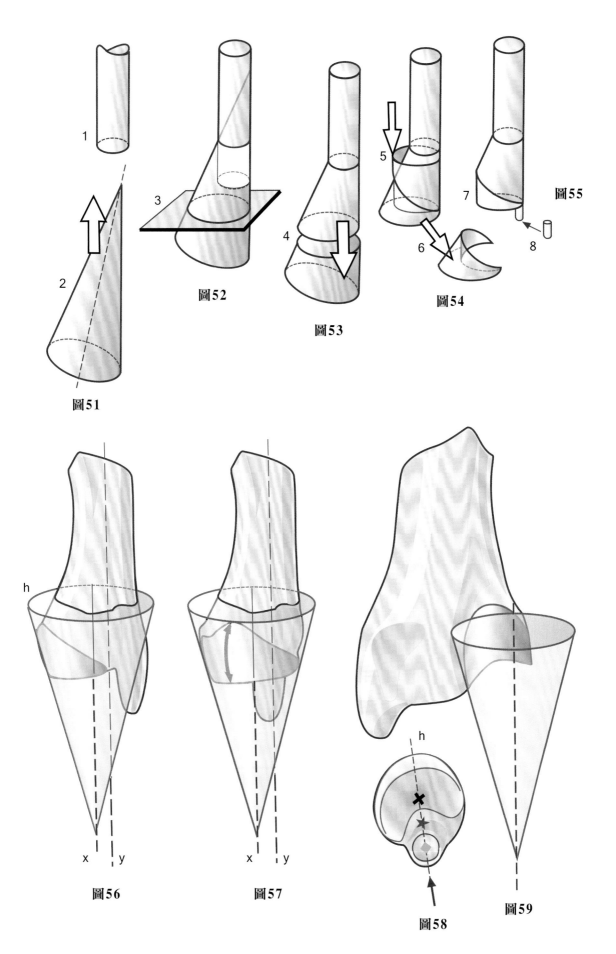

1

2

圖51

3

圖52

4

圖53

5

6

圖54

7

圖55

8

h

x  y

圖56

x  y

圖57

h

圖58

圖59

119

# 下橈尺關節的結構

橈骨遠端有兩個關節表面（圖60和61）：

- **第一個**是凹面的下表面（腕骨），外側區域（8）與舟狀骨（scaphoid）相接而內側區域（16）與月狀骨（lunate）相接。這是比較大的關節表面且在外側有莖突（1）。這部分將在腕關節章節更詳細描述。

- **第二個**是**尺骨切跡**（3）在兩個骨間邊緣（2）所組成的交叉狀裡面。它面向內側**（圖61）**，在前後方向與近端遠端方向都是凹面。如前所示，就像切割出倒置的圓錐表面一樣。它的中間位置是它的最高點並與尺骨頭（4）相接。

在末端邊緣有**關節軟骨盤**（5）在水平面**（圖62冠狀切面）**，即使是正常也經常在橈側連接點的中間部分有裂縫（6）。它的尖端往內側接到以下部分：

- 尺骨莖突（9）與尺骨頭下表面間的凹窩
- 尺骨莖突的外側
- 腕關節內側副韌帶的深處

關節軟骨盤填滿尺骨頭與鉤狀骨（hamate）間的裂口並扮演彈性緩衝的角色，在腕關節內收時會被壓迫。它的前側（10）與後側邊緣增厚成為真正的韌帶，因此切面來看呈雙凹面**（圖61）**。軟骨覆蓋的上表面與尺骨頭下表面（7）相接**（圖60）**。軟骨覆蓋的下表面向內填滿橈骨的腕骨表面並與腕骨相接。因此**關節軟骨盤**：

- 使橈骨與尺骨**相連接**；
- **提供雙重關節表面**，近端接尺骨頭而遠端接腕骨。

尺骨頭沒有直接與腕骨相接，因為關節軟骨盤形成**隔板**將下橈尺關節與腕關節隔開**（圖63）**，除非明顯的雙凹面盤中間產生穿孔，否則它們也是解剖上明確的關節。要注意的是這個穿孔也可能是創傷所引起。

基部的連接點不完整且有裂縫（6），許多作者認為也是年齡相關的退化改變起點。

關節軟骨盤扮演**「垂掛半月板」**角色，形成與橈骨的尺骨切跡和尺骨頭之間有點彈性的關節表面**（圖65）**。它也承受不同的壓力：**牽拉力**（藍色水平箭號）、**壓迫力**（紅色垂直箭號）和**剪力**（綠色水平箭號）。這些壓力經常一起作用，這也解釋腕關節受損時關節軟骨盤容易被破壞。

關節軟骨盤是主要但不是唯一與下橈尺關節的結構**（圖66）**，它受到前側（14）與後側（這裡未顯示）韌帶還有其他結構的協助，其他結構的角色在近期也被確認：

- **背側橈腕韌帶的掌側延伸**（13）環繞腕關節內側邊緣。
- **尺側伸腕肌肌腱**（15）由**強壯的纖維鞘**所包覆且走在尺骨頭後側表面尺骨莖突內側的溝槽內。

所有這些結構的形成被稱為腕關節**內側韌帶複合體的交叉點**。

橈尺關節間隙的方向因人而異。大部分的人**（圖62冠狀切面）**是斜向下方與些微向內側（紅色箭號），而少見**（圖63）**的是垂直方向，最特殊的**（圖64）**會斜向下方與些微向外側。

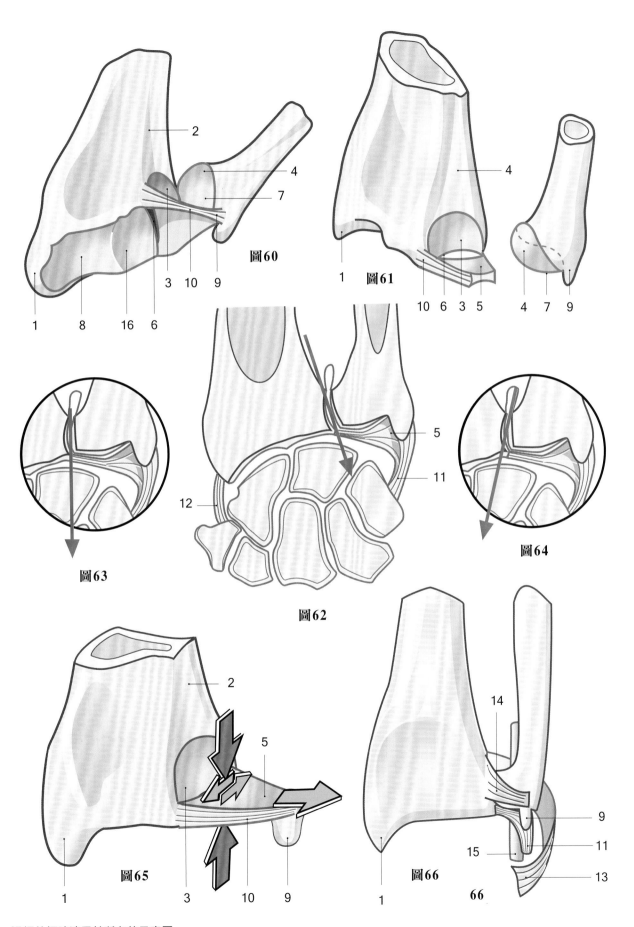

圖60

圖61

圖63

圖64

圖62

圖65

圖66

66

這裡的標號適用於所有的示意圖

# 上橈尺關節與尺骨差異的動態特性

**主要動作（圖67）**為**橈骨頭**（1）在**纖維-骨頭環**（2）內沿著軸**旋轉**，環由**環狀韌帶與尺骨的橈骨切跡**組成。

這個動作由方形韌帶（3）所產生的張力所限制**（圖68）**，作為旋後（A）與旋前（B）的煞車作用。

另一方面，橈骨頭不是圓柱狀而是有點卵圓形**（圖69）**，長徑斜向前外側為28公釐而短徑為24公釐。這解釋橈骨頭的環狀袖套不會是骨性且堅硬的。環狀韌帶組成3/4的環狀袖套，是有彈性且允許一些形變的，但在旋後（A）與旋前（B）時維持橈骨頭在關節的完全接合。

有四個**附屬動作**：

1）橈骨頭杯狀表面（1）在肱骨小頭上旋轉**（圖71）**。

2）橈骨頭的斜向嵴（4）（參照P.87）滑動與肱骨的肱骨小頭–滑車溝接觸。

3）因為橈骨頭呈卵圓狀，軸在旋前時會往外移**（圖70）**。在旋前時（B）橈骨頭的軸水平往外位移（e），相當於橈骨頭兩個直徑差異的一半，即在位置X'時有2公釐。

這個向外位移具有很大的重要性，它允許橈骨遠離尺骨，在此時橈骨粗隆會移進尺骨的旋後肌凹窩，也就是旋後肌的連接點。白色箭號**（圖67）**顯示橈骨粗隆在橈骨與尺骨「之間」的「遲滯」動作。

4）此外，我們已經看到旋前時**（圖72）**，橈骨在尺骨（a）外面會覆蓋它的前側（b）而有以下結果：

- 一方面前臂的軸因為肘外翻而些微斜向外側，變得與上臂的軸（b）共線，於是也與手部共線。

- 另一方面，橈骨的軸變得斜向下內側，橈骨頭的近端平面在旋前時傾斜角度（y）向遠端與外側**（圖73，b）**，等同於橈骨的向外傾斜（lateral inclination）。這可以解釋橈骨頭的關節表面方向改變。

橈骨幹軸的方向改變發生在穿過肱骨小頭中心的旋轉軸上**（圖74）**，在橈尺複合體對角線上的前面（紅線）。因為矩形的對角線比長邊要長，**旋前時橈骨會變得比尺骨**短，差距為r，這對下橈尺關節**（圖75）**有以下的**重要**影響：

- 在**旋後**時（a）橈骨會超過尺骨頭的遠端表面1.5–2公釐，**稱為尺骨差異**，可以從腕關節旋後的前側影像清楚看見，而這是導因於關節軟骨盤的厚度。這個負值的尺骨差異，從正常值–2拉升到0時變得異常，甚至在橈骨擠壓時變成+2，會造成腕關節嚴重的功能影響。

- 在**旋前**時（b）橈骨相對縮短（r）並與尺骨形成夾角（i），允許尺骨頭超過2公釐的距離而不會對正常的腕關節產生任何負面影響。但如果腕關節是異常的，已經正值的尺骨差異再增加尺骨頭的相對差距，會使情況更惡化且增加疼痛。

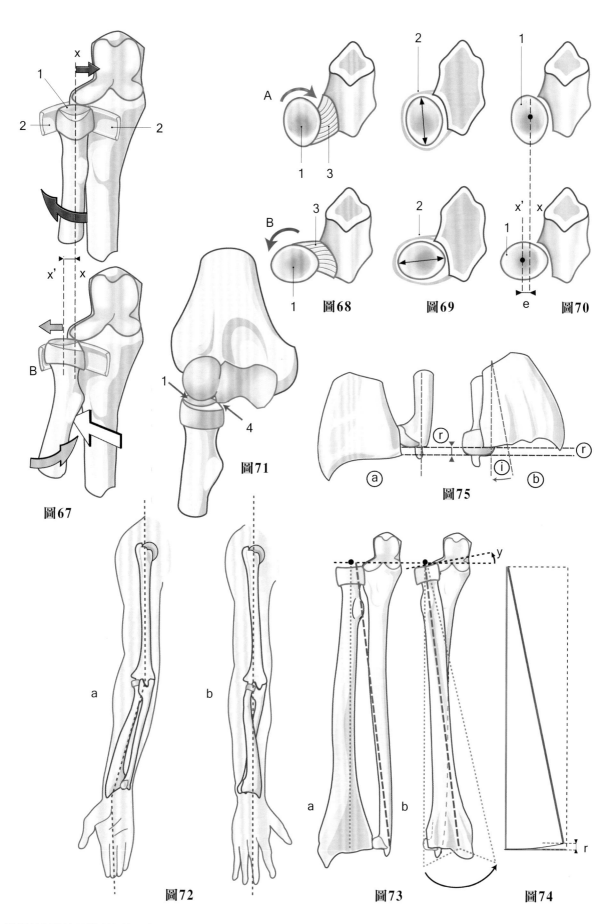

圖67

圖68

圖69

圖70

圖71

圖72

圖73

圖74

圖75

這裡的標號適用於所有的示意圖

# 下橈尺關節的動態特性

讓我們先假設**尺骨維持不動而只有橈骨在動**，在這情況下**（圖76）**旋前–旋後的軸會延伸到尺骨內緣以及小指（軸為紅色叉號），這是當前臂維持放在桌子上接觸時做軸向旋轉的情況，拇指的背面會在旋後（S）時碰到桌子而旋前（P）時則是掌面碰到桌子。

**主要動作（圖77）**為橈骨末端在尺骨上**旋轉**。下面觀顯示移除腕骨與關節軟骨盤後橈骨與尺骨的關節表面。橈骨骨骺沿著圓形與固定的尺骨頭旋轉，因為尺骨的莖突（黃色）是固定的。

- 旋後（S）範圍為90°。
- 旋前（P）範圍略小為85°。

這個自轉動作可以將橈骨類比為曲柄（crank）。起始於**旋後（圖78）**，曲柄的上分支（把手對應到橈骨頭）沿著長軸旋轉（紅色虛線），旋前時**（圖76）**曲柄的下分支進行**圓周自轉**，即**旋轉合併圓形路徑的位移**（粉紅色箭號）。

曲柄下分支沿著圓柱表面（對應到尺骨頭）旋轉，自轉的方向改變由紅色箭號**（圖78）**變成藍色箭號**（圖79）**來顯示。橈骨莖突在旋後時面向外側而旋前時面向內側，這個圓周自轉就像月亮繞著地球轉而維持同一面相對，只有到最近衛星隱藏的那一面才被看到。當旋後到旋前時橈骨在尺骨上旋轉，關節表面在幾何學上的接合會改變**（圖80）**，有以下原因：

- 一方面，關節表面在幾何上並非完整而有不同的曲率半徑，在中心為最小。
- 另一方面，橈骨的尺骨切跡的曲率半徑（藍色圓圈中心在r）些微比尺骨頭的曲率半徑（紅色圓圈中心在u）大。在中間位置（也稱為「零位置」）的關節表面接合最大。

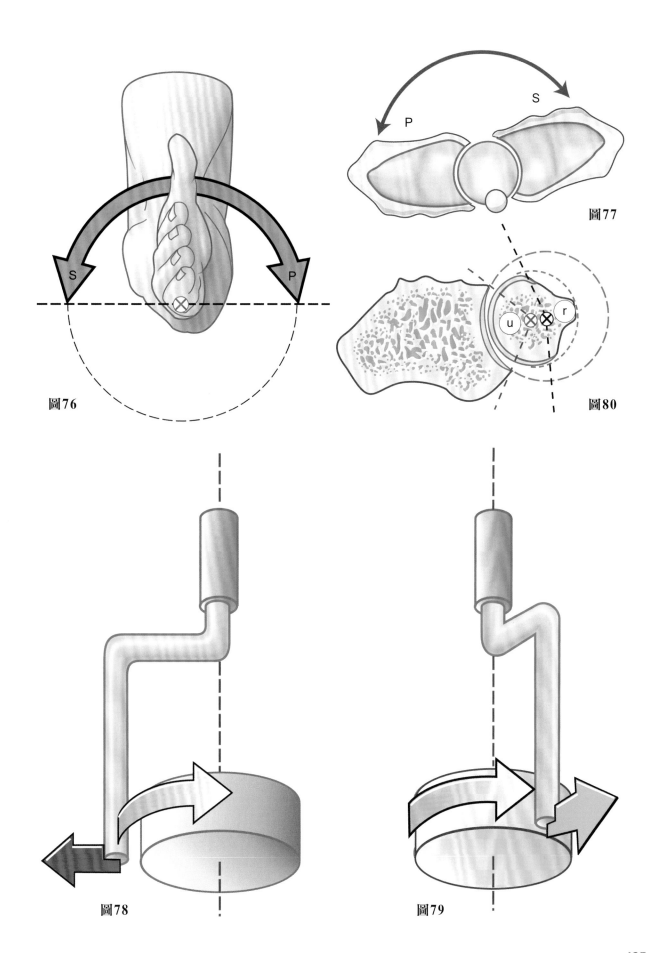

圖76

圖77

圖80

圖78

圖79

關節表面只有在**中間位置（圖81）**的接合會達到最大。因此旋後（**圖82**）和旋前（**圖83**）會相對喪失緊密接合，因為只有一小部分的尺骨頭會與橈骨的尺骨切跡接觸。

同時它們的曲率半徑不同，也反向影響關節接合。在**完全旋前**下，會真實產生尺骨頭向後半脫位（**圖88**），這由橈尺關節的後側韌帶虛弱地維持（綠色）而有向後「逃離」（黑色箭號）的傾向。關節主要是由**尺側伸腕肌肌腱**（e.c.u.）維持位置，它被**強壯的纖維腱鞘**維持在溝槽內且將尺骨頭「帶回」橈骨的尺骨切跡（白色箭號）；**旋前方肌**（p.q.）也有相似的功能。在最大接合的位置下，尺骨頭表面周圍的最高點對應到尺骨切跡的最高點，此時曲率半徑相符而使關節表面接觸達到最大。

在**旋前–旋後動作時（圖85-87）**，關節軟骨盤滑過尺骨頭的關節表面就像雨刷。在下表面上（**圖84**）有**三個點**排列在較大的直徑上：尺骨莖突中心（綠色方形）、關節軟骨盤尖端在莖突與關節表面間溝槽內的連接點（紅色星號）和尺骨頭邊緣的曲率中心（黑色叉號）。因為關節軟骨盤的尺骨接點不在中心，**韌帶產生的張力**根據位置而明顯**改變**，在完全旋後（**圖87**）與完全旋前（**圖86**）時因為相對縮短（e）而張力最小。這樣的縮短可以解釋為當大圓圈的半徑（例如關節軟骨盤的一條纖維）「滑過」小圓圈的表面時，它表現得像小圓圈的正割（secant），長度因位置而不同。這可以說明關節軟骨盤纖維產生的張力變化。

因此，**最大關節接合的位置張力最大**，即尺骨頭周邊對應到最高點的位置，因為在連接點與頭部周圍的韌帶長度有最長直徑。然而，

關節軟骨盤由**兩條束**（一條前側一條後側）所加強，在中間位置時有中等程度牽拉（**圖85**），在**旋後**時前束（**圖87**）被最大牽拉而後束最大放鬆，在**旋前**時（**圖86**）則相反。這是關節軟骨盤不同偏移的結果。這個圖也顯示，因為軟骨盤張力的不同分布，基部連接點的小裂口會變得扭曲。同樣的，如果是創傷而非正常變化的中央裂口，會在旋前–旋後時變大。因此，橈尺關節的最大穩定位置大略為中間位置，這是MacConnaill所稱的**「鎖緊」位置**，有最大的關節表面接合與韌帶最大牽拉。但因為是中間位置，不能被視為實際上的鎖緊位置。關節軟骨盤與骨間膜的鑑別動作如下：

- **在完全旋前與完全旋後時**，關節軟骨盤會部分放鬆，但骨間膜會被拉緊。要注意的是下橈尺關節的前側與後側韌帶是關節囊微弱的縮短結構，對於維持關節表面相接與限制關節動作沒有太大用處。

- **在最大穩定的位置**，即中間位置下關節軟骨盤被拉緊而骨間膜放鬆，除非被連接在上面的肌群重新拉緊。

- 整體來看，關節表面被兩個解剖結構維持相接：**骨間膜**（角色重要性被低估）和**關節軟骨盤**。

旋前動作被前臂前側肌肉的存在與橈骨給尺骨的壓力所限制，因此橈骨柄的些微前側凹面相當重要，可延遲這個壓力。

旋後動作被橈骨的尺骨切跡背側末端給予尺骨莖突的壓力所限制（會受到介於中間的尺側伸腕肌的肌腱緩衝）。它沒有受到任何韌帶或直接骨頭接觸所限制，但會受到旋前肌群的張力限制。

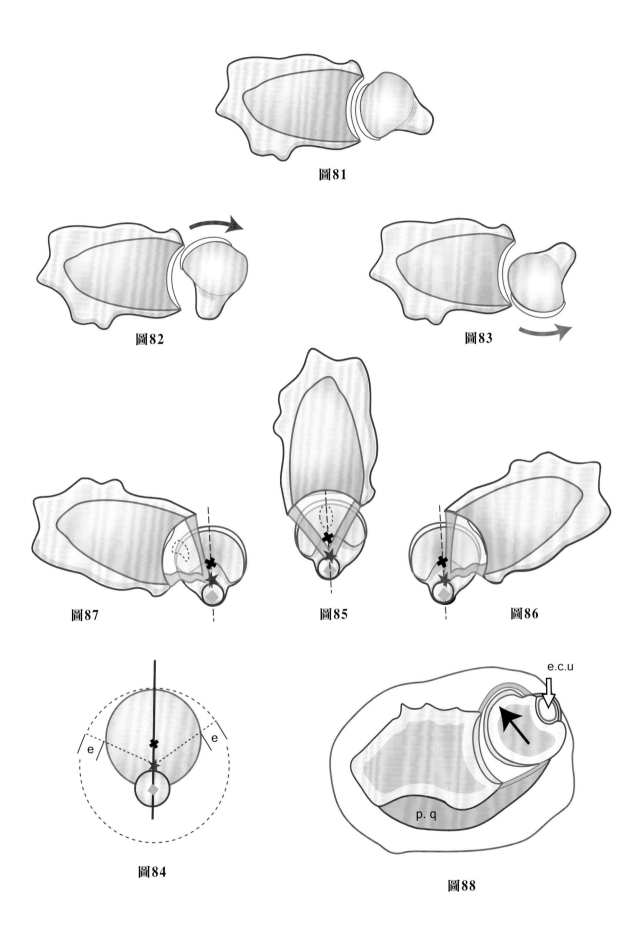

圖81

圖82

圖83

圖87

圖85

圖86

圖84

e.c.u

p. q

圖88

# 旋前–旋後軸

　　到目前為止已經獨立討論了下橈尺關節的功能，但很容易了解**下與上橈尺關節的功能性力偶是力學性相連**，亦即為了功能，一個關節需要另一個關節共同存在。這樣的功能性力偶取決於關節軸與關節結合上的共同作用。

　　兩個橈尺關節是**共軸**的，只有在它們的動作軸（**圖89**）共線（XX'）時，才有正常功能並與旋前–旋後的樞紐一致，從中心通過尺骨頭與橈骨頭。舉例來說，除非門的樞紐軸完美排列（a）（即平行），否則門無法輕易打開（**圖90**）。如果是一個不可原諒很糟糕的製品，軸1和2沒有平行（b），除非門切成獨立兩片而各自打開，否則門無法打開。當軸因為前臂一根骨頭或另一根骨頭不良復位的骨折而造成不適當排列時，同樣的狀況就會發生在這兩個關節上。**軸的共線性喪失**會影響旋前–旋後。

　　當橈骨在兩個關節的XX'軸上相對尺骨移動時（**圖89**），路徑如同一部分的圓錐表面（C），凹面向後側、底部向下而尖端在肱骨小頭的中心。

　　假使尺骨固定不動，旋前–旋後由橈骨柄在下橈尺關節的軸上旋轉（紅色叉號），與上橈尺關節的軸平行。在這個情況下旋前–旋後的軸與旋前–旋後的樞紐一致。

　　如果旋前–旋後發生在通過拇指的軸，橈骨則會沿著沒有與旋前–旋後的樞紐一致的軸繞著尺骨的莖突旋轉（**圖91**）。因此，尺骨下末端沿著半圓往下外側然後上外側移動，並始終與它平行。這個動作的垂直部分容易被肱尺關節同時的伸直動作然後屈曲動作輕易解釋。外側部分可以由肘關節同時向外移動來說明，然而無法想像這樣的動作範圍（接近兩倍腕關節寬度）會發生在肱尺關節這樣緊密的樞紐關節上。近期H.C. Djbay提出更符合力學且思考上令人滿意的解釋，肱骨沿著長軸同時外轉使頭部外移（**圖92**），橈骨本身則沿著橈骨頭中間的旋轉中心（**圖94**）旋轉（**圖93**）。這個理論必須包含肩胛胸廓「關節」外轉的存在，可以透過旋前–旋後時量測肱骨旋轉肌群的動作電位來證實。

　　值得注意的是，橈骨方向的改變會造成手部的軸傾斜向內（**圖95**，紅色箭號）。然而，因為正常的**肘外翻**（**圖96**），肘關節的軸輕微斜向下方與內側，因此旋前–旋後的樞紐會在縱向平面上。所以橈骨旋前會讓手部的軸剛好帶回縱向平面（黑色箭號）。

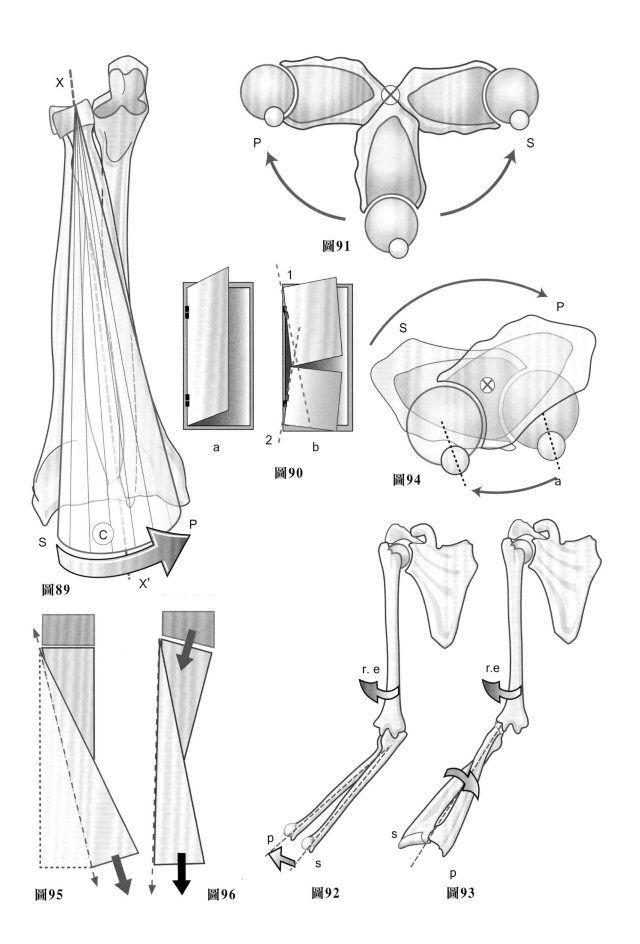

圖89

X

S

P

X'

C

圖90

1

2

a

b

圖91

P

S

圖94

S

P

a

圖92

r. e

p

s

圖93

r. e

s

p

圖95

圖96

如果這個假設可以透過精確的影像學與肌電圖研究確認，肱骨外轉範圍必須在5–20°且只發生於肘關節屈曲90°的旋前–旋後時。當肘關節完全伸直時，尺骨被鷹嘴牢固地卡進凹窩內而固定，如果肘關節固定不動，就能很清楚知道不會產生旋前動作，但旋後動作仍然可能，而喪失的旋前動作會由肱骨內轉所代償，因此，在肘關節伸直時將會有個「轉移點」沒有產生肱骨相關旋轉。旋前動作在肘關節屈曲時也被限制到45°，肱骨無法沿著長軸旋轉，因此尺骨頭的向外位移發生，只能靠肱橈關節向外移動來解釋。

在先前討論兩個極端案例之間，旋前–旋後軸通過腕關節尺骨或橈骨末端。**在旋前–旋後的正常動作下，抓握的動態三點中心（圖97）**，軸在中間且沿著**第三條路徑（圖89）**通過橈骨下末端靠近尺骨切跡處（紅色叉號，**圖98**）。橈骨旋轉接近180°，尺骨的中心在沒有旋轉下以弧形位移，位移由伸直（ext）和外轉（lat）組成。尺骨頭的中心由位置O移動到位置O'並在軸OO'上進行**圓周自轉**。

旋前–旋後此時變成軸ZZ'上的**複雜動作（圖99）**，無法在空間中單純以物理形式呈現，且與旋前–旋後的樞紐動作有所區別。這個樞紐動作透過尺骨頭從軸X拉到軸Y，勾畫出圓錐表面**（見圖89）**且在這個案例的凹面向前。

**總結來說，旋前–旋後不是單一動作而是一系列動作**，最常環繞著通過橈骨的軸發生，以及在兩根骨頭自己「旋轉」時發生，就像跳**芭蕾舞**一樣。旋前–旋後軸一般與旋前–旋後樞紐動作有所區別，是**變異的且無法在空間中以物理定義**。

事實上，這個軸在空間中無法以物理定義且不固定，但並不代表它不存在，否則同理地球的旋轉軸也會不存在。從旋前–旋後是旋轉動作的事實來看，可以推論這個軸真實存在，雖然無法被物理定義且鮮少與旋前–旋後樞紐一致，它與前臂骨頭的相對位置取決於旋前–旋後執行的類型與階段。

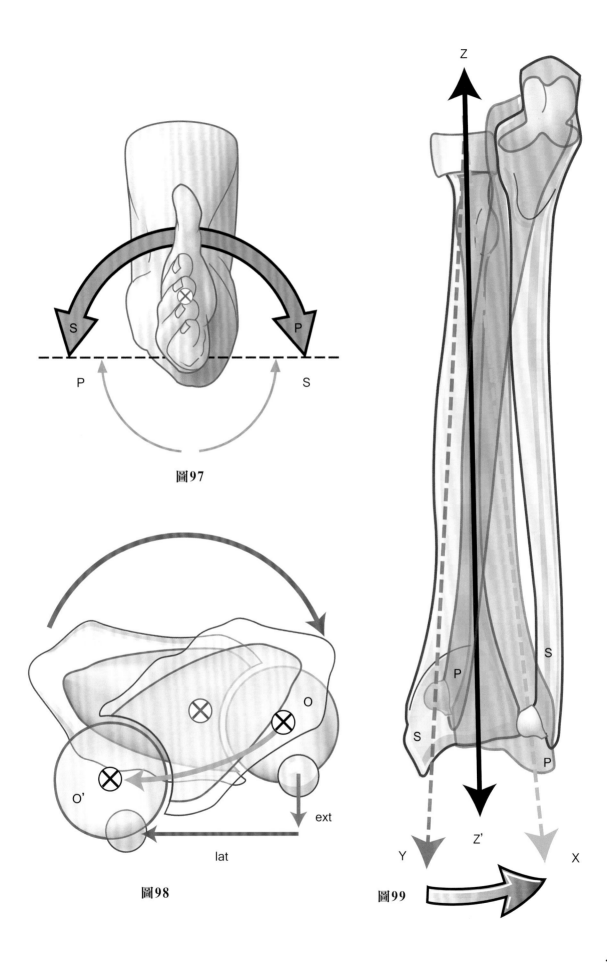

圖97

圖98

圖99

# 兩個橈尺關節的共同緊密接合

橈尺關節的功能性力偶也取決於關節的共同緊密接合。因此，兩個關節有最大穩定度的位置是在旋前-旋後有相同角度時（**圖100**）。換句話說，當尺骨頭（**圖101**）在最高點（h）與橈骨的尺骨切跡相接觸時，同樣的橈骨頭（i）也與尺骨的橈骨切跡接觸（**圖102**）。

橈骨的尺骨切跡（s）與橈骨頭（t）的對稱平面（**圖100**）通過周圍表面的最高點，形成開口向內側與前側的立體角（紅色箭號）。**這個橈骨扭轉角與尺骨的相同**，對應到量測尺骨頭與尺骨的橈骨切跡（未顯示）。

這個角因人而異，可以透過沿著長軸來觀察尺骨末端。

在中間位置時（**圖103**），如果兩個扭轉角相同則緊密接合最佳，即尺骨頭以最大直徑接觸橈骨的尺骨切跡，且橈骨頭以最大直徑接觸尺骨的橈骨切跡。

但如果兩塊骨頭的扭轉角不同時，旋前-旋後動作就會加速或延遲。因此當旋前加速時（**圖104**），橈骨頭以最短直徑接觸尺骨的橈骨切跡。同樣的，當旋後延遲時（**圖105**），橈骨頭就會在不適當位置接觸尺骨的橈骨切跡。

因此兩個橈尺關節的緊密接合由兩塊骨頭的扭轉角相同來達成，而緊密接合不會隨時都存在。無疑地我們需要一項大型統計研究來幫助建立扭轉角變異的全貌。

實務上，這些觀察建議，在兩根骨頭其一有骨柄骨折而要復位時，碎片的旋轉不一致必須要精確復位，即使只是扭轉角沒有恢復也會打亂旋前-旋後機制。

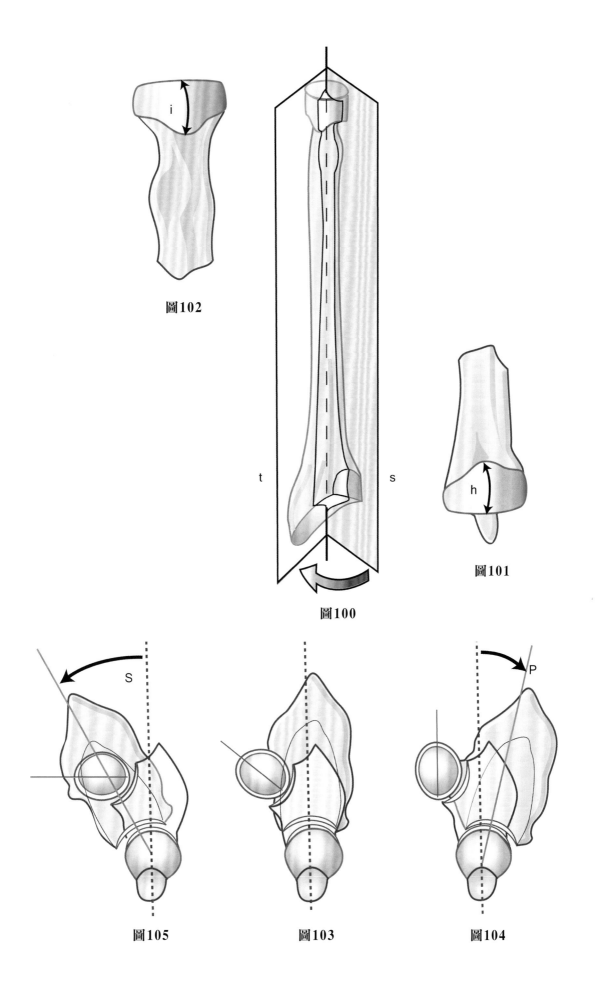

圖102

圖101

圖100

圖105

圖103

圖104

# 旋前與旋後動作的肌群

為了了解這些肌肉動作的模式，橈骨的形狀必須進行力學上的分析（**圖106**）。

橈骨包含**三個部分**，合起來使它大略像一個**曲柄**（m）的形狀：

1）**頸部**（上部走斜向、往遠端與內側）與中間部分形成鈍角。

2）中間部分（骨幹上半走斜向、往遠端與外側），這個鈍角的尖端（箭號1）開口向外，與**橈骨粗隆**一致而**肱二頭肌**接在此處。以上兩部分組成橈骨的「**旋後肌彎曲**」。

3）中間部分與下部相接並走斜向往遠端與內側，形成鈍角尖端（箭號2）與**旋前圓肌**（3）連接點一致的位置。這兩個部分組成橈骨的「**旋前肌彎曲**」。

注意的是「橈骨曲柄」與它的軸（m）傾斜一個角度。事實上，軸XX'（紅色虛線）是旋前–旋後的軸並通過曲柄兩個桿的末端而沒有通過桿本身。因此，兩個「彎曲」的尖端在軸的各一端。

軸XX'由兩個橈尺關節共同分享，假使骨頭沒有同時骨折或分離，這個共同軸對旋前–旋後很重要。移動這個曲柄時兩個機制是可行的（**圖107**）：

1）**鬆開**纏繞在任一桿上的**繩索**（箭號1）

2）在任一彎曲上**拉動尖端**（箭號2）。

這些機制形成旋轉肌群動作模式的基礎。旋前–旋後的肌群有**四條**且被分類在兩組，以下為它們的動作：

1）短平肌肉（箭號1），作用為「鬆開」。

2）長肌接在任一「彎曲」的尖端（箭號2）。

## 旋後的動作肌群（圖108前側觀；圖111和112，右下部分可從上方看到）

1）**旋後肌**（1）：纏繞在橈骨頸（**圖111**）並接到尺骨的旋後凹窩，作用是「鬆開」。

2）**肱二頭肌**（2）：接到橈骨粗隆的「旋後肌彎曲」的尖端上（**圖112**），在肘關節屈曲90°下拉動曲柄上角並維持最高效率。它是旋前–旋後最有力量的肌肉（**圖108**），因此轉動**螺絲起子**時會在肘關節屈曲下做**前臂旋後**。

## 旋前的動作肌群（圖109和110）

1）**旋前方肌**（4）：包覆尺骨下末端，作用為「解開」，因此尺骨從橈骨「鬆開」（**圖109**）。

2）**旋前圓肌**（3）：接到「旋前肌彎曲」的尖端，動作為牽拉；這動作很微弱，特別是在肘關節伸直時。

旋前肌群比旋後肌群力量較小，因此轉開鎖緊的螺絲時必須利用肩關節外展時產生的旋前動作。

儘管肱橈肌的法國名是長旋後肌，但它不是旋後肌而是**肘關節屈肌**。它只有從完全旋前位置到零旋轉位置時能旋後，反過來，它只有在從完全旋後位置到零旋轉位置時會變成旋前肌。

旋前動作只有一條神經支配——正中神經。旋後動作則有兩條神經：**旋後肌**由橈神經支配而肱二頭肌由肌皮神經（musculo-cutaneous nerve）支配。因此旋前功能比起旋後更容易喪失。

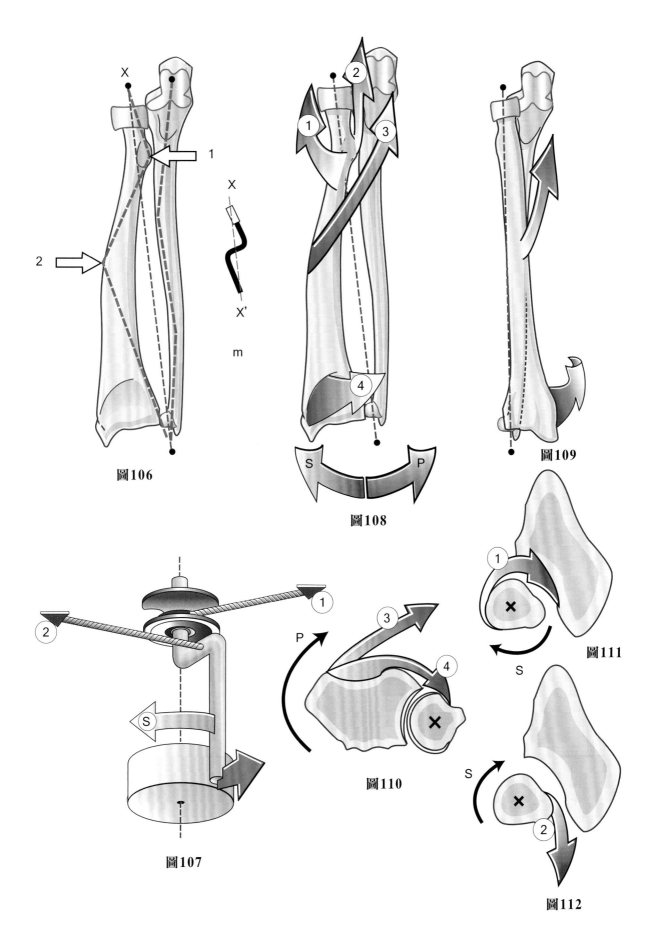

圖106

圖107

圖108

圖109

圖110

圖111

圖112

m

X

X'

S

P

# 為何前臂有兩根骨頭？

在地球上從我們的祖先開始，所有的陸生脊椎動物在剛離開海洋時為四足動物，前臂和小腿各有兩根骨頭。這部分稱為**中間區段（zeugopod）**。這是個事實，但很少解剖學家回答這個問題：為何是兩根？

任何試圖給予有邏輯的解釋必須訴諸於**歸謬法（reductio ad absurdum）**，並想像一個虛構的前臂生物力學模型來幫助探索如何執行所有動作而只用一根骨頭：**尺橈骨（UlRadius）**。

為抓握物體手臂必須能夠適應許多不同的姿勢，這暗示從肩關節複合體必須有**七個自由度**，不能多一個也不能少一個。需要三個自由度允許上肢能擺在空間中任何位置，需要肘關節一個自由度讓手部能遠離或靠近肩膀或嘴巴，以及腕關節**三個自由度**來決定手部的位置。邏輯性的解法是將類似像肩關節的球狀球窩關節擺在尺橈骨遠端，讓我們試著想像這樣結構的生物力學結果。

首先有兩種可能，端看這個關節的球狀部分是在遠端（**圖113**）而組成部分的腕部，或是在近端（**圖114**）而成為尺橈骨的遠端終點。第一個解法會讓腕關節的結構比較不那麼複雜嗎？那麼讓我們再看看第二種解法，明顯地球窩關節在尺橈骨的遠端是不利的，包含兩個關節面且發生在非常狹小空間的旋轉動作會對所有橋接此關節的結構（包括肌腱）產生剪力（**圖115**）。腕關節的透視圖（a）顯示遠端關節表面的任何旋轉動作都會縮短這些橋接結構一定的距離（r），上方橫截面圖（b）顯示兩個方向的旋轉動作（c）和（d）都會迫使肌腱走更長的路徑，因此引起與肌肉假收縮（pseudo-contraction）相關的相對縮短，這個現象很難抵消，特別是手部從直放位置（**圖116**）往更外側移動時（**圖117**）。

血管也會遇到類似的力學問題，可以容易地從透視圖（**圖118**）了解，動脈也相對縮短合併扭轉，但因為休息時有螺旋形的本質而比較容易抵消。在兩根骨頭的解法中（**圖119**），橈動脈在橈骨旋轉時會將整段長度拖拉過去而沒有本身的旋轉或縮短。

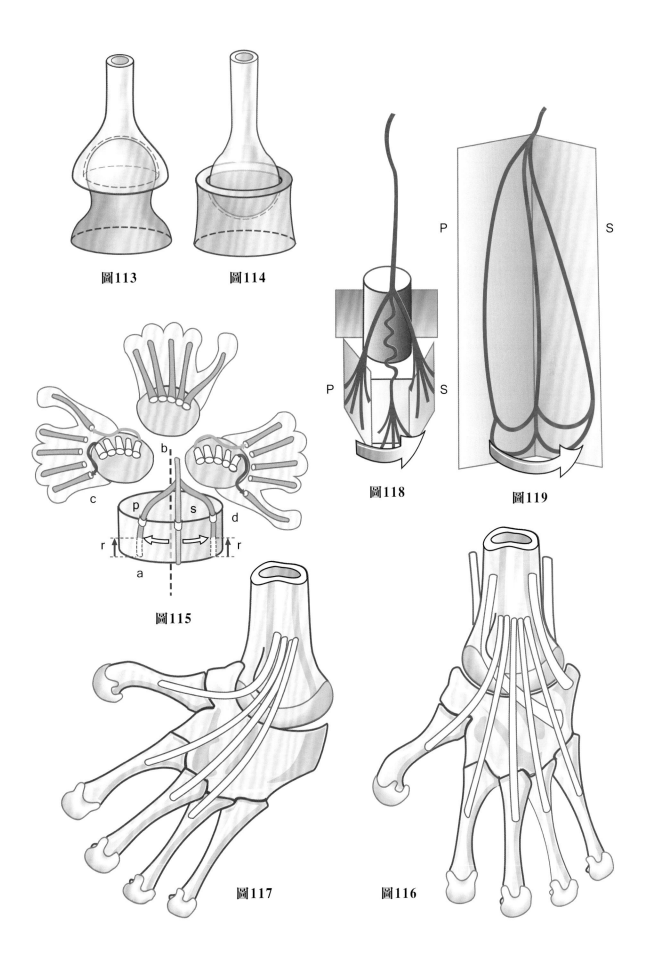

圖113        圖114

圖115

圖118      圖119

圖117      圖116

肌腱相對縮短的問題阻礙了前臂存在**強壯的手部伸肌與屈肌**，因此這些手部的外在肌群現在必須放在手部裡面變成**手部的內在肌群**，而導致嚴重（若不是災難性）的結果，因為肌力與體積成正比，可以想像手掌內有相同質量的屈肌群（**圖121**），**手部變得幾乎沒有**手掌抓握物體的**功能**，而正常的手（**圖120**）可以適應較大的物體。

手部的形狀與體積也會有很大改變（**圖122**），手部轉變成「球拍手」（battledore-hand）（a–b），即巨大、笨重且剝奪幾乎所有功能與美感價值（c–d）。

這樣的結構會對整個身體產生影響，因為上肢的重量增加（**圖123，半個「正常」人**）。正常接近肘關節（藍色箭號）的上肢**質心或半個重心**會往遠端**靠近腕關節**位移（紅色箭號）。上肢產生力矩的增加會需要**強化肩胛帶**以及下肢來因應，這會造成新形態人類。混合示意圖上顯示左側是正常的，右側則是腕關節調整成球窩關節後的簡單轉換。這會是我們所知完全不同的人類樣貌（**圖126**）！

既然一根尺橈骨這樣的解法不管用，兩根骨頭的解法將尺橈骨分成尺骨和橈骨是唯一可行的。現在問題核心在**骨頭的排列**（**圖124**），串聯的排列不切實際（a），因為整合相接很差的關節太弱，無法允許抬起鋼琴或甚至是背包！唯一剩下的解法是並聯平行排列的兩種可能：一根在另一根前面（b）或一根在另一根外面（c）。如果橈骨在尺骨前側（b），肘關節屈曲會被限制，所以更實際的解法是橈骨與尺骨在同一平面但在外側，因為可以利用**肘外翻**，即前臂的提物角。

**兩根骨頭解法**透過**兩個新增的關節**無庸置疑地讓肘關節與腕關節結構變得更複雜，即橈尺關節，但它解決了一些問題，主要是血管與神經就不會在這麼短的距離內扭轉，而更重要的是，它解決了肌肉問題，**強壯的肌肉**現在可以位在前臂成為手部的**外在肌群**，而手部**內在肌群**無力但輕巧，可以成為**精準動作的肌肉**。**在腕關節旋轉時連接到橈骨的肌肉**與它同時旋轉並改變長度，但沒有對手指產生「寄生」影響。一些接到尺骨的屈肌也沿著整個長度旋轉，消除對手指的任何「寄生」影響。

四肢中間區域的兩根骨頭的樣貌可追溯至四億年前（**圖125**）的中泥盆紀，我們的遠祖（鮮為人知的魚類，真掌鰭魚屬）離開海洋，接著胸鰭進化成四足動物像是現代蜥蜴或鱷魚。魚鰭列會進一步重組（a–b–c）如下：近端單列會變成肱骨（h），接下來兩列變成橈骨（r）和尺骨（u），遠端多列變成腕骨與五指。從那個時期開始**陸生脊椎動物的原型在前臂與小腿都有兩根骨頭**，即**中間區域**。此後，更進階的脊椎動物，旋前–旋後動作變得更加重要，且在靈長類與最後的人類達到最大效益（**圖126**）。

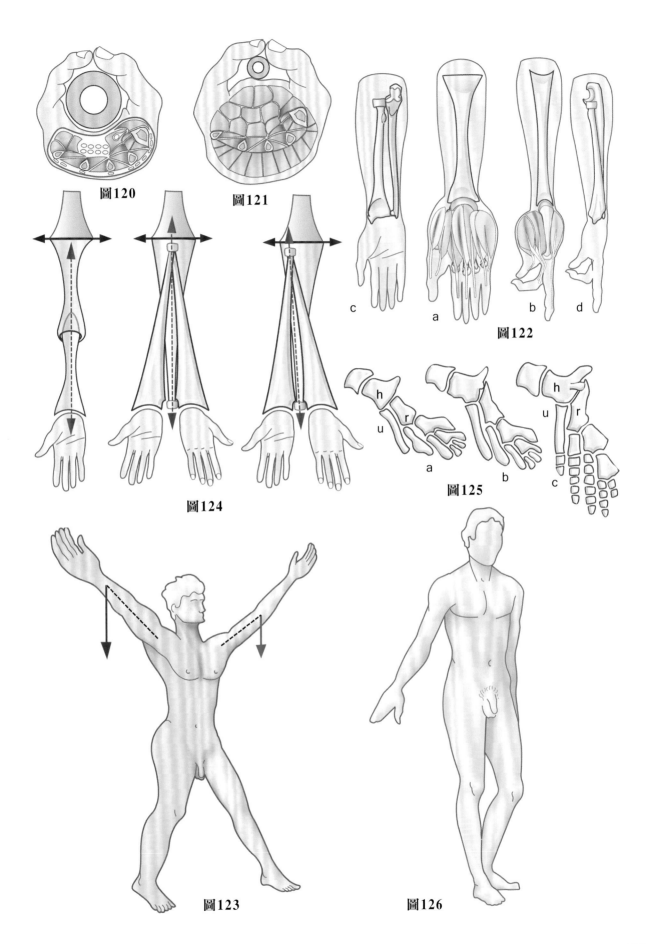

圖120

圖121

圖122

圖124

圖125

圖123

圖126

# 旋前與旋後動作的力學擾亂

## 前臂兩根骨頭骨折（圖127與128，來自Merle d'Aubigné）

碎片的位移因骨折線的程度有變異且由肌肉拉力決定：

a) 如果骨折線在橈骨上1/3（圖127），兩塊分段碎片由拮抗肌作用影響，即旋後肌作用在上碎片而旋前肌作用在下碎片。因此碎片中間的裂隙因相對於另一碎片的旋轉達到最大，在極端旋後時上碎片達到最大，而下碎片則是在最大旋前時達到最大。

b) 若骨折線在**橈骨柄中間**（圖128），裂隙會較不明顯，因為下碎片的旋前只來自於旋前方肌而上碎片的旋後會被旋前圓肌減弱。裂隙會減少到最大的一半。

因此骨折復位的目標不只是矯正角度位移還有恢復正常的骨頭曲度，特別是橈骨，如下所示：

- 矢狀切面的曲度是凹面向前。如果平坦或相反的話，旋前的範圍會縮短。
- 冠狀切面的曲度，特別是「旋前肌彎曲」。如果沒有適當恢復，旋前的範圍會受到旋前圓肌效率降低所限制。

## 橈尺關節脫位

因為兩根骨頭的力學連結所以很少發生，通常與骨折相關。

### 下橈尺關節脫位

這通常會合併橈骨柄的近端骨折（藍色箭號），即所謂的**Galeazzi骨折**（圖129）。這很難治療，因為脫位關節會有持續性不穩定。

### 上橈尺關節脫位

與前者相似且由橈骨頭前側脫位（紅色箭號）與尺骨柄骨折（**Monteggia骨折**）組成（圖130），由直接撞擊產生，例如被棍棒打擊。橈骨頭的復位很重要，會因為肱二頭肌（B）拉扯而不穩定，還有要修復環狀韌帶。

## 橈骨相對縮短的結果

橈尺關節的功能可以被橈骨相對縮短所影響，因為以下原因：

- **孩童時期無法辨識的骨折**後造成生長不足（圖132）
- 在**Madelung症**中的橈骨先天成形不良（圖131）
- **Colles骨折**是遠端橈骨骨折，為最常見的類型，主要發生在高齡者。它會造成下橈尺關節在冠狀切面與矢狀切面真正脫位，如下：
  - **在冠狀切面上**，橈骨遠端傾斜向外（圖133），造成下方關節內空間變寬。在關節軟骨盤上的拉力（圖134）通常會將橈骨莖突連根拔起使它在基部被折斷，稱為**Gérard- Marchant骨折**。關節表面的分離（骨骼分離）會因為或多或少廣泛的骨間膜與腕關節內側韌帶斷裂而更嚴重。
  - **在矢狀切面上**，橈骨骨骺碎片的後傾（未顯示）會干擾旋前–旋後動作。

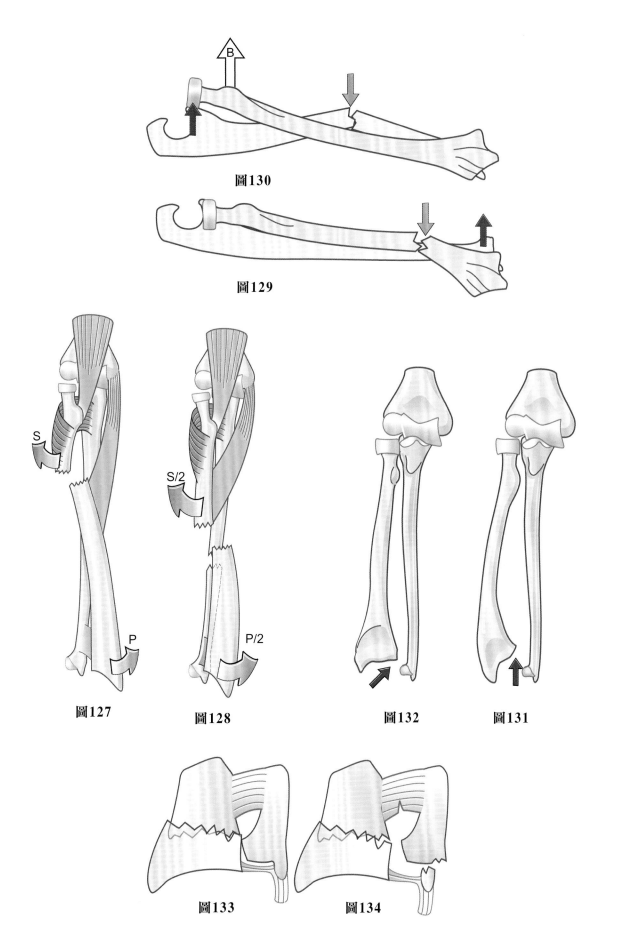

圖130

圖129

圖127

圖128

圖132

圖131

圖133

圖134

在正常狀態下（圖135），橈骨與尺骨關節表面的軸會一致。當兩根骨頭分離時（a）可以看到關節表面的緊密接合；當骨頭連在一起時（b），表面會完好相接。

當橈骨遠端骨骺碎片傾斜向後時（圖136，a），尺骨與橈骨關節面的軸會形成開口向後下方側的夾角並失去表面緊密接合，如示意圖（b），僅呈現表面與它們的軸。下橈尺關節的永久性脫位經常造成旋前–旋後嚴重問題，可以透過簡單尺骨頭切除治療（**Moore-Darrach手術**）或最後的關節固定術（固定不動）合併骨折上尺骨柄區段切除，來使旋前–旋後達到正常（（**M. Kapandji-L. Sauvé手術，圖137**））。

下橈尺關節功能性擾亂也來自於上橈尺關節擾亂，即**Essex-Lopresti症候群（圖138）**。橈骨相對縮短可來自於粉碎性骨折（a）後的**橈骨頭切除、肱橈關節的關節表面過度磨損和撕裂**（b）、或橈骨頸骨折壓迫進橈骨頭（c）。這會造成下橈尺關節向上脫位（d）與不正常的尺骨頭向下突出，可藉由使用**尺骨差異指數（ulnar variance index）**來量測。只有骨間膜的前側纖維（粉紅色）**（圖139）**能限制橈骨頭向上，如果這些纖維撕裂或不足，下橈尺關節會脫位，即Essex- Lopresti症候群，將很難治療。

我們對下橈尺關節功能性擾亂的知識還在不斷變化的狀態，但可以總結出橈骨遠端骨折（最頻繁）需要從開始就被良好治療。

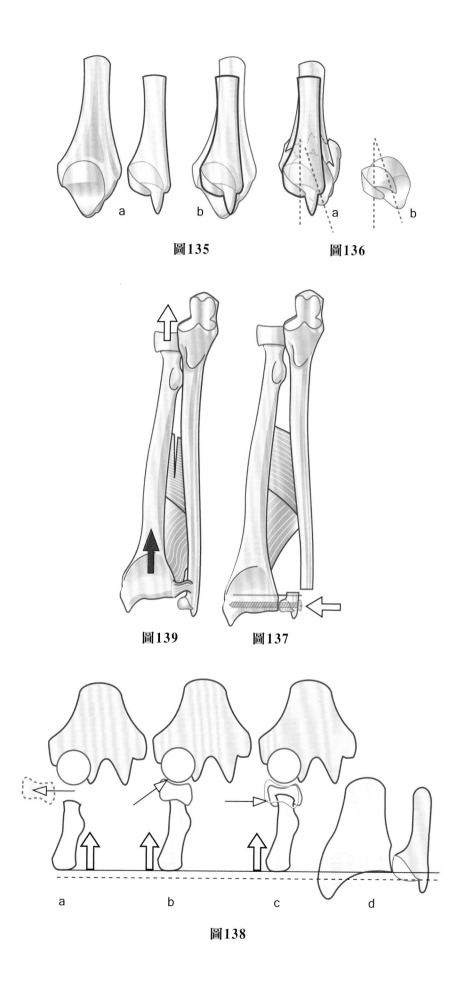

圖135

圖136

圖139

圖137

圖138

# 功能位置與代償動作

當我們在轉鑰匙時，動作是**「前臂旋後」**（**圖140**）。事實上，當上肢垂下在身體旁邊而肘關節屈曲時，旋後動作只可以在前臂橈尺關節的長軸上旋轉而發生。這被稱為真正的旋後，因為肩膀沒有參與動作。這解釋了為何旋後動作癱瘓時無法輕易被代償。然而，完全癱瘓鮮少發生，所以仍有代償方法，而支配肱二頭肌的神經（肌皮神經）與旋後肌的橈神經不同。

**「肩關節旋前」**（**圖141**）：另一方面，在旋前時旋前肌的動作可以被肩關節外展動作所放大或取代。這個動作發生在倒置平底鍋時。當肩關節外展90°時，手部也旋前了90°。

## 前臂的功能位置

對於旋前–旋後來說，這個位置是介在兩個位置之間：

- 中間位置（**圖142**），例如拿槌子。
- 半旋前30–45°位置，在拿湯匙（**圖143**）或寫字（**圖144**）。

功能位置對應到拮抗肌群間的自然平衡狀態，因此肌肉能量消耗最少。

旋前–旋後動作對**把食物送入口中很重要**。事實上，當一個人拿起放在桌子或地上的水平面上的食物時，抓握會有手部旋前與肘關節伸直。為了把食物送入口中肘關節必須彎曲且手部旋後將它放入口中。肱二頭肌是這個**餵食動作**的理想肌肉，因為它是肘關節屈肌也是前臂旋後肌。

此外，**旋後可以減少動作中所需的肘關節屈曲角度**。如果同樣的物體以手臂旋前方式放入口中則需要比較大的肘關節屈曲角度。

## 服務生測試（The waiter test）

如同肩關節一樣，肘關節的整體功能可以透過**服務生測試**來評估。當服務生托盤子高於他的肩膀時（**圖145**），他的肘關節屈曲且腕關節完全伸直及旋前；當他把擺著玻璃杯的盤子放到你的桌上時（**圖146**），他執行了三重動作，分別為肘關節伸直、腕關節屈曲到直放位置與**最重要的完全旋後**。因此即使透過電話的遠距離，服務生測試也可以診斷有無完全旋後動作。如果可以在盤子上帶著裝滿的杯子而沒有翻倒它，表示有完全旋後動作，這是每天生活的重要動作，例如在超市拿結帳台上的找零甚至敲教堂的門乞求！

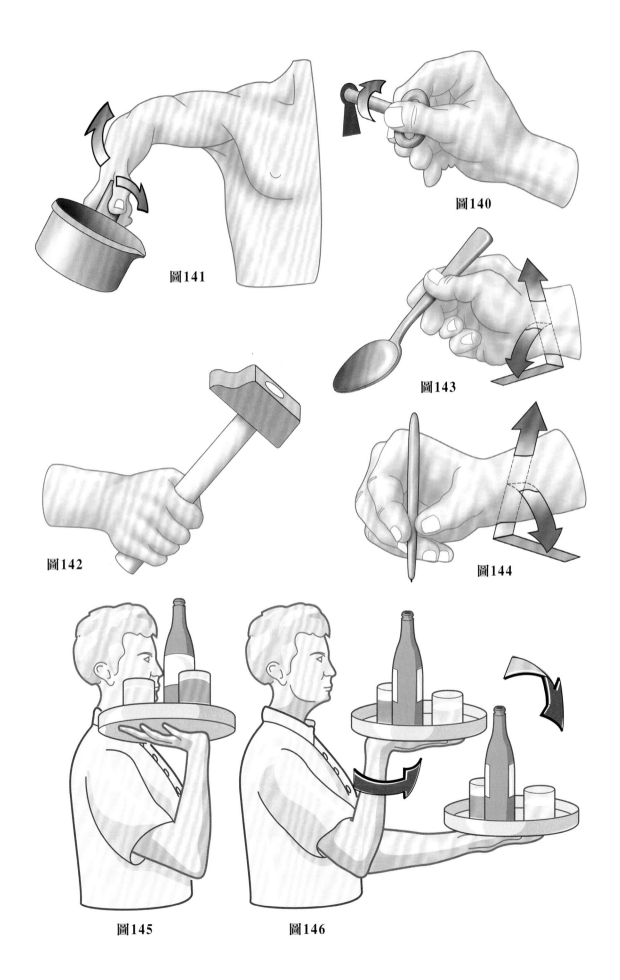

圖141

圖140

圖143

圖142

圖144

圖145　　圖146

# 第4章

# 腕關節

腕關節是**上肢的遠端關節**，使得手部（動作有效節段）達到**最佳的抓握位置**。

腕關節複合體有**兩個方向的關節自由度**。當動作與**旋前－旋後**合併的時候，也就是前臂沿著它的長軸做旋轉動作的時候，就會出現**第三個方向的關節自由度**，這樣手部就可以在任何角度下做抓握或是握住物體的動作。

腕關節的**核心是腕骨**，包含**八個小骨頭**，在過去三十年被解剖學家與每天做手腕手術的手部外科醫師仔細地研究過。

跟手腕相關的知識已經被補充得很完整了，也使我們更好地了解這個力學上令人混淆的關節複合體非常複雜的功能性解剖，但我們仍然需要更進一步的研究以便更完全地了解。

**腕關節複合體**實際上是包含兩個關節，在同一個功能單位中，其中也包括**下橈尺關節**（inferior radio-ulnar joint）：

- **橈腕關節（radio-carpal joint）**：在橈骨的腕關節表面與近端腕骨之間。
- **中腕關節（mid-carpal joint）**：在近端與遠端腕骨之間。

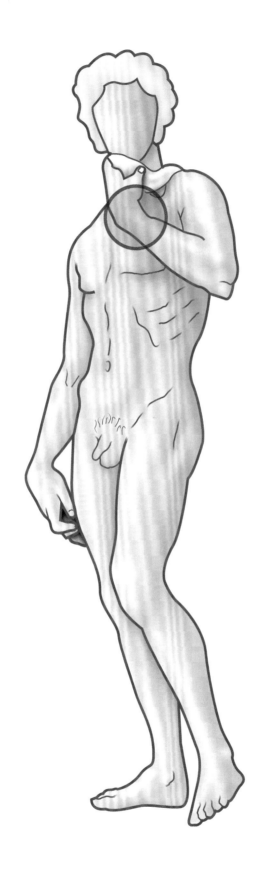

# 腕關節動作

腕關節動作（**圖1**）在手部位於解剖位置時，發生在兩個軸上，也就是說當完全旋後並伸直，腕關節的軸心與前臂的軸成為一直線時：

- **橫向軸AA'**，位於冠狀切面（T）上，並且控制矢狀切面（S）上的**屈曲－伸直動作**：
  - **屈曲動作**（箭號1）：手部的前側表面向前臂的前側面移動。
  - **伸直動作**（箭號2）：手部的後側表面向前臂的後側面移動。最好是避免使用背屈（dorsiflexion）這個詞，背屈是牴觸伸肌動作的，甚至是掌屈（palmer flexion）這個詞，也是同義複詞。這兩個詞在解剖與醫學教學中應該完全**禁止（banned）**使用。
- **前後軸BB'**，位於矢狀切面（S）上，控制在冠狀切面上發生的**內收－外展動作**，被錯誤地稱為尺側偏移（ulnar deviation）或橈側偏移（radial deviation），根據母語為英語的學者指出：
  - **內收動作或尺側偏移**（箭號3）：手部朝向身體的軸移動，並且手部的內緣（掌側緣）與前臂的內緣形成一個鈍角。
  - **外展動作或橈側偏移**（箭號4）：手部遠離身體的軸移動，並且手部的外緣（橈側緣）與前臂的外側緣形成一個鈍角。

事實上，腕關節最常出現的自然動作是沿著斜向軸，以達到下列動作：

- **複合的屈曲與內收**
- **複合的伸直與外展**

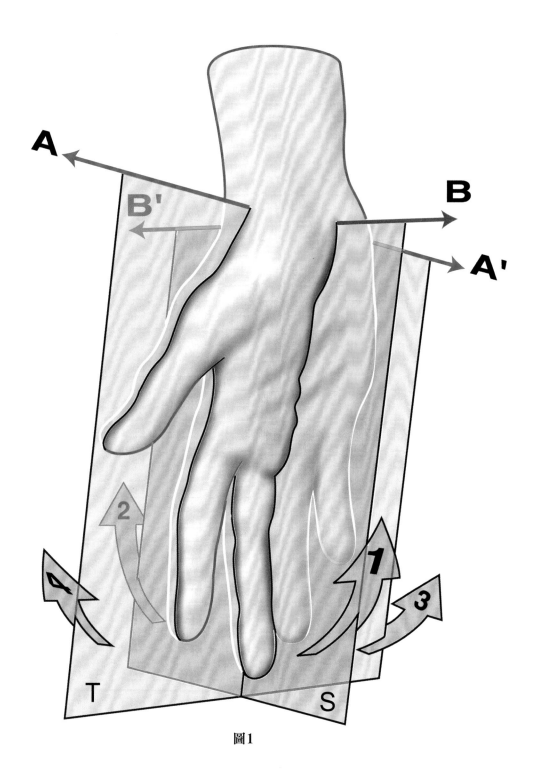

圖1

# 腕關節的動作範圍

### 內收－外展動作

這個動作範圍是從**基準位置 (圖2)** 開始算起的,也就是指手部的軸(如圖中所示)經過中指與第三掌骨,並且與前臂的軸成為一直線時。

**外展**(橈側偏移)的角度不會超過15°**(圖3)**。

**內收**(尺側偏移)的角度是45°**(圖4)**,角度的測量是在基準位置與通過腕關節中央與中指指尖的線(藍色虛線)之間的角度。

這個角度是不同的,如果用手部的軸來測量,就會是30°;如果用中指的軸來測量,就會是55°。這是因為手腕的內收與手指的內收是同時發生的。

為了臨床上的考量,我們說可以內收的角度是45°。

必須先說明下列幾點:

● 內收(或尺側偏移)的角度是外展(橈側偏移)角度的2－3倍。

● 內收的角度在旋後的位置上比旋前(Sterling Bunnel 1)的位置上要多出10°。

整體來說,外展與內收的角度在手腕完全屈曲或完全伸直的情況下是最小的,這是因為腕部韌帶產生的張力所導致。在手部位於基準位置時,或是稍稍屈曲時角度是最大的,因為這時韌帶是鬆弛的。

### 屈曲－伸直動作

這些動作範圍是從**基準位置(圖5)**開始測量的,也就是說,當手部是直放的,手部的後側與前臂的後側表面在同一條線上。

**主動屈曲(圖6)**的角度是85°,差一點點就形成直角了。

**主動伸直(圖7)**被錯誤地稱為背屈,也是85°,差一點點就形成直角了。

如同在外展與內收的情形下,這些動作範圍的角度取決於腕部韌帶的鬆弛度。在手部外展或內收的情況下,屈曲與伸直可以達到最大角度。

### 屈曲與伸直的被動動作

在旋前姿勢下,**被動屈曲(圖8)**的角度可以超過90°,也可以說是100°。

不論在旋前或是旋後的位置上,**被動伸直(圖9)**的角度都超過90°,可以說是95°。

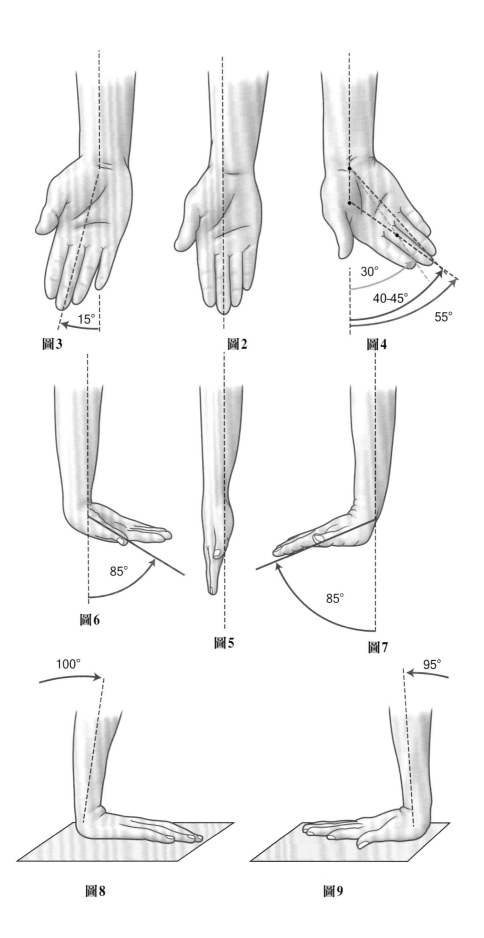

圖3　　　　　　　圖2　　　　　　　圖4

圖6　　　　　　　圖5　　　　　　　圖7

圖8　　　　　　　圖9

# 迴旋動作

迴旋動作的定義是屈曲與伸直和內收與外展動作的結合。這是一個單一的動作，同時發生在腕關節的兩個軸上。

當迴旋做到最大範圍的時候，手部軸的路徑會形成像錐狀體的表面，稱為迴旋錐（**圖10**）。它的頂點O在腕關節的中心，是在圖中點F、R、E、C所圍成的基準面上。這些點是由中指的尖端在最大迴旋時所做出的路徑。

這個錐狀面不是標準的，它的底面也不是圓形的。因為這些組成迴旋動作的不同動作相對於前臂的軸O O'並不是對稱的。活動度在矢狀切面FOE上是最大的，而在冠狀切面ROC上是最小的。因此，錐狀面在左右兩側是比較狹窄的，而它的底面是一個扭曲的橢圓形（**圖11**）。它的長軸FE是前後走向的。

這個橢圓形底面會向內側扭曲（**圖12**），是因為尺側偏移的角度較大。因此迴旋錐狀面的軸OA與OO'並不吻合，而是在OO'的尺側15°。除此之外手部內收15°的位置是控制尺側偏移的肌肉達到平衡的位置。所以也是功能性位置的其中一個組成。

另外，在迴旋錐的底面（**圖11**）我們可以觀察到下列特質：

- 錐狀面的冠狀切面（**圖12**）包括外展的位置（R）、內收的位置（C）、以及環動錐的軸OA。
- 錐狀面的矢狀切面（**圖13**）包括屈曲的位置F、與伸直的位置E。

因為腕關節的旋前動作範圍是大於旋後的，所以迴旋錐在旋前的角度是比較少的。

而且，因為旋前－旋後動作的加入，可以抵消一些迴旋錐狹窄的部分，所以手部的軸可以在錐體的內部大約160－170°的角度範圍內任何地方活動。

此外，如同通常會出現在**雙軸萬向關節**，也就是說雙軸關節會有兩種關節自由度（參考後面的大多角骨－掌骨關節），在這些軸上同時或成功的動作，就會形成圍繞著活動部位，也就是手的長軸所做的**自動旋轉**，也就是MacConaill的**共同旋轉**。於是，手掌就順著前臂的前側平面變成斜向的。這只有在伸直－內收與屈曲－內收兩個位置下才是明確的。當拇指也算在內的時候它的功能性明確度是不同的。

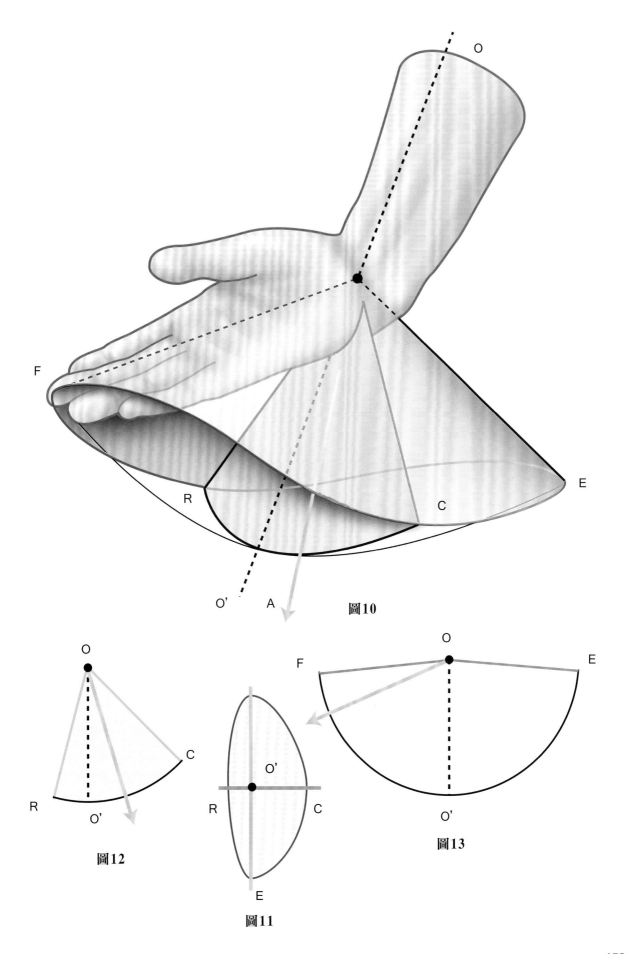

圖10

圖12

圖11

圖13

# 腕關節複合體

這包括了**兩個關節（圖14）**：

1) **橈腕關節**（1）：在橈骨的遠端末端與腕骨的近端列。

2) **中腕關節**（2）：在腕骨近端列與與遠端列之間。

## 橈腕關節

這是一個**髁狀關節（圖15）**。腕骨的關節面（大致上可視為一個單一體），是有**兩個凸面**的：

- **前側－後側或是矢狀凸面**（箭號1），具有橫向軸AA'，與屈曲和伸直的動作有關。
- **橫向凸面**（箭號2），比前一個更明顯，具有前後軸BB'，與內收及外展的動作有關。

  在骨骼中：

- 屈曲－伸直的AA'軸通過**月狀骨**與與**頭狀骨**之間的空間。
- 外展－內收的BB'軸則通過**頭狀骨**的頭部（沒有顯示在圖中）。

  **囊韌帶（capsular ligament）**分為兩組：

1) **副韌帶群（collateral ligaments）（圖16-18）**：

- **橈側副韌帶（radial collateral ligament）**（1），從橈骨莖突延伸到舟狀骨。
- **尺側副韌帶（ulnar collateral ligament）**（2），從尺骨莖突延伸到三角骨與豆狀骨。

  這些韌帶遠端的連接點或多或少都連接在屈曲與伸直的軸（AA'）上的出口點（紅點）。

2) **橈腕韌帶群（radio-carpal ligaments）（圖19-21側面觀）**詳細的內容將在後面討論：

- **前側橈腕韌帶（anterior radio-carpal ligament）**或是**前側韌帶複合體（anterior ligamentous complex）**（3）連接在橈骨遠端凹面的前側邊緣，以及頭狀骨的頸部。

- **後側橈腕韌帶（posterior radio-carpal ligament）**或是**後側韌帶複合體（posterior ligamentous complex）**（4）形成關節後側的支持帶。

  這兩條韌帶都是固定在腕骨上大約是外展－內收軸BB'的出口點（紅點）附近。如果大致上把腕骨當作是單一構造，如同30年前的想法而現在認為是不正確的（將在後面進一步討論），那麼橈腕關節韌帶的動作可以分解如下：

- **在內收－外展時（圖16-18前側觀）**內側與外側副韌帶是可以活動的。**在內收時（圖17）**外側副韌帶被牽拉而內側副韌帶則是放鬆的；**在外展時（圖18）**則出現相反狀況，位於靠近旋轉中心的前側韌帶則無明顯影響。

- 在屈曲－伸直時**（圖19-21側面觀）**前側韌帶與後側韌帶是可以活動的。從休息位置開始**（圖19）**若屈曲時後側韌帶會被牽拉**（圖20）**，而伸直時則前側韌帶會被牽拉**（圖21）**，這時副韌帶就很少受到影響。

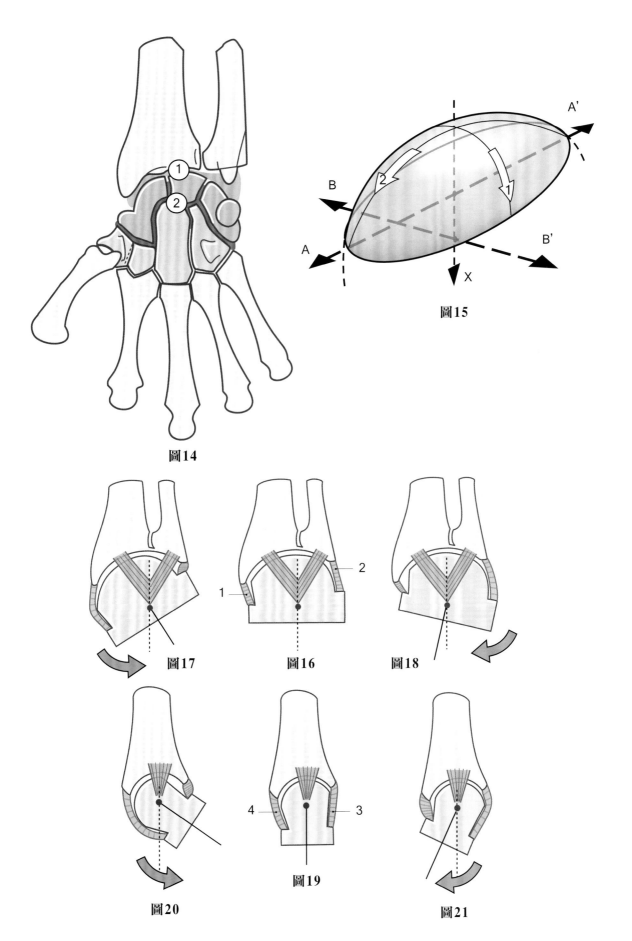

圖14

圖15

圖17

圖16

圖18

圖20

圖19

圖21

　　**橈腕關節的關節表面**（**圖22-23**，兩張圖中的數字代表的意義是一樣的）是腕骨的近端列，以及關節的前臂表面的凹側。

　　**腕骨表面**（**圖23**前側觀，將骨頭拉開來看）其近端表面包含從外側到內側並列的三個近端腕骨，也就是**舟狀骨（scaphoid）**（1）、**月狀骨（lunate）**（2）以及**三角骨（triquetrum）**（3），這些骨頭是由骨間韌帶（**舟月韌帶**[s.l.]及**月三角韌帶**[p.l.]）連接在一起的。注意**豆狀骨（pisiform）**（4）與遠端列的腕骨，也就是**大多角骨（trapezium）**（5）、**小多角骨（trapezoid）**（6）、**頭狀骨（capitate）**（7）與**鉤狀骨（hamate）**（8）並不算在橈腕關節內。這些骨頭是由骨間韌帶連接在一起的（**大多角小多角韌帶**[t.t.]、**小多角頭狀韌帶**[t.c.]、**鉤頭韌帶**[h.c.]）。

　　舟狀骨、月狀骨與三角骨的近端表面以及它們的骨間韌帶是由一層軟骨組織所包圍，形成一個**連續性的關節表面**，也就是橈腕關節的腕骨表面。

　　**圖22**的下半部（由Testut所提出）展示了關節的遠端表面，也就是**舟狀骨**（1）、**月狀骨**（2）與**三角骨**（3）的關節表面。

　　**圖22**的上半部則展示了凹型的**關節前臂表面**，由下列關節面所組成：

- **橈骨的遠端關節表面**，位於外側，是凹型的，有軟骨包覆，被鈍嵴（9）相對於舟狀骨（10）與鉤狀骨（11）分為兩個關節小面。
- **關節軟骨盤的遠端表面**（12），位於內側，是凹型的，也是有軟骨包覆。它的頂端連接在尺骨莖突（13）與尺骨頭（14）的末端，稍微向前或向後超過一些。它的基部有時並沒有完全地連接著，所以會有一個微小的裂隙（15）讓橈腕關節與下橈尺關節可以連結。

　　圖中的關節囊（16），後側是連在一起的，將這兩組關節面連接在一起。橈骨－舟狀骨－月狀骨韌帶（radioscapholunate ligament）（17）包含著血管，並且從橈骨遠端關節表面的前側邊緣延伸到骨間舟月韌帶。由於它的長度與柔軟度，使得它可以在相對於橈骨關節表面移動時，隨著腕骨活動。

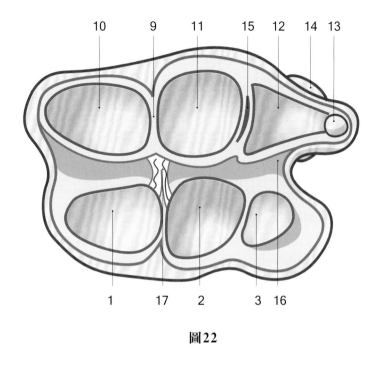

圖22

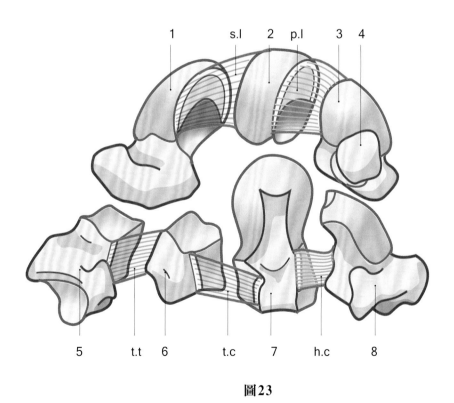

圖23

## 中腕關節

這個關節（**圖24**，從後側打開，由Testut
所提出）位於兩列腕骨之間，包括下列關節
面：

1）**近端關節面**（後下方觀）是由三個骨頭所
　組成，由外向內排列如下：

* **舟狀骨**，在遠端有兩個稍微凸起的關節面，
　一個是給三角骨（1），較內側的是給小多
　角骨（2），而深層凹陷的內側關節小面則
　是給頭狀骨（3）的。

* **月狀骨**（4）的遠端表面，它的遠端凹型關
　節面是配合頭狀骨的頭部。

* **三角骨**（5）的遠端表面，在遠端與外側是
　凹入的，與鉤狀骨的近端表面形成關節。

　豆狀骨，在手掌面與三角骨連接在一起，
不屬於中腕關節，在圖中也沒有呈現出來。

2）**遠端關節面**（後上方觀）從外向內，包含
　下列骨頭：

* **大多角骨**（6）與**小多角骨**（7）的近端表面。

* **頭狀骨**（8）的頭部，連接著舟狀骨與月狀骨。

* **鉤狀骨**（9）的近端表面，大部分連接著三
　角骨，也有一小部分的關節面（10）是與月
　狀骨連接。

　如果我們將每一列腕骨都看成是一個單一
的構造，那麼中腕關節就有下列兩個部分：

* **外側部分**，包含一個平面的表面（大多角骨
　與小多角骨連接舟狀骨基部的部分），也就
　是一個**平面關節**。

* **內側部分**，是由頭狀骨的頭部與鉤狀骨所組
　成的關節面，在所有的切面上都是凸的，為
　了配合由三個近端腕骨所形成的凹度，也就
　形成一個**髁狀關節**（**condyloid joint**）。

　**頭狀骨的頭部**形成一個中央樞紐，使得月
狀骨可以向外傾斜（**圖25**），繞著它的長軸
旋轉（**圖26**），並且能夠向前後側傾斜（**圖
27**）。也就是向後側位移（a）進入掌側中間
節段不穩定（VISI，volar intercalated segment
instability）的位置，以及向前側位移（b）進
入背側中間節段不穩定（DISI，dorsal interca-
lated segment instability）的位置（P.168）。

　腕骨的遠端列形成相對堅固的構造，這時
近端列在橈骨與遠端列之間形成一個「**中間節
段**」（**intercalated segment**），可以做出各
種的動作，包括兩個骨頭之間的位移，並造成
韌帶的鬆弛。

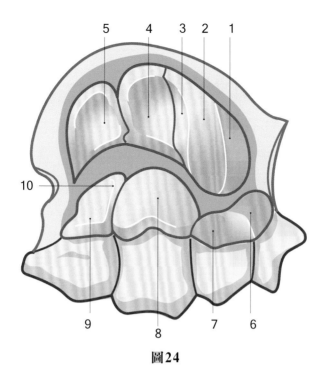

圖24

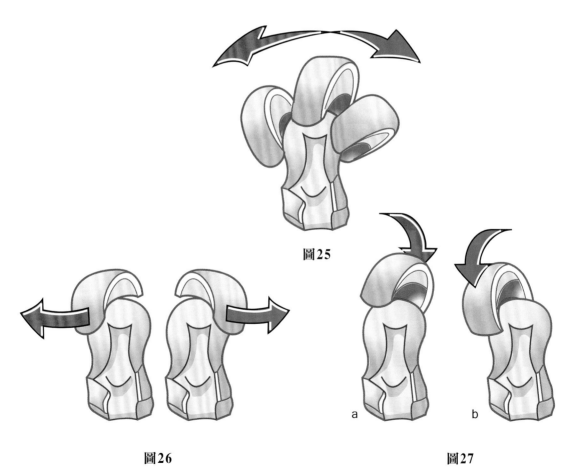

圖25

圖26　　　　　　　　　圖27

# 橈腕關節與中腕關節的韌帶群

對於這些韌帶的描述大致是穩定不變的，但是我們覺得N. Kuhlmann（1978）對於這些韌帶在穩定腕關節的角色上提供了最佳的說明，尤其是它們如何調適由手腕動作所造成的約束。

## 前側韌帶群

**圖28（前側觀）** 展示：

- 橈腕關節的兩條副韌帶
- 前側橈腕韌帶是由兩條束所組成的
- 中腕關節韌帶

### 橈腕關節的兩條副韌帶

- **尺側副韌帶**，近端連接在尺骨莖突上，並且與在頂端的**關節軟骨盤**（1）的纖維錯綜複雜地混合在一起。然後又分成**後側莖突三角束**（2）與**前側莖突豆狀束**（3）兩條。根據現代學者所說，這條韌帶在腕關節的生理學上影響很小。

- **橈側副韌帶**，也是由連接在橈骨莖突上的兩條束所組成：
  - **後束**（4）從莖突頂端連接到舟狀骨近端關節表面外側下方的點。
  - **前束**（5）很厚也很強壯，從莖突的前緣連接到舟狀骨的結節。

### 前側橈腕韌帶

這是由兩條束所組成：

- 外側是**前側橈月束**（6），從橈骨關節表面的前緣向下方及內側斜向連接到月狀骨的前角；因此它稱為**月狀骨的前煞**，並且由內側的前尺月韌帶（7）輔助。

- 內側是**前側橈三角束**（8）（由N. Kuhlmann所提出），近端連接在橈骨遠端表面前緣的內側半邊，以及橈骨的尺骨切跡的前緣，它的纖維與下橈尺關節（9）的前側韌帶是交織在一起的。這個三角形的韌帶肥厚且可以抗拉力，向下向內連接在三角骨的前側表面，向外側連接在豆狀骨的關節表面。它形成了「三角骨吊帶」的前半部，這將在後面的章節中討論。

## 中腕關節韌帶

- **橈頭韌帶（radio-capitate ligament）**（10）從橈骨遠端表面前緣的外側位置向內側遠端斜向連接到頭狀骨前側。它與橈月束及橈三角束在同一個韌帶平面上，並同時成為橈腕關節與中腕關節的前側韌帶。

- **月頭韌帶**（12），垂直地從月狀骨的前角被牽拉到頭狀骨頸部的前側，並且遠端是直接接續著橈月韌帶。

- **三角頭韌帶**（13），向下向外斜向地從三角骨前側連接到頭狀骨的頸部，並且與前述兩條韌帶形成一個真實的韌帶中繼站。頭狀骨的前側是一個韌帶匯集的點（14），也就是Poirier的V型空間的頂端，即舟頭韌帶連接的地方。

- **舟大多角韌帶**（15）寬而且短，是可以抵抗拉力的，連接舟狀骨的結節到大多角骨的斜崤上的前側，而內側是由舟小多角韌帶（16）輔助固定。

- **三角鉤韌帶**（17）算是中腕關節的內側韌帶之一。

- 最後，是**豆鉤韌帶**（18）以及**豆掌韌帶**（19），後者也是屬於腕掌關節。

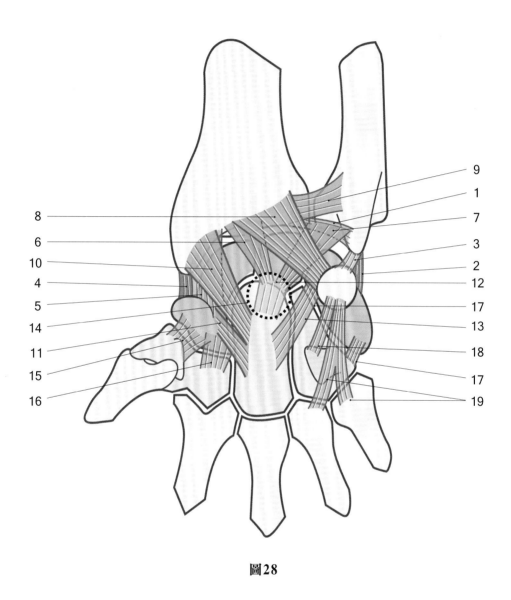

圖28

**後側韌帶群**

圖29（後側觀）展示：

- 橈腕關節的**橈側副韌帶的後束**（4）。
- 橈腕關節的**尺側副韌帶的後束**（2），它的纖維與關節軟骨盤（1）是交織在一起的。
- 橈腕關節的**後側韌帶**，由兩條斜向束組成，斜向遠端與內側：
  - **後側橈月束**（20），又稱為月狀骨的後煞韌帶。
  - **後側橈三角束**（21），它連接的模式與前側橈三角束是非常相似的，包括它的纖維連接在橈骨上尺骨切跡後緣的橈尺關節（22）的後側韌帶，這條束使得「三角骨吊帶」更完整。

- 兩條腕關節橫向後側固定帶：
  - **近端束**（23），橫向地從三角骨（25）的後側經過月狀骨的後角作為中繼點連接到舟狀骨（24），然後連接到橈側副韌帶與後側橈三角韌帶。
  - **遠端束（distal band）**（26），斜向牽拉著沿頭狀骨的後側表面，從三角骨外側稍遠端到小多角骨（27）及大多角骨（28）。
- **三角鉤韌帶**（30）的後側纖維連接到三角骨的後側，作為前側韌帶的中繼站。
- 最後，是**後側舟小多角韌帶（posterior scapho-trapezoid ligament）**（29）。

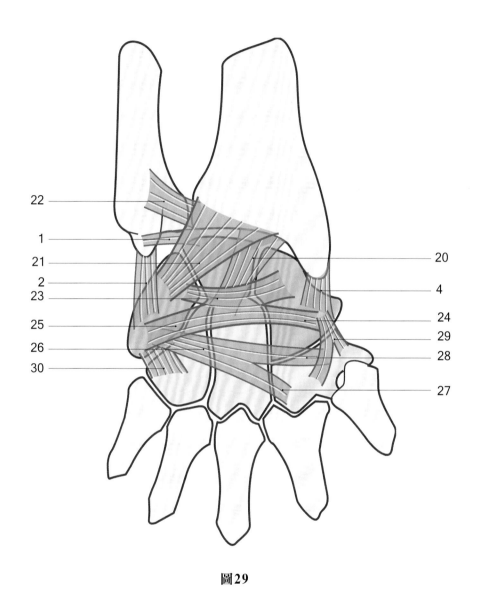

22
1
21
2
23
25
26
30

20
4
24
29
28
27

圖29

# 韌帶的穩定角色

## 冠狀切面上的穩定

　　腕關節最重要的功能是在冠狀切面與矢狀切面上穩定腕關節。

　　**在冠狀切面上（圖30前側示意圖）**韌帶是必要的，因為腕關節的凹狀前臂表面是朝下向內側的，因此整體來看，它可以被視為是一個斜向的平面。從近端到遠端，與從近端到外側與水平面的夾角為25－30°，因為被縱向的肌肉牽拉的關係，當腕骨在直向排列的位置上，它**傾向於沿著紅色箭號向近端與內側滑動**。

　　換句話說，如果腕骨**內收**大約30°（**圖31**），肌肉所產生的壓迫力量（白色箭號）方向會與之前提到的動作平面垂直作用，藉由將腕骨帶回關節中心的位置來穩定腕骨。因此這個些微內收的位置是腕關節的自然位置，也就是功能性位置，與最大穩定度的位置相吻合。

　　相反的（**圖32**），當腕關節**外展**的時候，縱向肌肉的壓迫力就會使不穩定稍微增加，並且將腕骨拉向近端內側（紅色箭號）。

　　橈腕關節的尺骨與橈骨副韌帶也是縱向的，與肌肉的走向一樣，所以無法確認它們對於不穩定的影響為何。如同Kuhlmann所提出的，承受力道，首當其衝的是橈腕關節，**前側韌帶與後側韌帶兩條橈三角束（圖33）**，因為它們是斜向近端與外側的方向，使腕骨得以避免向內側位移（紅色箭號）而維持在位置上（白色箭號）。

　　**圖34（後內側觀）**移除了尺骨遠端末端後的橈骨遠端末端，可以看見橈骨上的尺骨切跡（1）及三角骨（2），側面是豆狀骨（3），移除其他腕骨（圖中沒有顯示）。三角骨與橈骨是由兩條韌帶，前側（4）與後側橈三角韌帶（5）所連接的，形成「**三角骨吊帶**」（由N. Kuhlman所提出），負責對三角骨提供穩定的向近端與內側的拉力。這條吊帶，如同我們之後會看到的，在腕骨做外展動作的機制上提供了很重要的功能。

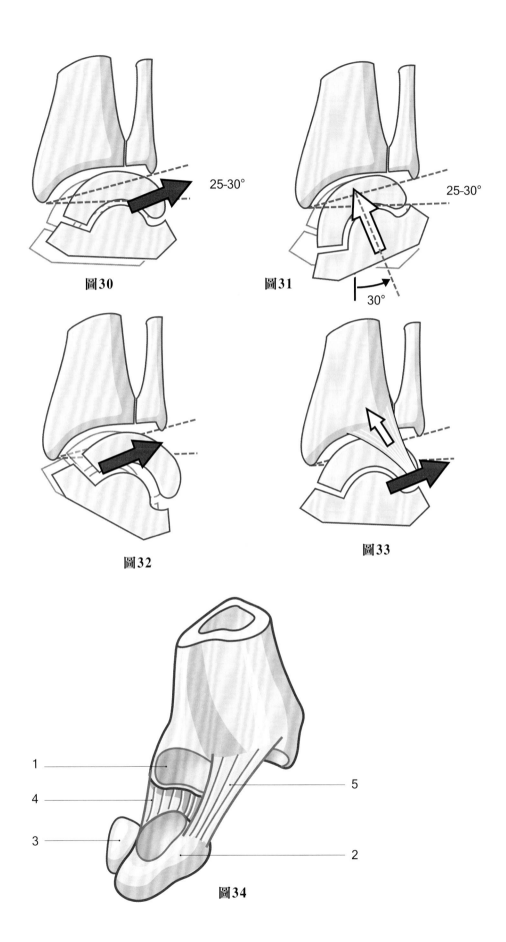

圖30

25-30°

圖31

25-30°

30°

圖32

圖33

圖34

1

4

3

5

2

**165**

## 矢狀切面上的穩定

在矢狀切面上的情況大致相同。

因為**橈腕關節在近端凹型關節面**上，是朝向遠端與前側的（**圖35側面觀**，月頭關節的旋轉中心由一個黑色的叉號標記出來），近端的腕骨會傾向於向近端與前側，沿著紅色的箭號滑動，也就是說，在一個與關節近端表面平行的平面上，與水平面夾角20－25°。

當**腕關節屈曲**30－40°時（**圖36**），肌肉的拉力（紅色箭號）傾向於將腕骨從與橈腕關節近端表面垂直的平面上位移，並且使這些骨頭重新排列及穩定它們。

因此**這些韌帶的角色（圖37）**相對也比較不重要。前側韌帶是放鬆的且不被活化，同時月狀骨的後煞韌帶與腕骨橫韌帶是被牽拉的，由此可以拉近月狀骨與關節的前臂表面（紅色箭號）。

當**腕關節位於直放位置時（圖38）**，前側韌帶與後側韌帶張力的增加是平均的，因此可以將腕骨固定在關節的前臂表面。

但是**當腕關節伸直時（圖39）**，腕骨向近端與前側位移的傾向就更加重了（紅色箭頭）。

在這些情況下，**韌帶就是必須的了（圖40）**，後側韌帶並沒有像前側韌帶這麼放鬆，前側韌帶所產生的張力與腕關節伸直的角度是成比例的。它們的深層表面會使月狀骨與頭狀骨的頭部向近端與後側位移（紅色箭號），因此使得腕骨的近端列重新排列，並維持穩定。

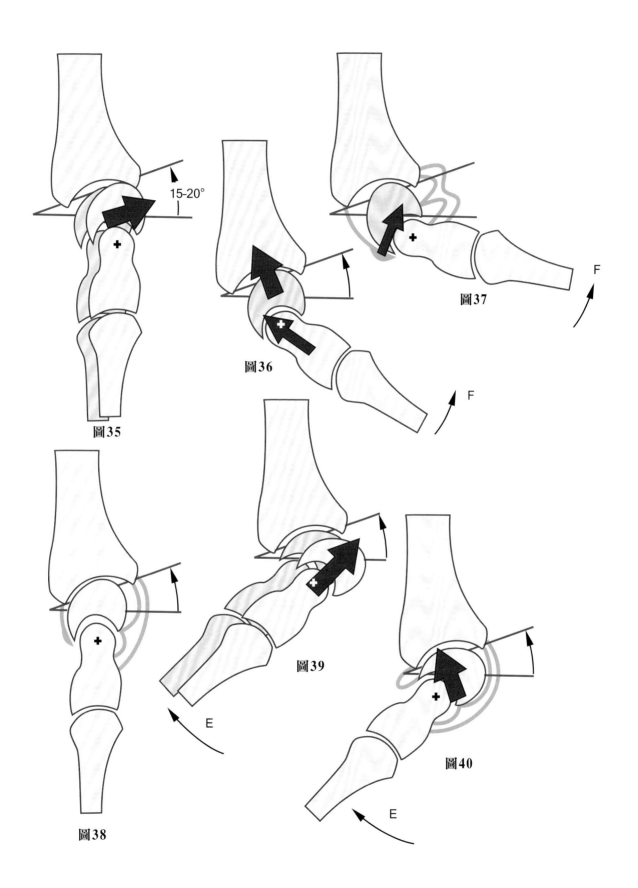

圖35

圖36

圖37

圖38

圖39

圖40

# 腕骨的動態特性

## 月狀骨柱（the lunate pillar）

我們已知腕骨不是一個固定的構造，而把它當作一整塊獨石的概念與現實是不符的。事實上，我們一定要記得，**幾何性多變的腕骨**，會因為**相對應骨頭的動作**而改變它的形狀，這是**骨頭之間的相互擠壓與韌帶的束縛**所造成的。這些基礎的動作都經由Kuhlmann仔細研究過，它們出現在月狀骨與頭狀骨的**正中柱**，以及舟狀骨、大多角骨與小多角骨的**外側柱**。

**正中柱的動態性質**是根據月狀骨不規則的形狀而來，在前側與後側是較厚的。因此，頭狀骨的頭部由不同形狀的月狀骨所蓋著，形成類似弗里吉安無邊帽（**圖41**）、哥薩克帽子（**圖49**）或是頭巾（**圖50**）；它很少會形成像是兩側對稱的帽子狀（**圖44**），在這種情況下，頭狀骨的頭部都是不對稱的，它會向前傾斜。大約有50%的個案，其月狀骨會像是弗里吉安無邊帽，因為它在頭狀骨與橈腕關節的凹型關節表面之間是楔型的。因此在這兩個構造之間的**有效距離**會隨著腕關節的屈曲與伸直角度而不同。

**當腕關節呈直放時（圖45）**，有效距離是與月狀骨的中間厚度相關。

**當腕關節伸直時（圖46）**，有效距離較小，因為是在月狀骨最薄的地方。

**當腕關節屈曲時（圖47）**，有效距離較大，因為月狀骨是在最厚的地方。

然而，**腕關節的前臂表面的斜率**，也算在有效距離內，這樣比較正常化。因此，當腕關節在直放位置時，頭狀骨的頭部中心與關節前臂表面之間的距離，沿著橈骨的長軸來測量的時候是最大的。

**當腕關節伸直的時候（圖46）**，頭狀骨的頭部近端上升，會因為腕關節近端表面後緣的遠端下降而減少。

**當腕關節屈曲的時候（圖47）**，它的下降則被腕關節近端表面前緣的上升所減少。所以，頭狀骨的頭部中心，在這兩種情況之下，都大致在同一個高度（h）。也就是說當腕關節呈直放的時候，它的位置在比較靠近端一點（**圖45**）。

換句話説，**當腕關節屈曲的時候（圖47）**，這個中心會**向前位移**（a），大約是腕關節伸直（**圖46**）時向後位移（r）的兩倍。故由腕關節的屈肌與伸肌所造成的張力便與力矩呈反比。

典型的屈曲角度在橈腕關節（50°）比中腕關節（35°）還要大。相反的，伸直角度在中腕關節（50°）比橈腕關節（35°）還要大。這個條件在動作角度較大的時候是事實，但是在小角度的屈曲與伸直時，兩個關節的角度是相同的。

因為**月狀骨的不對稱**，腕骨對關節複合體中的月狀骨相對位置是非常敏感的。當腕關節在直放位置時（**圖48**），月狀骨被前後煞韌帶安全地維持住。如果月狀骨在頭狀骨相對於橈骨沒有任何屈曲或伸直的動作下，向前（**圖49**）或向後（**圖50**）傾斜，可以看到頭狀骨的中心向近端位移（e），同時相對向後（c）或是向前（b）位移。因此月狀骨的前煞韌帶（**圖49**）或後煞韌帶（**圖50**）斷裂或是過度牽拉造成月狀骨的位置不穩定，會經由頭狀骨影響到整個腕骨。

月狀骨的穩定度是根據它與舟狀骨及三角骨的連接。如果與舟狀骨的連接損壞，就會向後伸直到橈腕關節時向前傾斜（**圖51**），形成美國人所說的背側中間節段不穩定（DISI）。如果它與三角骨的連接斷裂了，就會在屈曲到橈腕關節時向後傾斜（**圖52**），造成**掌側中間節段不穩定（VISI）**。這兩個名詞對於解釋腕骨的病理機制是很重要的。

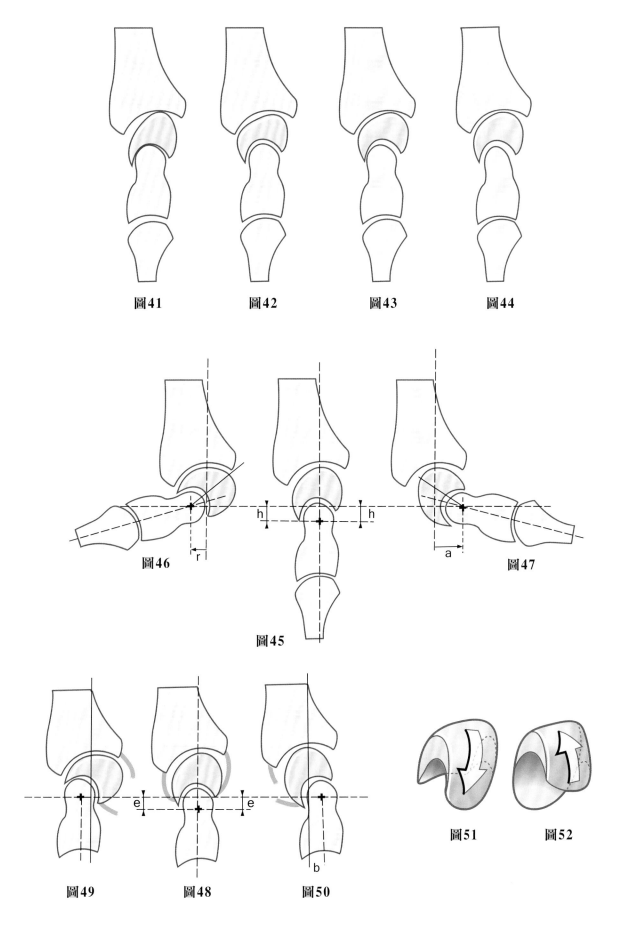

圖41　　　　圖42　　　　圖43　　　　圖44

圖46

h　h

圖45

r

a

圖47

圖49　　　圖48　　　圖50

e　e

b

圖51　　　圖52

# 舟狀骨柱（the scaphoid pillar）

**外側柱的動態性質**是根據舟狀骨的形狀與空間中的排列，在**圖53**（側面觀）舟狀骨呈現腎臟狀或是豌豆狀，它近端的圓形末端配合著橈骨遠端凹型關節面，而它的遠端末端則形成結節，倚靠著小多角骨（沒有顯示）及大多角骨。它位於小多角骨與頭狀骨的前方，因為**它是前舉的起始點，也就是說大拇指的動作是在手掌平面的前方**。然後，舟狀骨**會在橈骨與大多角骨之間被斜斜地卡住**，傾斜的角度則根據它的形狀來決定。所以舟狀骨可以是**腎臟狀的，並且是「斜斜地躺著」的**（圖53）；**彎曲並且是「坐著」的**（圖54）；或者**幾乎是站立的，並且是「直」的**（圖55）。躺著的舟狀骨是最常見的，在示意圖中可以看到。

因為它長形的形狀，舟狀骨有長徑與短徑**（圖56）**，所以橈骨關節表面與大多角骨的近端表面的接觸，會因為舟狀骨位置而不同。這就說明了這兩個骨頭之間**有效距離的差異性**。在**正中位置（圖57）**，也就是說當腕關節是直放時，有效距離是最大的。然後，舟狀骨與橈骨遠端表面的接觸點是a點與a'點，而舟狀骨與大多角骨的近端表面中心在b點與g點接觸。前側韌帶，也就是橈舟韌帶（淺綠色）與舟大多角韌帶（深綠色），不是被牽拉的，就是被放鬆的。

**在伸直位置時（圖58）**，有效距離減少，是因為舟狀骨上升而大多角骨向後移，橈骨的關節表面與舟狀骨之間的接觸部位出現在c點到c'點，大多角骨與舟狀骨之間則在d點到g點接觸。在橈骨上的接觸點c'點 則是更前面，同時，舟狀骨遠端表面的接觸點d則比較後側。可以經由前側韌帶的張力來確認這些動作。

**在屈曲位置（圖59）**，橈骨與大多角骨之間的距離也減少了，但是比伸直位置時減少得更多。舟狀骨完全躺下時，大多角骨會向近端滑動。下列的狀況需要特別提出：

1）**接觸點**（e、e'、f與g）沿著橈骨與舟狀骨的關節表面移動**（圖60）**如下：
   - **在橈骨的關節表面**，伸直時的接觸點（c'）在正中位置的接觸點（a'）的前方，而這兩個接觸點則都在屈曲時的接觸點（e'）的前方。
   - **在舟狀骨的近端關節表面**，屈曲時的接觸點（e）在前方，伸直時的接觸點（c）在後方，而正中位置的接觸點（a）則在兩者之間。在舟狀骨遠端關節表面接觸點，有相同的相對應位置關係，也就是說，屈曲位置下的f點在前方，伸直位置下的d點在後方，而正中位置的b點則在兩者之間。重點是會造成疾病的躺著的舟狀骨**（圖60）**會在**橈骨關節表面的後側**（a'與e'）形成最大的壓力，也就是當舟狀骨－月狀骨的關係不正常的時候，這個部位是會發生初期關節炎的位置。（參考後面）

2）**舟狀骨的作用徑**ab、cd及ef分別在正中位置、伸直位置與屈曲位置。它們幾乎平行，也幾乎是等長的。cd與ef幾乎平行，ab與ef幾乎等長，cd則比較短。**所以，舟狀骨的前傾，會減少橈骨與大多角骨之間的作用距離。**

3）**大多角骨相對於橈骨的位移（圖61）**：在正中位置（R）、屈曲位置（F）及伸直位置（E）時，大多角骨的位置沿著橈骨遠端表面向心圓的弧，同時大多角骨也會以一個角度自己旋轉，是與對著從F到E的路徑所畫出來的圓弧角度一樣。因此它的近端表面總是對著圓形C的中心。

目前為止，我們已經討論了舟狀骨與大多角骨的同步動作。之後，我們將會討論舟狀骨的動作。

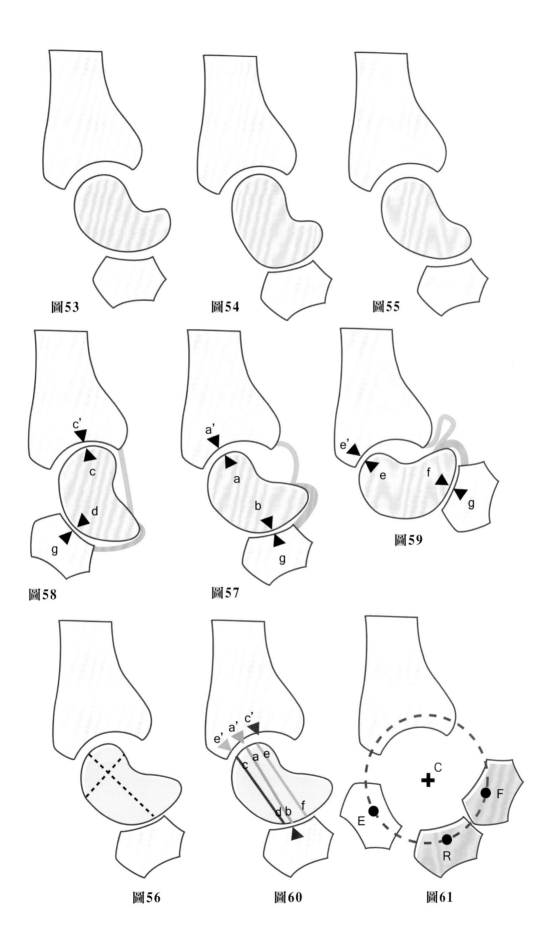

圖53

圖54

圖55

圖58

圖57

圖59

圖56

圖60

圖61

# 舟狀骨的動作

舟狀骨在外側柱的中央，夾在遠端的大多角骨、小多角骨及近端的橈骨關節表面之間，所以屈曲的時候，傾向於向前側傾斜，並且**跑到橈骨的下方**。

- **第一穩定因素（圖62）**是來自於非常重要的**舟大多角韌帶**與大多角骨連結、**舟小多角韌帶**與小多角骨連結，藉由**舟頭韌帶**與頭狀骨連結。

- **第二穩定因素（圖63）**是來自於強壯的橈頭韌帶，從韌帶中繼站中心的橈骨莖突的前緣延伸到頭狀骨前部。它的走向是向下向內側斜向的，沿著舟狀骨的前部形成一個領帶狀的吊帶，在它的近端關節表面與它的結節之間向下降。當被牽拉的時候，這條韌帶會將舟狀骨的下角向後側拉回（箭號）。更重要的是（**圖64，前側觀**），當舟狀骨向前傾以致躺在橈骨之下時（箭號），橈頭韌帶可以維持這個傾斜的動作。

- **第三穩定因素（圖65）**是來自於掌長肌肌腱，它走在舟狀骨的前面，通過一條**纖維隧道**，朝向它在第二掌骨基部的前側表面連接點。**圖66**（外側觀）完美地展示了這條肌腱的收縮（綠色箭號），將舟狀骨向後拉動（紅色箭號）。

舟狀骨的傾斜動作可以概略地從以下側面觀中看到：

- **舟狀骨在屈曲位置躺平的時候（圖67）**，在被前兩根掌骨（紅色箭號）擠壓的情況下，它的下角會在大多角骨與小多角骨的近端關節表面（彎曲的紅色箭號）上滑動。這個動作是由舟大多角韌帶與舟小多角韌帶以及橈頭韌帶（以透視構造來展示）所產生的張力來控制。同時，它的近端角在橈骨凹型關節面下旋轉，並且會碰到它的後緣。而且，掌長肌的收縮，會將它向後拉。

- **外側柱被前兩根掌骨（紅色箭號）牽拉的時候（圖68）**，舟狀骨會自己拉直，經由掌長肌的收縮，可以使得外側柱拉長。同時，它的基部會相對於大多角骨與小多角骨向後滑動，並且它的近端角會回到橈骨關節表面的凹側。

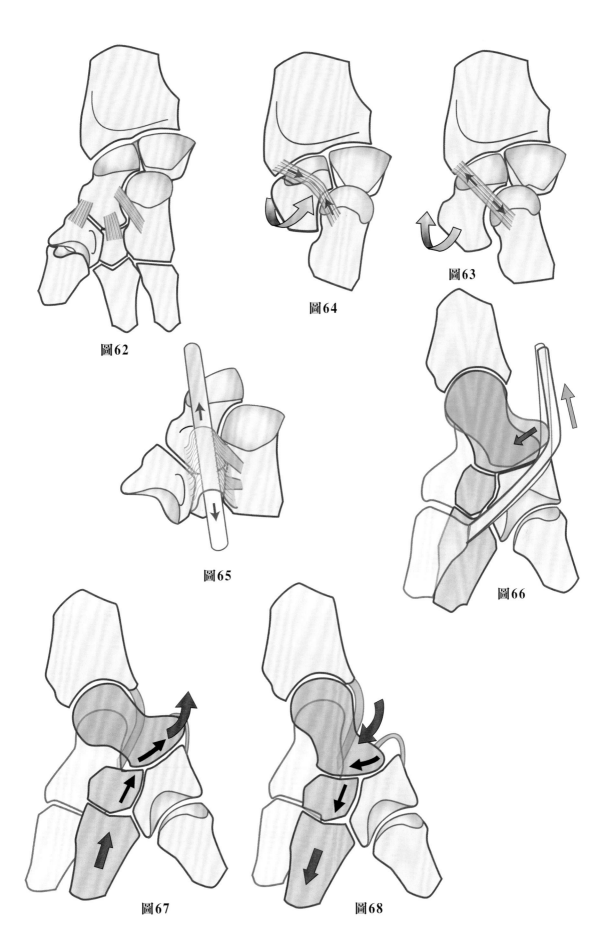

圖62

圖63

圖64

圖65

圖66

圖67

圖68

# 舟月偶合

Kuhlmann將腕關節的屈曲與伸直分為四個扇區（**圖69**）：

1）**永久適用的扇區I**，最多到20°。這個初始動作很小，也很難辨認，韌帶是鬆弛的，而且關節表面所受到的壓力最小。這是在扇區上最常見的動作，也是在術後或是外傷後首先要恢復的正常活動度。

2）**日常動作的扇區II**，擴展到40°。韌帶開始被牽拉，關節內壓力開始上升。在這個程度，發生在腕關節的動作與發生在中腕關節的動作大致上是相同的角度。

3）**生理性限制增加的扇區III**，擴展到80°。由韌帶所產生的張力增加到最大，關節內壓力也增加到最大，最終達到MacConaill的鎖緊位置。

4）**病理限制的扇區IV**，超過80°。超過這個限制之後，動作只能發生在**韌帶斷裂或是外力強迫過度伸直**的情況下。在這種情況下，通常在臨床上無法檢查出來，而且可能導致腕關節的不穩定以及**次發性的骨折或是脫臼**，我們將在後面討論。

這些關節的限制與鎖定的注意事項對於了解腕關節在伸直時，月狀骨與舟狀骨柱的**鎖定機制的不同步**有其必要性。

實際上，**在伸直位置下舟狀骨柱的鎖定（圖71）**，會因橈舟韌帶與舟大多角韌帶被牽拉到最大，而且舟狀骨會被卡在大多角骨與橈骨關節表面之間，導致**月狀骨柱在伸直位置時被鎖定（圖70）**，這是因為前側橈月韌帶（3）與月頭韌帶（4）被牽拉，以及在頭狀骨頸部後側與腕關節近端關節表面（黑色箭號）的後緣之間的**骨性撞擊**。因此，伸直動作在舟狀骨柱停止動作之後，在月狀骨柱繼續。

從**屈曲位置**開始（**圖72**，月狀骨與舟狀骨的側面觀），一開始（**圖73**）舟狀骨與月狀骨在伸直過程中是一起動作的，然後（**圖74**）舟狀骨就停止動作了，多虧有**骨間舟月韌帶的彈性**，月狀骨能繼續向前傾斜30°。因此月狀骨的整體動作角度比舟狀骨還要多30°。

**舟月韌帶**（**圖75**，舟狀骨內側面觀的示意圖）在圖中以粉紅色標示，在它被完全過度牽拉之後是透視圖（L），與舟狀骨及月狀骨兩個相對應的表面連接。它的後側比前側要厚且較強壯，而它的近端表面則有軟骨覆蓋，並接連著覆蓋相鄰的骨頭。這條韌帶相對來說是比較容易彎曲的，也可以順著它的長軸X扭曲（**圖76**）。相對於舟狀骨，月狀骨可以如下列說明移動：

- **它會向前傾**，進入背側中間節段不穩定的位置，於是月狀骨位於橈骨的後面（另一種說法就是背側不穩定）。
- **它會向後傾**，進入掌側中間節段不穩定的位置，因為月狀骨變成位於橈骨的前方（就是掌側不穩定）。

在**正常的情況下**（**圖77**，舟狀骨－月狀骨角度），月狀骨與舟狀骨是相互依靠著的，並且可以移動30°（**圖78**）。這些相對的動作可以經由**舟狀骨－月狀骨角度的改變**而辨認出來。這個角度是舟狀骨的等高線（藍色虛線）與通過月狀骨兩角的連線（紅色虛線）之間的夾角，而且是從腕關節屈曲到底與伸直到底之間所測量出來的。當**舟月韌帶被撕裂**時（**圖79**），整個月狀骨向前傾斜進入背側中間節段不穩定的位置，會使舟狀骨－月狀骨角度變小，這個角度正常時是60°，可以減少到0°，如同圖中所示的這兩條平行線。

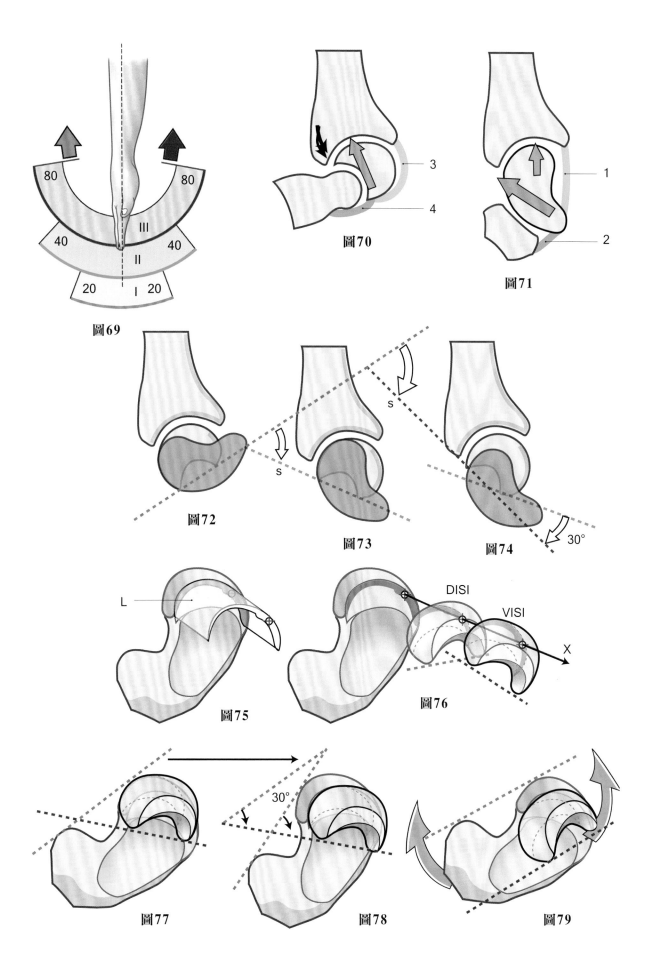

圖69

圖70

圖71

圖72

圖73

圖74

圖75

圖76

圖77

圖78

圖79

# 幾何性多變的腕骨

腕骨是一組**八個骨頭，其中有七個形成幾何上**所謂的「**腕骨柱**」（carpal pillar）。最近30年來，腕骨已經不再被視為單一的組合，而且會影響它的構造這些複雜的基本動作，現在也都眾所周知。它可以被視為是**一袋核桃（圖80）**，並且會因為腕關節的動作所產生的壓力而被扭曲，但是這些扭曲不是隨機的，就像真的核桃一樣。它們是**有組織的**，並且是**合乎邏輯的**，因為**每一塊骨頭的形狀都是**由它的動作所模塑出來，而這些動作是**由骨間韌帶群所引導**。

### 外展動作－內收動作

在做這些動作時，這些骨頭形狀的改變是最明顯的，這是由一個非常仔細的前側觀X光影像研究所證實。

### 外展動作

在外展時**（圖81）**整個腕關節會圍繞著頭狀骨頭部為中心而旋轉，同時腕骨的近端列（箭號1）向近端與內側移動，以至於月狀骨的一半會跑到尺骨頭的遠端，而三角骨則朝月狀骨的遠端被拉開。這個三角骨的位移很快就會被橈腕關節的內側副韌帶（I）及最重要的「三角骨吊帶」（F）所拉住。於是，三角骨就因此成為鉤狀骨的維持者。如果繼續外展，就只剩下腕骨的遠端列可以活動了，如下所列：

- **大多角骨**與**小多角骨**會向近端移動（箭號2），縮短大多角骨與橈骨之間的有效距離。在大多角骨（2）與橈骨（3）之間形成楔型，舟狀骨因為「躺下」進入橈腕關節**（圖83）**的屈曲位置（f）及中腕關節的伸直位置（e）而縮短。
- **頭狀骨**則向遠端移動（箭號4），使得**月狀骨**可使用空間增加，月狀骨是由前側橈月韌帶所維持。它向後傾斜**（圖84）**進入橈腕關節的屈曲位置（f），並且展現出它最寬的直徑。同時，頭

狀骨向後移動進入中腕關節的伸直位置（e）。當舟狀骨變短的時候，頭狀骨與鉤狀骨會向近端滑動到第一列腕骨之下（紅色箭號群）。三角骨由三條韌帶維持住，會「上升」越過鉤狀骨，朝向頭狀骨的頭部。當腕骨停止兩兩相互移動的時候，就達到了**外展動作下的鎖定或鎖緊位置**。

### 內收動作

內收時**（圖82）**，整個腕骨開始旋轉，但是這個時候近端列向遠端外側移動，同時，月狀骨完全滑到橈骨的下方，而大多角骨與小多角骨（箭號1）向遠端移動，因此增加了舟狀骨可以活動的空間。舟狀骨被舟小多角韌帶拉向遠端，將自己向前拉直**（圖86）**成橈腕關節伸直的位置（e），填滿橈骨下的空間。同時，大多角骨向前滑動到舟狀骨下，進入中腕關節的屈曲位置（f）。因為橈腕關節（E）的外側韌帶，使得舟狀骨向遠端下降（箭號2），在內收的過程中，遠端腕骨相對於近端腕骨（紅色箭號群）移動的過程如下：

- 頭狀骨的頭部滑到舟狀骨凹陷面的下方，月狀骨滑到頭狀骨頭部的上方，撞到鉤狀骨，且三角骨沿著鉤狀骨的斜面向遠端下降。
- 同時，三角骨向前面上升（箭號3），會撞到尺骨頭（箭號4），由關節軟骨盤當作緩衝，藉此將壓力從手部傳遞到前臂。
- 頭狀骨向近端移動（箭號5），減少了月狀骨可使用的空間，也就是說，當前橈月韌帶放鬆的時候，它就會向前傾斜**（圖85）**，伴隨橈腕關節的伸直（e），表現出它最窄的橫徑。同時，頭狀骨也會向前移動，伴隨中腕關節的屈曲（f）。
- 當腕骨移動停止時，就達到了**內收動作的鎖定或鎖緊位置**。

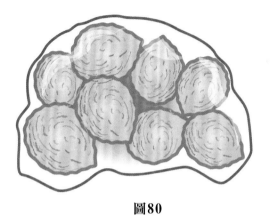

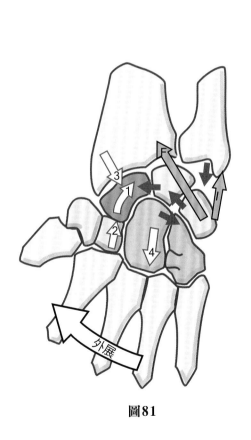

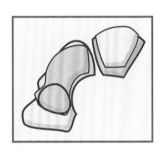

圖80

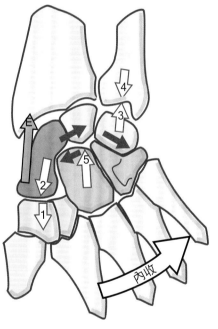

圖81

圖82

# 近端列的動態特性

如果舟狀骨－月狀骨的組合（**圖80，P.177**），在外展（深色）時與內收（淺色）時相互比較，很明顯的這兩個骨頭會經歷逆向改變。在外展時，舟狀骨的功能會減少，而且在X光片上看起來會像是一個環，同時，月狀骨的功能卻增加；在內收時則相反。這些改變是從腕部的兩個關節的屈曲－伸直動作而來：

- **在外展時（圖83和84）**，橈腕關節的屈曲被中腕關節的伸直所抵消。
- **在內收時（圖85和86）**，相反的，橈腕關節的伸直則被中腕關節的屈曲所抵消。

因此，我們可以合理地推理出下列結論：

- **腕關節屈曲動作**是伴隨著**橈腕關節的外展動作與中腕關節的內收動作**。
- **腕關節伸直動作**是伴隨著**橈腕關節的內收動作與中腕關節的外展動作**。

因此由Henke所提出的機制就得到了證實。

至於**鉤狀骨的近端極**的形狀與位置，X光的統計學研究指出大部分的（71%）小面關節與月狀骨是一直靠在一起的（**圖87**），這對於壓力的傳遞比較好，同時，少數的個案（29%）中，它的近端極是突出的，只有在內收時才會接觸到月狀骨。為了要使你更了解由美國人提出的背側中間節段不穩定與掌側中間節段不穩定的複雜概念，我會用「三個朋友的比喻」來說明。

在這個故事中，近端列的三個主要的腕骨（**圖83**）——舟狀骨（S）、月狀骨（L）與三角骨（T）——被擬人化成為三個朋友，因為他們手臂相連，所以他們是不可分開的。這三個人分別是史蒂芬（S）、羅倫斯（L）與湯姆（T），理論上是經由他們的手臂連結在一起，也就是說，史蒂芬與羅倫斯，以及羅倫斯與湯姆。這種情況使得他們的動作與做到的位置都必須一致，也就是說，例如要敬禮就是一起向前彎（**圖A**），如果要看天空就必須一起向後彎（**圖C**）。這就是近端列腕骨，這三個骨頭實際上會發生的情況，就是向同一個方向移動。也有可能，其中一個朋友受到撞擊，因此三個骨頭中的兩個彼此分離，舉例來說，史蒂芬跟羅倫斯之間，或是羅倫斯與湯姆之間分離。然後，他們的動作就不會再互相依賴。

1. 當**舟月韌帶斷裂**的時候，舟狀骨與月狀骨之間的連動就分離了。因此羅倫斯與湯姆可以向前彎，而史蒂芬就只能向後移動（**圖D**）。在解剖學上來說，側面X光展示出舟狀骨現在是「水平地」躺著，而羅倫斯是向前傾的，或是處於橈腕關節伸直、同時中腕關節屈曲的情況下。這就是美國作者所說的「背側傾斜」，即不穩定部位在伸直的位置，也就是月狀骨；寫成背側中間節段不穩定。這就是因為他們使用自己的詞彙，導致很難在看到這個詞的時候就了解它的意義。如果用三個朋友的比喻就容易了解了。

2. 當羅倫斯與湯姆分離的時候（**圖C**中的第二種情況），因為**三角月韌帶的斷裂**，就會出現相反的狀況：月狀骨與三角骨分離，而羅倫斯與湯姆不再手牽手（**圖B**）。結果就是史蒂芬與羅倫斯向後傾，湯姆卻向前傾。腕關節的這些改變，在橈腕關節是指舟狀骨與月狀骨的屈曲，在中腕關節則是三角骨的伸直，三角骨現在脫離了月狀骨的限制，可以向前滑到月狀骨的頂端。這就是美國作者所說的「掌側傾斜」；因此掌側中間節段不穩定是指不穩定部位在屈曲的位置，也就是指在橈腕關節的月狀骨。

我們希望這個「三個朋友的比喻」可以清楚地說明背側中間節段不穩定與掌側中間節段不穩定的意義，並且使你容易記得。

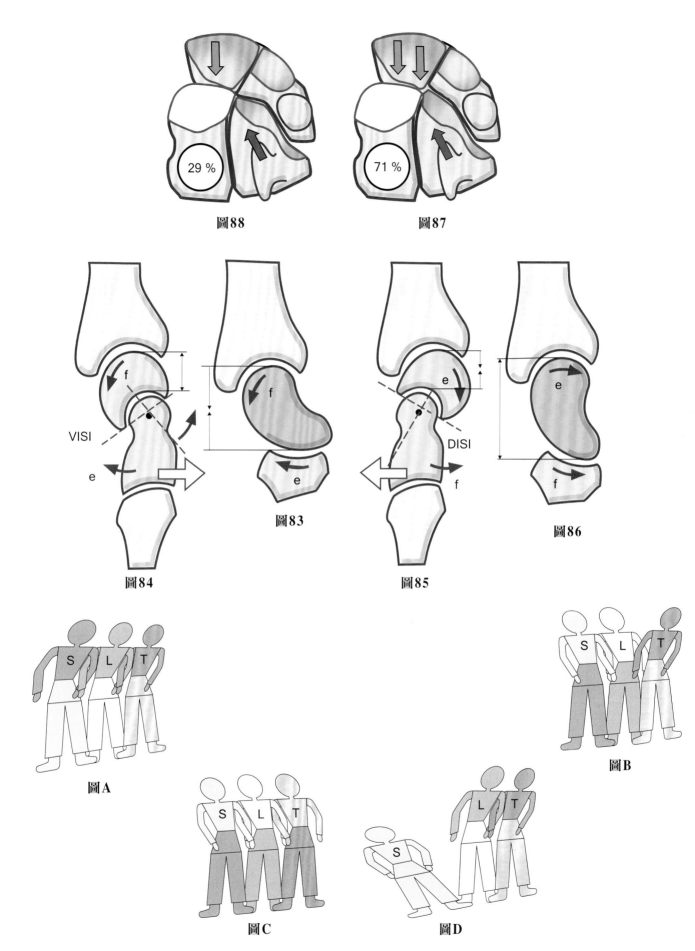

圖88　圖87

圖84　圖83　圖85　圖86

圖A　圖B　圖C　圖D

## 中間節段

腕骨的近端列比遠端列的活動性高，因此在臨床上幾乎被視為是一個整體。它位於腕關節凹型的前臂表面與遠端列之間；因此我們稱之為「中間節段」。這一列**（圖89前側觀）**沒有肌肉連接其上，是由骨間韌帶群固定在一起，對於從平衡良好的相鄰構造而來的壓力是被動的。當它作為被夾在遠端列與橈骨關節表面之間的單一結構，它的三個骨頭在橈腕關節屈曲時會向前傾，並且**（圖90側面觀）**會牽拉到掌側骨間韌帶（雙黃箭號）與後側橈腕韌帶（雙藍箭號）。而且，經由在外側的舟月韌帶與內側的三角月韌帶來相互連結，這三個骨頭不會做出相同的傾斜動作：

- 舟狀骨躺下的程度比半月骨向前傾還多，而且它會相對於頭狀骨的頭部稍微向旋前的方向旋轉（藍色箭號）**（圖89）**。
- 三角骨在鉤狀骨的近端表面滑動，沿著螺旋狀的路徑，並且稍微向旋後的方向旋轉（藍色箭號）。

在這些動作上，三角骨是受到它的掌側韌帶群影響**（圖91）**：

- 頭三角韌帶，形成Poirier的V型空間的內側臂（1）；
- 三角頭韌帶（2）；
- 鉤三角韌帶（3）。

三角骨的動作，必然是被「**三角骨吊帶**」（Kuhlmann提出）所影響，它的前束（4）與後束（5）（在移除橈骨後）可以在示意圖中看到。吊帶會帶領骨頭相對於鉤狀骨做扭轉的動作**（圖92側面觀，移除頭狀骨之後）**，同時做出屈曲與旋後的動作（藍色箭號，**圖93**）。

這個動作在內收**（圖93）**時更明顯，因為三角骨藉著掌側韌帶群（尤其是Poirier的V型空間的外側臂）（紅色箭號），旋轉到旋後的位置。

同時**（圖82）**，在尺骨頭與三角骨之間的距離變窄，如同在三角骨與鉤狀骨之間內側的有效空間，最後形成尺側偏移。整體來看，腕骨的內側高度減少了。

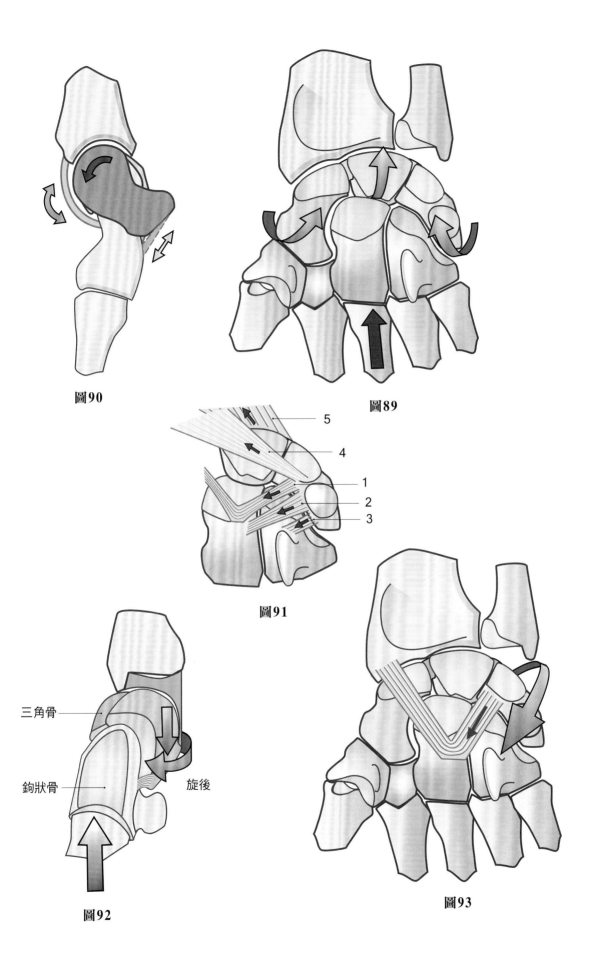

圖90

圖89

圖91

三角骨

鉤狀骨

旋後

圖92

圖93

## 內收動作－外展動作的動態方面

在**外展**時（**圖94**），前側X光顯示腕骨會向遠端旋轉，相對於腕關節的近端關節面，大致上以月狀骨和頭狀骨（星號）之間為中心，伴隨著頭狀骨向外側傾斜與月狀骨（較深色的）向內側移動，以至於移到下橈尺關節的遠端。外側的舟狀骨在屈曲時向前傾斜，並且減少一些高度；它會沉到橈骨下方，並且顯出它的**環狀結節**。現實中，這個旋轉的動作發生在一個些微偏移的軸上，因為整體來說腕骨會稍微往外側偏移，直到舟狀骨撞到橈骨莖突，因為橈骨莖突比尺骨莖突更突出一些，所以外展動作比內收動作更早結束。在內側，三角骨離開尺骨頭有15公釐。**這個動作的角度**若是沿著第三掌骨的軸來測量的話是15°。

在**內收**時（**圖95**），頭狀骨會向內側傾斜，而且整個月狀骨（較深色的）會向外側移動，從橈骨的遠端向著相對於月狀骨的腕關節表面。同時舟狀骨向後側移動到伸直的位置，並且在凹度消失的情況下達到最高的高度。鉤狀骨的近端尖細的部分觸碰到月狀骨上，而腕骨則位於橈骨遠端的中心位置。這個動作的角度以第三掌骨為準來測量的話是30－45°。

**中腕關節**協助了這些動作（**圖96和圖97**前側觀）：

- 一方面，內收與外展的動作是發生在這個關節。外展到底是15°，中腕關節負責8°；內收到底是45°，中腕關節負責15°，所以它負責從內收到外展共23°。這個動作在橈腕關節與在中腕關節大致上是一樣多的。（Sterling Bunnell所提）

- 另一方面，當這兩列腕骨圍繞著腕骨的長軸旋轉時會相互影響移動：

  - **在外展時（圖96）**近端列是以**旋前與屈曲**的合併動作而旋轉的（箭號PF），同時，遠端列則是做相反的動作，也就是**旋後與伸直**的合併動作（箭號SE），兩個動作相互達到平衡。當近端列移動時，舟狀骨會稍微移位，就可避免或是延遲與橈骨莖突接觸的時間，藉此來增加外展的範圍。

  - **在內收時（圖97）**則出現相反的動作。近端列以**旋後與伸直**的合併動作而旋轉（箭號SE），而遠端列則以**旋前與屈曲**的合併動作而旋轉（箭號PF），藉此對抗近端列的動作。

這些動作的範圍都很小，只能在很仔細的特殊擺位下的X光影像研究中才能看到。

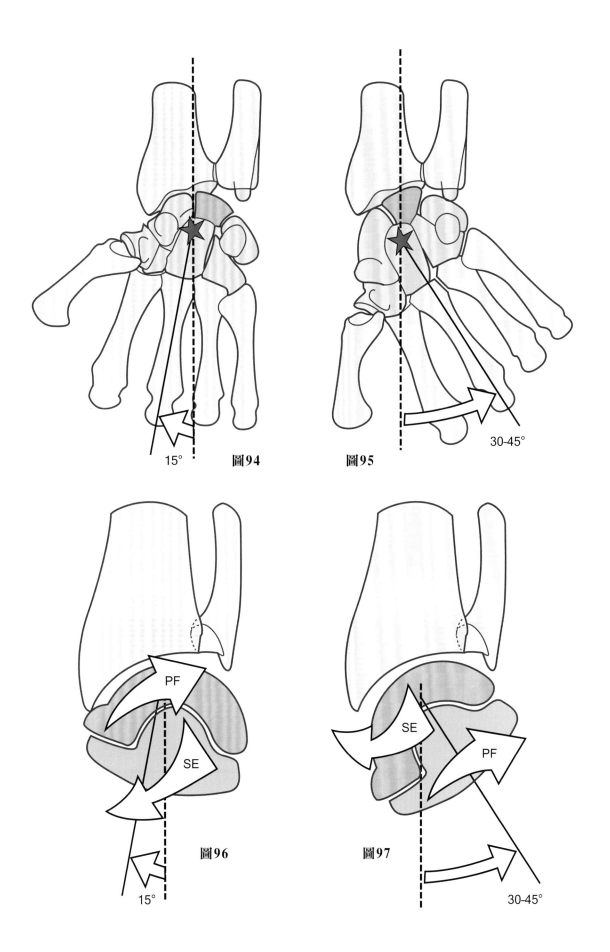

15°　　　　圖94　　　　圖95　　　30-45°

PF

SE

PF

SE

15°　　　　圖96　　　　圖97　　　30-45°

## 屈曲動作－伸直動作的動態方面

從之前的討論看來，可以清楚明白橈腕關節與中腕關節在腕關節所有活動的**功能性是相互依存著的**。

在屈曲－伸直的**基準位置（圖98側面觀）**橈骨（1）、月狀骨（2）、頭狀骨（3）與第三掌骨（4）**完美地沿著橈骨的長軸排列**。橈骨的遠端關節表面的後緣比前緣延伸得更遠一些。

下列的兩個方向使我們可以更容易理解這兩個關節的**個別功能**：

- **在屈曲時（圖99）**於橈腕關節的動作範圍（50°）比中腕關節（35°）還要大。
- **在伸直時（圖100）**則相反，毫無疑問地是因為橈骨的後緣會比較早碰到腕骨的緣故，中腕關節範圍是50°，而橈腕關節則是35°。

在兩個關節中，範圍的總合是一樣的（85°），但是個別動作的最大範圍則是呈現負相關。一個幫助你記憶的好方法是，記得橈腕關節在伸直時比較早到底，因為橈骨的後緣延伸得比較遠。

## Henke機制（Henke's Mechanism）

德國解剖學家Henke對於腕關節動作的解釋提出了一個理論，似乎可以用最近的觀察結果來證實。在生物力學上我們一定要記得，沒有軸是真的維持在一個基準平面上，也沒有軸是穩定的。換句話說，**所有的軸都是活動的**。

Henke定義**腕關節的兩個斜向軸**如下**（圖101）**：

- **近端軸**（1）（紅色）屬於**橈腕關節**，是斜向從後側往前側且外側往內側的。
- **遠端軸**（2）（藍色）屬於**中腕關節**，是斜向從後側往前側且內側往外側的。

這就解釋了為什麼屈曲與伸直動作總是夾雜著其他動作，如同中軸旋轉動作（**圖102**和**103**，r），也就是說，旋前或是旋後動作，如同下面所述會互相抵消：

- **屈曲時（圖102前側－內側觀透視圖）**近端列旋轉至旋前的位置（P），因此做出了一個複合式動作**屈曲/外展/旋前**，同時遠端列旋轉進入旋後的位置（S），形成**屈曲/內收/旋後**的複合式動作。只有屈曲動作是加成的，同時內收/外展跟旋前/旋後則互相抵消了。
- **伸直時（圖103相同的透視圖）**近端列旋轉進入旋後位置（S），因此形成**伸直/內收/旋後**的複合式動作，同時遠端列則旋轉進入旋前位置（P），也就形成**伸直/外展/旋前**的複合式動作。伸直的動作是加成的，內收/外展與旋前/旋後的動作則相互抵消。

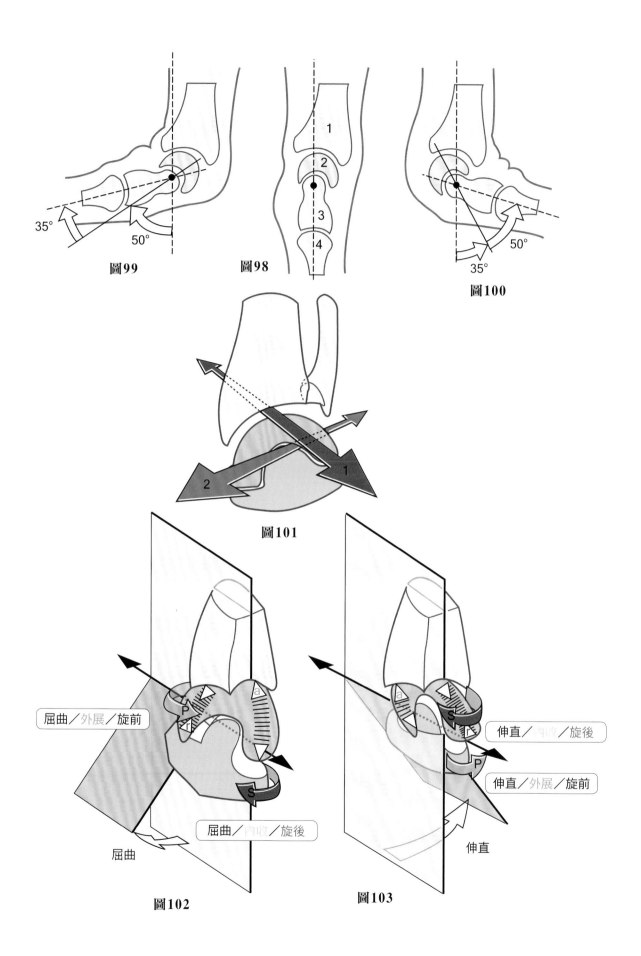

圖99　　　　　　　圖98

圖100

圖101

屈曲／外展／旋前

屈曲／內收／旋後

屈曲

圖102

伸直／內收／旋後

伸直／外展／旋前

伸直

圖103

# 旋前動作－旋後動作力偶的轉移

**腕關節可視為是萬向關節**

　　若認為腕關節是一個只有屈曲－伸直與外展－內收動作的關節，而且忽略由旋前肌與旋後肌**在前臂軸向旋轉時產生的力偶**，這是錯誤的。這種錯誤還滿常見的，因為我們通常只會測量屈曲－伸直與外展－內收動作，很少會做**旋前與旋後的範圍**測量，就更不會去注意**由於手部對抗阻力的旋轉動作所產生的力量**。

　　因為腕關節有**兩個軸**，所以必須被視為是一個**萬向關節**。Gerolamo Cardano（1501－1576）發明了這種形態的關節，開始時是用於懸掛一個羅盤，為了保護它不受到像船上橫搖與縱搖的影響。這在汽車工業中被廣泛地使用，將旋轉的力偶發送到兩個不共線的構造之間。舉例來說，就是前輪驅動車中，在引擎與前輪之間的傳送。

　　這個關節有**兩個軸（圖104）**，在圖中表示為十字桿（如插圖），這使得主要軸（紅色箭號）的旋轉可以轉移到次要軸（藍色箭號）上，不論這兩個軸所形成的角度為何。實際上，這兩個軸的角度達到45°，旋轉力偶的發送會越來越困難，當角度達到90°的時候就完全消失。這就是腕關節的實際角色（圖

105）；但它並沒有如示意圖中的十字形棒，卻有兩個排列在一起的關節——橈腕關節與中腕關節，中腕關節很容易因為旋轉力道而脫位。這應用在橈腕關節上，它是一個**內部穩定不佳的髁狀關節（圖106）**，容許近端腕骨滑出橈骨遠端關節表面（藍色與紅色箭號）。

　　旋前－旋後動作**（圖105）**產生出來的能量如何傳送到手部，使得手部可以對抗阻力來旋轉把手呢？（藍色箭號）或是讓它轉緊或是轉鬆螺絲釘呢？答案就是連接前臂的兩根骨頭到腕骨且聯合腕骨彼此之間的**韌帶所扮演的角色**。

- 圖107（**腕骨的前側觀**）顯示出韌帶是斜向的，從近端且外側的方向可以將腕骨轉到旋後，並且抵抗腕骨被動的旋前動作。

- 圖108（**腕骨的後側觀**）顯示出韌帶是斜向的，跟上述的方向相反，可以抵抗被動的旋後動作，並且將腕骨帶入旋前的位置。

　　**腕骨的骨間韌帶（圖109）**為了預防旋前與旋後動作時會造成脫位，尤其是近端的骨頭（**圖110－111上方觀**）。韌帶維持了舟狀骨相對於月狀骨之間的滑動動作，以及在旋前（**圖110**）與旋後（**圖111**）時相對於遠端列的動作。

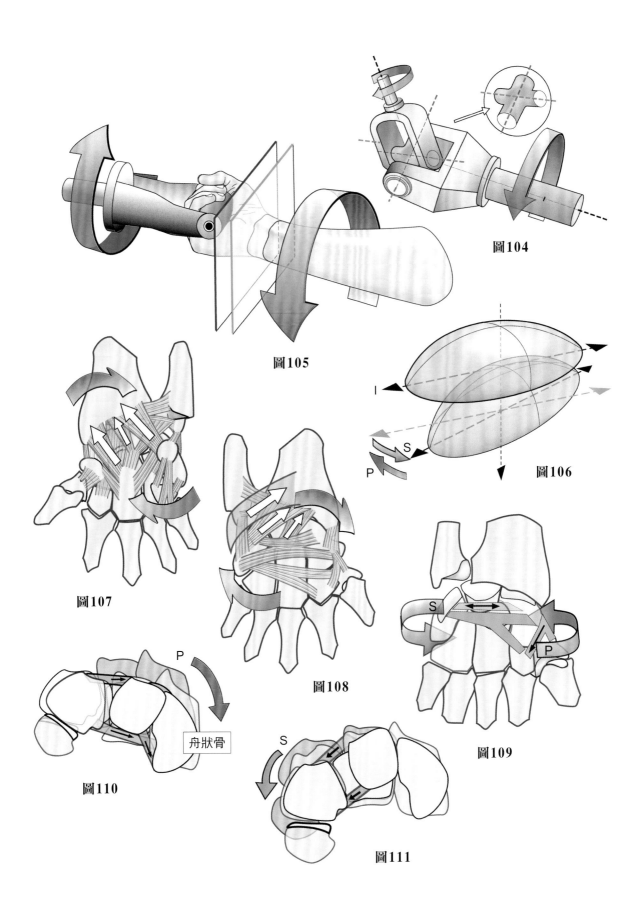

圖104

圖105

圖106

圖107

圖108

圖109

舟狀骨

圖110

圖111

　　韌帶本身無法將腕骨維持在一起，也無法傳遞旋前－旋後的力偶。最近有一個研究（A. Kapandji），對腕關節做間隔5公釐的電腦斷層掃描，在前臂的屈肌出力或不出力的情況下做旋前與旋後的動作。這些**掃描影像**穿透前臂兩根骨頭的末端，以及第一列與第二列的掌骨，展現了這些骨頭之間相對應的動作與它們在空間中排列的位置。

　　在**第一次掃描**中，**手掌先被動地維持靜止**，然後受試者自己做出旋前與旋後的動作。在橈腕關節的旋轉差（rotational drift），前臂的旋轉是47°30（**圖112**），在掌骨的旋轉是4°30（**圖113**），所以當屈肌不出力時，前臂與手部的旋轉差是47°30減去4°30，也就是43°。

　　在**第二次掃描**中，**用手先緊緊握住一個棒子**，在屈肌的幫助下，受試者同樣做出旋前與旋後的動作。旋轉差在前臂是25°（**圖114**），在掌骨是17°（**圖115**）。因此在前臂與手部的旋轉差是25°減去17°，也就是8°。

　　因此，屈肌對抗一個阻力的收縮，可以使旋轉差從43°減少到8°，也就是説少於當只有韌帶作用時的20%。

　　**下橈尺關節**在旋前與旋後動作中是傾向於容易脱位的（**圖116**），當旋前與旋後受到其他同時出現的主動動作（**圖117**）阻礙時，這種情形就更加明顯，所產生的力量也越大。

　　在腕骨**近端列**受阻礙的旋前－旋後（**圖118**），形成了30°的旋轉差，也調整了近端列前凹度的7°（**圖119**）。

　　在四維空間（4D）的掃描技術中，可以更進一步地詳細研究腕關節在旋前及旋後動作中的改變。然而，有一件事是已經確認的；是**肌肉的收縮，尤其是屈肌，才能使腕關節複合體維持整合**。因為**腕關節是被肌腱包圍著的**（圖120前側觀，圖121後側觀），作用在腕關節上的肌肉功用如同**離合器**，這個作用對於將旋前－旋後的力偶從前臂傳送到上臂有其必要性。

　　尺側伸腕肌（**圖122**）的同時收縮，對於拉緊環狀韌帶的吊帶，以及增加腕關節近端列與下橈尺關節的凝聚力，有正向的功效。

　　另外一個有趣的結論是，**這個機制只能在活體受試者中看到**，因為肌肉的收縮對於腕關節的凝聚力是必須的。

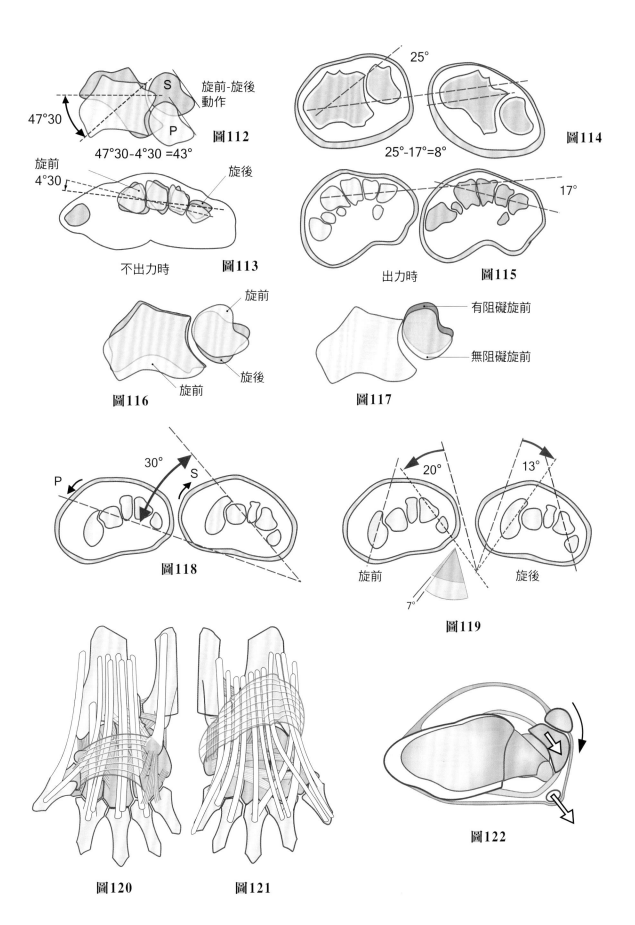

旋前-旋後動作

47°30

S

P

47°30-4°30 =43°

圖112

旋前

4°30

旋後

不出力時

圖113

25°

25°-17°=8°

圖114

17°

出力時

圖115

旋前

旋後

旋前

圖116

有阻礙旋前

無阻礙旋前

圖117

P

30°

S

圖118

20°

13°

旋前

旋後

7°

圖119

圖120

圖121

圖122

**189**

# 腕關節的創傷

這次的掃描是在頭狀骨的頭部（**圖123**），外側的側面是舟狀骨，內側則是伸直的鉤狀骨與相鄰的三角骨以及豆狀骨。腕骨近端列的凹度如何，是依照腕關節在旋前或是旋後的位置來決定。它的凹度在旋後時比在旋前時要大，邊緣接近3公釐（從47 公釐到44 公釐），同時舟狀骨與頭狀骨之間的角度在後方增加了2°，而鉤狀骨與三角骨之間的角度則增加了7°。

這個凹度（**圖124**）是藉由**屈肌支持帶所產生的張力**以及前側骨間韌帶來維持。在手術治療腕隧道症候群時（**圖125**），屈肌支持帶（作為身體中屈肌**最有力的滑車**）被切開，於是原本維持的凹度就被撐開3-5公釐。前側骨間韌帶（**圖126**）就成為唯一的韌帶（黑色箭號），可以預防這個凹度不至於完全變平。因此，比較適合的手術方式是放鬆屈肌支持帶，而不是將它切斷。

腕關節是**最容易受到創傷的關節**，舉例來說，跌倒時用手撐在地上，在腕關節外展且伸直的位置。**過度的外展**由下列兩個因素來決定：

1）與三角骨連結的韌帶的阻力。

2）橈骨莖突。

根據舟狀骨與腕關節近端關節表面的相對位置，要不是**橈骨遠端的骨骺（圖127）**斷裂且分離，就是**舟狀骨**在撞到橈骨莖突時從中間斷裂（**圖128**）。在其他的情況下，**橈骨莖突**斷裂，通常伴隨著舟月韌帶的斷裂（圖中未顯示），通常也不會被診斷出來，除非很有系統地檢查。伸直的動作使得橈骨遠端斷裂一塊（**圖129矢狀切面**），之後，這塊碎片會向後傾斜。同一種類型的創傷，通常也可能會導致**第三後內側碎片**的分離（**圖130橫向切面**），藉此影響下橈尺關節。

在剩下的其他情況中，伸直動作會使得頭狀骨上的前側韌帶撕裂（**圖131**），頭狀骨之後會位移到仍然在其位置上的月狀骨後方，也就是說，產生**腕關節在月狀骨後側脫位**。這個脫位（**圖132**）會壓垮月狀骨的後角，並且可能會使它的後側連結被撕裂（**圖133**），造成月狀骨的前側脫位。然後，月狀骨會自己旋轉180°，同時頭狀骨的頭部取代月狀骨的遠端，到腕關節的近端表面。這就是所謂的**腕關節月狀骨周圍脫位**，即使用X光也難以診斷，除非用高劑量側面觀X光，超過所有四分之三的影像來看。

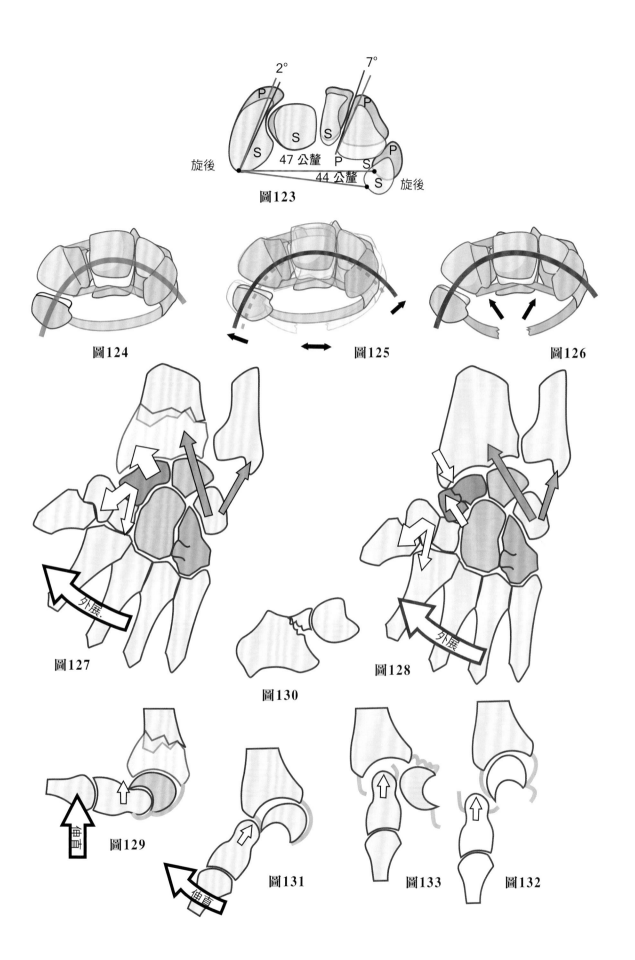

圖123

圖124　　圖125　　圖126

圖127　　圖130　　圖128

圖129　　圖131　　圖133　　圖132

# 腕關節的動作肌

腕關節的動作肌肌腱包圍著腕關節，都是屬於手指與手腕的外在肌群，只有一條（尺側屈腕肌）連接在腕骨近端列上，也就是豆狀骨。

**腕關節的前側觀（圖134）**表示如下：

- **橈側屈腕肌**（1）：經過一個特殊的溝，在屈肌支持帶的深層，但是與腕隧道是分開的，它連接在第二掌骨基部的前側表面，有一小部分連接在大多角骨與第三掌骨基部。
- **掌長肌**（2）：力氣比較小的，是垂直地連接在屈肌支持帶上，並且延伸出四條類肌腱束的纖維到掌側腱膜的頂端。
- **尺側屈腕肌**（3）：經過尺骨莖突的前側，主要連接在豆狀骨的近端表面，以及屈肌支持帶、鉤狀骨的角與第四、第五掌骨的基部上。

**腕關節的後側觀（圖135）**表示如下：

- **尺側伸腕肌**（4）：穿過尺骨莖突的前側，一個非常強壯的纖維性鞘膜，並且連接在第五掌骨的基部後側。
- **橈側伸腕短肌**（5）與**橈側伸腕長肌**（6）：沿著

「解剖鼻煙壺」的上半部，依序連接到第三掌骨的基部（6）以及第二掌骨的基部（5）。

**腕關節的內緣觀（圖136）**表示如下：

- **尺側屈腕肌**（3）：腕關節肌肉的效率會經由豆狀骨作為力臂而增加。
- **尺側伸腕肌**（4）。

上述這兩條肌腱位於尺骨莖突的兩側。

**腕關節的外緣觀（圖137）**表示如下：

- **橈側伸腕長肌**（6）與**橈側伸腕短肌**（5）。
- **外展拇指長肌**（7）：連接在第一掌骨基部的外側。
- **伸拇指短肌**（8）：連接在拇指第一指骨基部的背側面。
- **伸拇指長肌**（9）：連接在拇指第二指骨基部的背側面。

橈骨肌群（橈側伸腕肌）與拇指長肌群包圍著橈骨莖突。**解剖鼻煙壺（anatomical snuffbox）**的後側是以伸拇指長肌的肌腱為邊界，前側則是以外展拇指長肌與伸拇指短肌的肌腱為邊界。

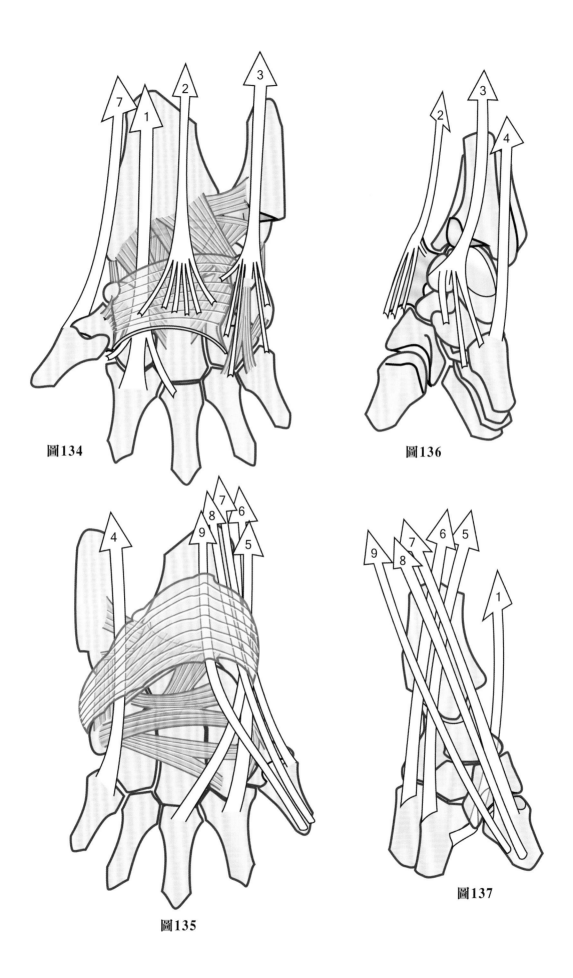

圖134

圖136

圖135

圖137

# 腕關節肌肉的作用

腕關節的動作肌分成**四組**，依照腕關節的軸的功能來分**（圖138橫向切面）**：

- **屈曲－伸直動作**的軸AA'（紅色箭號）。
- **內收－外展動作**的軸BB'（藍色箭號）。

這張圖顯示出右手腕關節遠端部位的冠狀切面，所以B是前側，B'是後側，A'是外側，A是內側。圖上是相對應的手指與手腕的動作肌肌腱**（圖139）**（在下列的內容中將詳細說明標示的手指肌肉）。

**第I組**位於前內側的四分之一，包括**尺側屈腕肌**（1），它可以同時做腕關節的屈曲，因為它位於AA'軸的前側，並且經由肌腱的延伸連接在第五掌骨上；也同時使手部內收，因為它位於BB'軸的內側。一位演奏小提琴的人的左手可以說明這個屈曲與內收的複合動作。

**第II組**位於後內側的四分之一，包括**尺側伸腕肌**（6），它可以同時伸直腕關節，因為它位於AA'軸的後側；並且使手部內收，因為它位於BB'軸的內側。它也與**伸小指肌**（14）協同動作。

**第III組**位於前外側的四分之一，包括**橈側屈腕肌**（2）與**掌長肌**（3），可以使腕關節屈曲，因為它們位於AA'軸的前方；並且使手部外展，因為它們位於BB'軸的外側。同時包括腕關節外側緣橈骨莖突上的肌肉**外展拇指長肌**（9）與**伸拇指短肌**（10）。

**第IV組**位於後外側的四分之一，包括**橈側伸腕長肌**（4）與**橈側伸腕短肌**（5），可以伸直腕關節，因為它們位於AA'軸的後方；並且使手部外展，因為它們位於BB'軸的外側。也包括在橈骨遠端末端背側肌肉，也就是說，**伸指肌**（8）與**伸食指肌**（15）。

根據這樣的理論，腕關節的肌肉沒有一條是只有單一動作的。為了要達成一個單一的動作，需要兩組肌肉同時活動並且相互抵消其中一個力道，依照下列的拮抗作用－協同作用原則：

- **屈曲動作**：第一組（尺側屈腕肌）與第三組（橈側屈腕肌＋掌長肌＋PL）
- **伸直動作**：第二組（尺側伸腕肌）與第四組（橈側伸肌群）
- **內收動作**：第一組（尺側屈腕肌）與第二組（尺側伸腕肌）
- **外展動作**：第三組（掌長肌）與第四組（橈側伸肌群）

雖然我們將腕關節的動作定義在四個基準平面上，**但是它的自然動作是發生在斜向的平面上**：

- 屈曲－內收動作
- 伸直－外展動作

更進一步來說，Duchenne de Boulogne（1867）的肌肉電刺激研究中，說明了下述的事實：

- 只有**橈側伸腕長肌**（4）可以伸直與外展。**橈側伸腕短肌**則只能伸直；這強調了它在生理學上的重要性。
- **掌長肌**則是直接的屈肌，而**橈側屈腕長肌**則可以在手部旋前時屈曲第二腕掌關節。當以電流刺激**橈側屈腕肌群**時，並不會做出外展動作，而且它會在腕關節橈側偏移時做出收縮，用以平衡作為主要外展肌的**橈側伸腕長肌**的伸直動作。
- 手指的動作肌，也就是屈指淺肌（12）、屈指深肌（7）以及屈拇指長肌（13），可以在某些情況下移動腕關節。
- 屈指肌群只有在手指沒有屈曲而這些肌肉尚未完全收縮之前才可以屈曲腕關節。

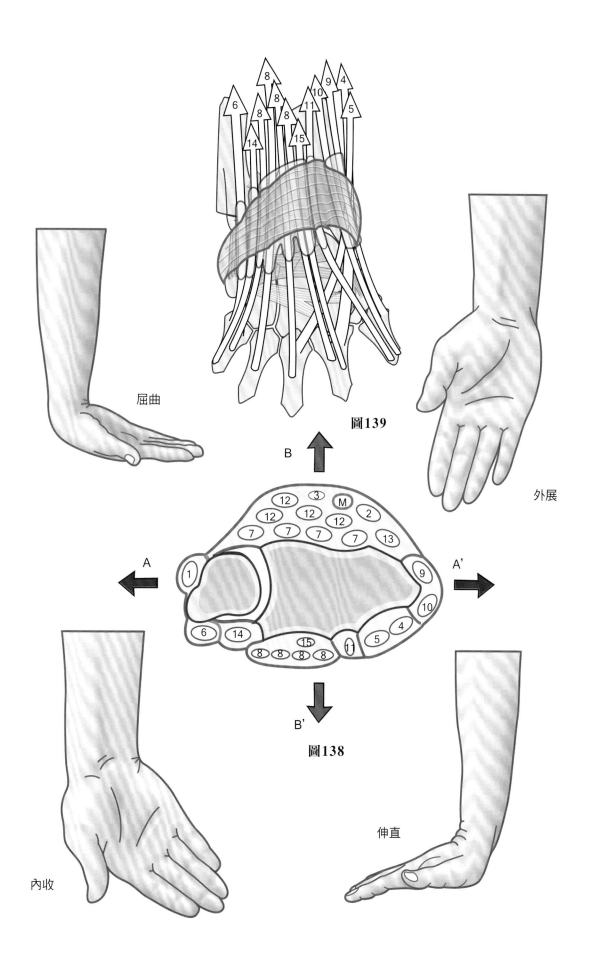

屈曲

外展

內收

伸直

B

A

A'

B'

圖139

圖138

如果手部握有一個大型的物體例如水瓶，手指的屈肌就可以幫助手腕屈曲。

同樣的，手指的伸肌（8），加上伸小指肌（14）與伸食指肌（15）的協助，在手握拳的情況下是可以幫助腕關節伸直的。

- **外展拇指長肌**（9）與**伸拇指短肌**（10）只能在有**尺側伸腕肌**協助平衡的情況下，才能做出腕關節外展的動作。如果伸拇指短肌自然收縮，就可以由外展拇指長肌單獨做出拇指的外展。尺側伸腕肌的協同動作對於拇指的外展是必要的，在這種情況下，這條肌肉可以稱為是腕關節的「穩定肌」。

- **伸拇指長肌**（11）會產生拇指的伸直與向後壓的動作，當尺側屈腕肌不活動的時候，它也會造成腕關節的外展與伸直。

- 腕關節的另一個穩定肌是**橈側伸腕長肌**（4），對於將手部維持在正中位置是很重要的，它的麻痺會造成永久性的尺側偏移。

### 手腕肌群的協同動作與穩定性動作（圖140）

腕關節的伸肌群與手指的屈肌群是呈協同性的動作：

- 在腕關節伸直的時候（a），稱為背屈並不適當，手指會自然地屈曲，要在這個位置伸直手指，是需要主動動作的。

- 當腕關節伸直的時候，屈肌群才能發揮最大的效率，因為屈肌肌腱相對短於腕關節直放的時候，當腕關節屈曲的時候就更難了。手指屈肌群的力量，在腕關節屈曲時以握力計測量，只有腕關節伸直時的四分之一。

腕關節屈肌群與手指的伸肌群為協同肌：

- 當腕關節屈曲時（b），近端指骨就會自然地伸直。要將手指屈曲向手掌，是需要額外努力的，而且這個屈曲動作會比較無力。手指屈肌群的收縮，會限制腕關節的屈曲，可以經由手指的伸直來增加腕關節屈曲10°的角度。

有時候這種精細的肌肉動作平衡很令人沮喪。因為未復位的柯力氏骨折（Collis' fracture）所形成的形變，會改變腕關節前臂表面的排列，而且因為牽拉到腕關節的伸肌群，而影響到手指屈曲的效率。

### 腕關節的功能性位置

這個相對應的位置（**圖141**）是為了使手指的動作肌達到最大的效率，尤其是屈肌群。這個位置定義如下：

- 腕關節稍微伸直（背屈）40–45°
- 稍微內收（尺側偏移）15°。

在這個位置下，腕關節才處於為了達到最大的抓握功能而有的最佳形態。

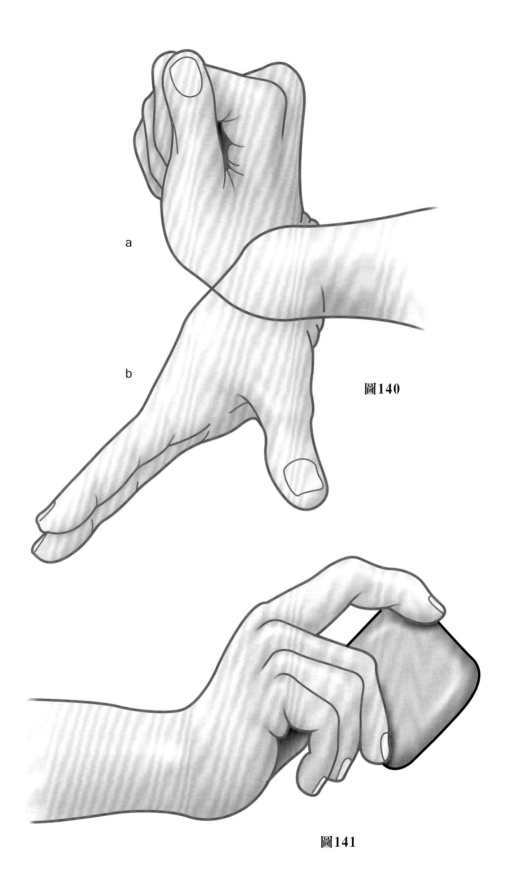

a

b

圖140

圖141

# 第5章

# 手部

人類的手是非常卓越的器材，可以做出無數的動作，這都要感謝它的基本功能：**抓握**。

各種形式的「手部」都能夠抓握，從龍蝦的螯，到人猿的手部，但是它最完美的形態卻出現在人類身上。這是因為**拇指的特殊動作，**可以使拇指與其他的手指相接觸。**拇指的對掌動作**，不論各家的評論如何，這不是人類的特權；它也出現在類人猿身上，只是它的動作範圍遠小於人類。另一方面來說，某些四手類的人猿是有四隻手的，如同他們的名稱所指，也有四隻拇指。

從功能性的觀點來看，手部是上肢的動器，由上肢來**支持手部的機械力學**，並且使手部可以在任何指定的動作下調整出最合適的位置。手部不只是一個動作用的器官，同時也是一個敏感而精確的**感覺受器**，可以感知它自己表現的回饋。最後，它可以使大腦皮質知道物體有多重，以及有多遠，並藉此使視覺感知得以發展成熟。**如果沒有手部，我們的世界會變得扁平並且缺乏對比感。**

手部也可以表達心智狀態與感覺。在手勢的幫助下，也可以形成一種**語言**，它的好處是**國際且通用**的，就像**臉部表情**。

比拇指能對掌更重要的是**手腦連動**：大腦指揮手部，然後手部修正大腦。手部與大腦形成一種**無法分離而交互影響的功能性連動**，而且這個緊密的交互作用與**人類無論好壞而隨心所欲改變自然界**的恐怖能力以及治理其他的物種有關。這是一個非常重要而嚴肅的責任。

※本章內容透過建構生物力學模型可以更容易了解（見本書最後部分）。

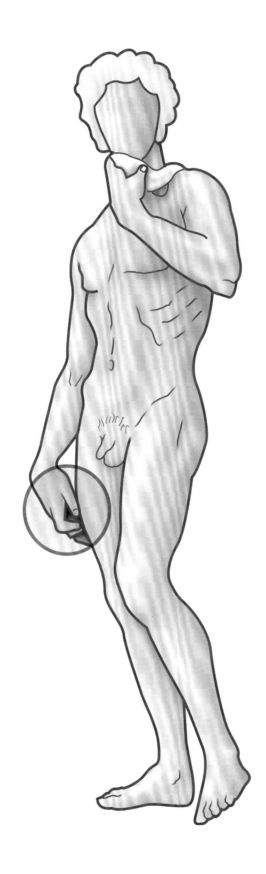

人類手部因為構造的關係而有抓握能力，不論手中有沒有物體，它都可以握得起來，也可以握成拳頭。當手部打開時**（圖1前側觀）**，就可以看見**手掌**（1），位於手腕的遠端（9），並且與五隻手指形成關節。手部的前側面稱為**掌面**。手掌的中央有凹陷，讓它可以拿取不同形狀及大小的物體。它是經由**兩側的突起或是隆起為邊界**，外側是**大魚際隆起**（4），在大拇指的基部，內側則是比較小的隆起**小魚際隆起**（7），形成了手部的內側（尺側）緣（27），並且與遠端最小的指頭連結（**小指或小妞妞**），與無名指由第四指間裂隙（13）分開。

手掌面有交織的掌紋，每個人都是不一樣的，形成了手相這種偽科學。這種偽科學的名稱在這裡與解剖上的名稱對照，列舉如下：

- **遠端掌紋**（2），或稱「智慧線、頭線」，位於手掌內緣的最遠端。

- **中央掌紋**（3），或稱「感情線、心線」，從手掌的外緣開始，與前一條掌紋相近，在比較近端。

- **近端掌紋**（5），或稱「生命線」，是最近端的掌紋，位於大魚際隆起的內緣。它是斜向的，形成**掌溝**的底部。

- 還有一個比較不明顯的掌紋，沿著小魚際隆起的內緣全線可經由將手掌橫向地握緊而顯現出來。這是**小魚際掌紋**，也稱為「幸運線」，是四條掌紋中變異性最高的。掌短肌這條淺層肌肉的收縮，會帶出一個在小魚際隆起內緣的酒窩（8）。

這些掌紋的描述不是平白無故說明，它們是手掌上重要的標的。凹陷是因為深層構造上的纖維性連結，這也保證了手掌在所有手部位置下都是凹陷的。手術上，這些掌紋提供了更深層結構的標的，且絕對不可以垂直切開，以免回縮性的沾黏形成，限制了手部的功能。

五指分成兩組：**四隻較長的手指與一隻較短的手指**（大拇指）。較長的手指有不同長度，最長的是**中指**，位於正中央；第二長的是**食指**，位於最外側；**無名指**在中指的內側；其中最短也最內側的是**小指**（小妞妞）。這些長的手指掌面有**三條掌紋**，表示有三節指骨：

1）**遠端指間掌紋**（17）通常是單一的，位於遠端指間關節（DIP）的稍微遠端，作為近端軟組織的邊界（18）。第三指骨的背面是由指甲所填滿，四周由甲床溝（37）所包圍，並且從指甲母質生長出來，它位於皮膚之下，在指甲的基部與遠端背側紋之間。

2）**近端指間掌紋**（14）通常是兩條，位於同一節的關節，作為第二指骨（16）的近端邊界。

3）**指掌掌紋**（12），一條或是兩條，位於手指與手掌的交界，在指間關節的近端，作為第一指骨（15）的近端邊界。

這些掌紋就像它們掌側的相對應者，約束著皮膚。**大拇指**是短的手指，很獨特，相對於其他手指位於**近端**。它連接在**手掌的掌側外側（橈側）緣**。它只有**兩節指骨與一節掌骨**（圖**3**，32），第一掌骨比其他掌骨的活動性更高，功能比較像是指骨。它有兩條掌紋，**單一的指間掌紋**（23）形成第二指骨的近端邊界，與軟組織（22）有關，並且在指間關節的稍微遠端；**掌指掌紋**通常是兩條（20、21），且位於指間關節的近端。

**大魚際隆起的根部**（6）對應舟狀骨的結節。

在手掌與手腕之間的交界近端，有許多橫向的掌紋，也就是**腕關節屈曲的掌紋**（9），位於橈腕關節的遠端。在手腕可以看見橈側屈腕肌（10）的肌腱突起，也就形成了**橈動脈觸診處**（11）的內緣。

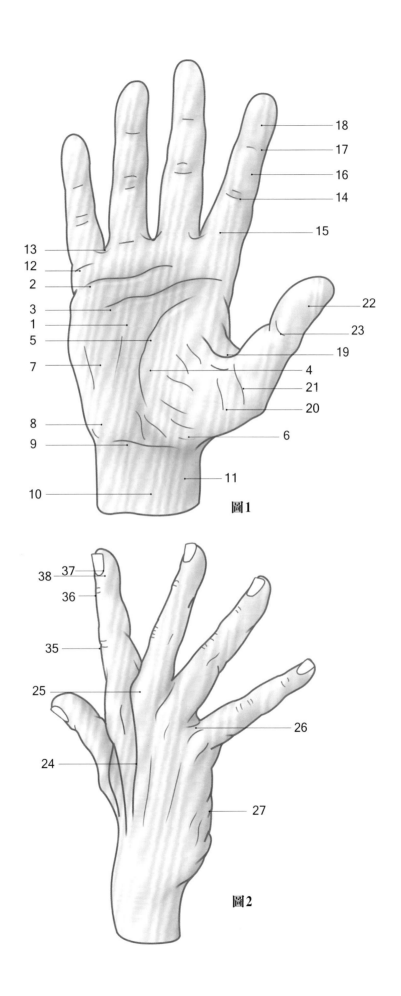

圖1

圖2

當手部準備好要抓住一個物體時 **(圖3 側面觀)**，長的手指由伸肌伸直，伸直的角度從食指到小指遞減，同時大拇指伸直且外展，是因為第一**指間裂隙**（19）的深度。**掌指關節**（33）稍微向外移，不像**大多角掌關節**（31）。在**解剖學鼻煙壺（anatomical snuff-box）**（28）的近端，是以**伸拇指長肌**（30）的肌腱為邊界。在腕關節的外緣是**橈骨莖突**（29），位於後內緣的是**尺骨頭**（34）的突起，這在旋後時會消失。

當手部準備好抓握一個物體時 **(圖2內側觀（medial view）)**，它會經由手掌的扭曲來改變手部，是因為掌骨的位移，這在外側－內側的方向上更明顯，尤其是第五掌骨。**指間裂隙的基部**（26）在手掌側是比較突出的。**掌骨頭**（25）與**伸肌**（24）突出來。**近端**（35）與**遠端**（36）的**指間掌紋**通常是清楚可見的。在遠端的指間掌紋與指甲的近端邊緣之間是藏在皮膚下的指甲母質（38）。

當我們使用手部的時候，五隻手指的重要性各不相同。手部是由三個區域所組成**(圖4)**：

1）**抓握第I區**，**大拇指**，明顯是功能上最重要的部分，因為它可以與其他手指**對掌**。大拇指實質上的損傷，會影響手部的功能性，所以任何對大拇指有危險的事項都應該避免。舉例來説，戴戒指可能會因為戒指被意外地拉住，而造成大拇指的災難性撕扯。

2）**抓握第II區**，是由**中指**與更重要的**食指**所形成；這對於**兩指抓握**（大拇指/食指）也就是指精細抓握，以及**三指抓握（tridigital grip）**（大拇指/食指/中指）這種作為超過世界上半數人口主要餵食方式，都是很重要的。

3）**抓握第III區**，位於手部的內側（尺側），包括**無名指**與**小指（little finger）**，這對於確認**完全的手掌抓握**或是任何**穩定抓握**都是必須的。用在**有力的抓握**，也就是抓住一個工具的握把時，是絕對不可或缺的。

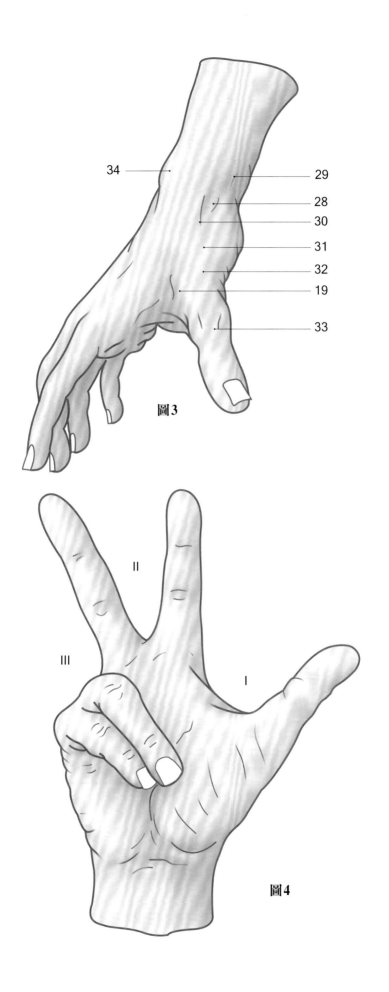

34

29

28

30

31

32

19

33

圖 3

II

III

I

圖 4

手部可以改變它的形狀來抓握物體。

在一個**扁平的表面**上，舉例來說是一個玻璃板上（**圖5**），**手部打開且變成扁平狀**，使得手部的大魚際隆起（1）、小魚際隆起（2）、掌骨頭（3），以及指骨的掌側面（4）來接觸（**圖6**）。只有手掌的下外側沒有接觸到玻璃。

當它需要抓握一個大型的物體時，**手部就會變得凹陷**，在**三個不同的方向上**形成三個掌弓：

1）**橫向的（圖7）**，**腕骨弓**XOY（藍色），相對於腕關節的凹度持續地向遠端傳遞，使掌骨頭形成**掌骨弓**。腕溝的長軸（藍色）橫跨月狀骨、頭狀骨與第三掌骨。

2）**縱向的**，**腕掌指骨弓**，從腕關節發散開來，並且藉由相對應的掌骨與指骨，形成每個手指的掌弓。這些掌弓在掌側面是凹陷的，並且**每一個縱向掌弓的拱心石都是位於掌指關節的位置**，所以在這個位置上任何肌肉不平衡都會影響了掌弓的凹度。兩條最重要的縱弓如下：

　－**中指的掌弓OD3（圖7）**與腕溝的軸共線。

　－**食指的掌弓OD2（圖8）**最常見的是與大拇指交互作用。

3）**斜向的（圖7-9）**就是**對掌弓或是斜向弓**，包含下列：

　－**最重要的（圖8）**是連結大拇指與食指的（D1-D2）。

　－**最極端的（圖7-9）**是連結大拇指與小指的（D1-D5）。

整體來說，當手部變得凹陷的時候（**圖8**），它會形成一個前側的凹溝，它的邊界包含下列三個標的：

1）大拇指（D1）單獨成為外緣邊界。

2）食指（D2）與小指（D5）形成內緣邊界。

3）橫跨這兩個掌溝的是**四個斜向對掌弓**。

這個**掌溝**不論在哪一個點來看，都是斜向的（在**圖8**與**圖9**以手掌中大型的藍色箭號來表示），被許多對掌弓所橫跨。

從小魚際隆起的基部牽拉（**圖7，X**）──可以摸到豆狀骨的地方──到第二掌骨頭（**圖7，Z**），對應於稱為「生命線」的掌紋。這也是拿取圓柱體的方向，例如當手部抓住一個工具的把手時。

相反的，當手指呈現最大程度的分開時（**圖10**），手部會變扁平，而大拇指的軟組織與小指之間的距離稱為**跨度**。一位鋼琴家的手必須做到至少一個八度的跨度。

最後，這是不可能不去注意到的，在手部所有的位置上，一個**正常而健康的手部**都有**和諧的建構（圖11）**，並且有良好的**結構元素**，圖中顯示像是螺旋狀連結在同一指的關節，並且收斂到一個焦點上（星號）。這對於畫家與製圖員，甚至外科醫師來說是非常重要的，外科醫師藉由這些來判斷正常與不正常的手部，在不正常的手中，組織不良的建構是很明顯的。因此，**結構上的正常與功能上的正常是一致的，同時保有審美觀上的美好。**

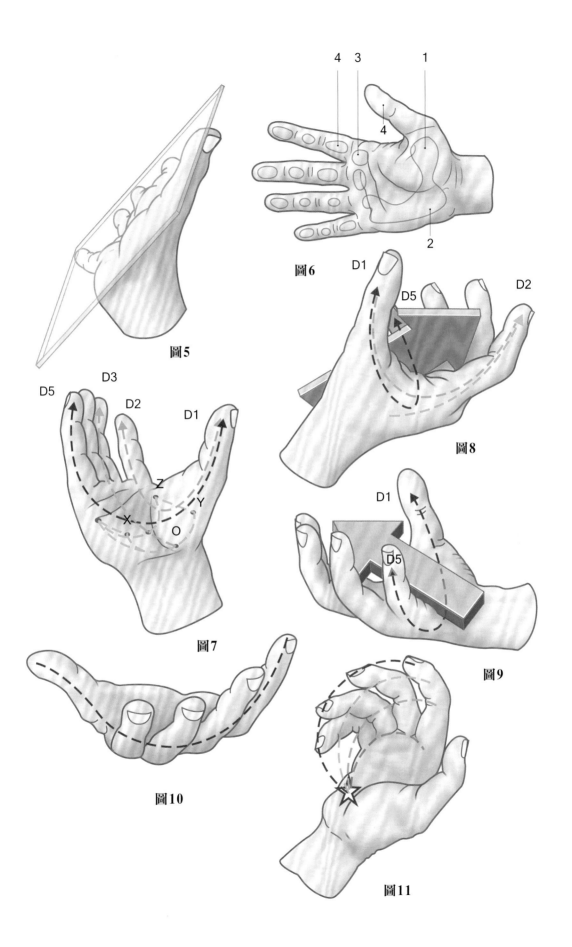

圖5

圖6

圖7

圖8

圖9

圖10

圖11

**205**

當手指主動地攤開時（圖12），五隻手指的軸會收聚在大魚際隆起的基部，在可以容易摸到的舟狀骨結節上。在手部，手指的動作在**冠狀切面**上，也就是**內收與外展動作**時，不是以身體對稱的基準平面為準，而是以手部的長軸為準，會經過**第三掌骨與中指**。因此，手指的動作應該稱為分開（separation），而不是外展（圖12）；應該是靠近（approximation），而不是內收（圖13）。在這些動作中，中指幾乎是不動的，但是我們仍然能夠主動地將這隻手指外展或是內收（相對於身體的中軸來說）。

當手指主動地被合在一起（圖15），它們的軸並不是平行的，而是收聚在一個遠離手部的點上。這是因為事實上手指不是圓柱型的，而是越朝向指腹遠端就越細。

當手指處於**自然位置**（圖14），也就是一個它們可以做出靠近動作也可以做出分開動作的位置時，它們彼此呈現有一點距離的分離，但是它們的軸沒有聚在一個點上。在我們所示範的例子中，後面三隻手指是平行的，而前面三隻手指則是互相分離的同時，中指代表手部的軸，以及「過渡區」。

當**拳頭握緊**而遠端的指間關節仍然是伸直的時候（圖13），四隻手指的最後兩節指骨的軸與大拇指的軸（不包含它最後一節指骨）會收聚在相當於「**橈動脈脈搏**」的位置上。注意，在這個情況下，食指的軸與手部長軸的軸是平行的，同時，其他手指的軸則依照遠離食指的順序越來越斜。這樣排列的原因與它的用處會在後面討論。

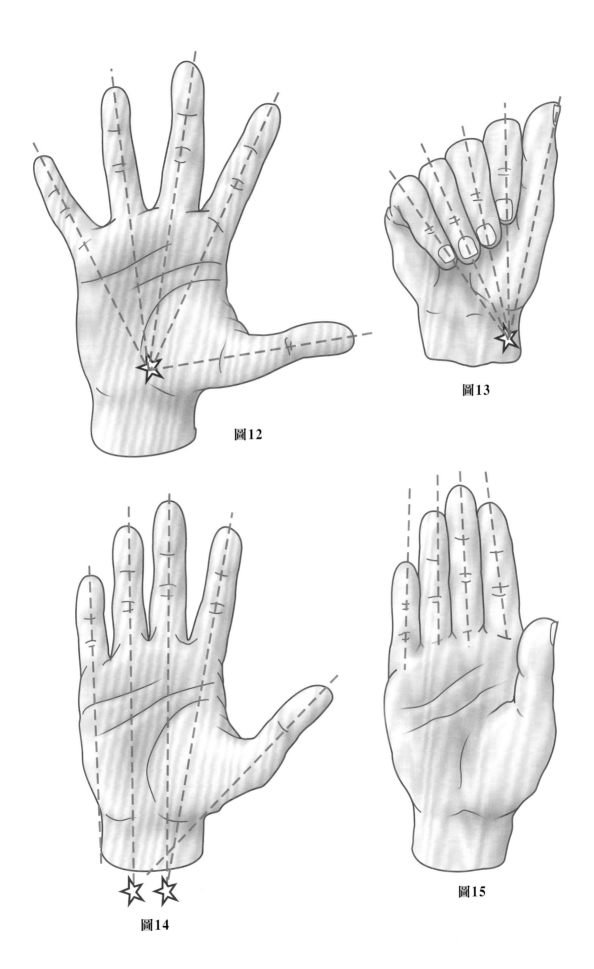

圖12

圖13

圖14

圖15

# 腕骨

它在**前側（掌側）的凹陷處**形成一個掌溝，並且因為**屈肌支持帶**而形成一條**隧道**，支持帶連接在凹溝的兩側。這個掌溝的排列可以在腕關節過度伸直的姿勢下**（圖16）**，檢查手部的骨骼時清楚地觀察到，或是當我們檢查手部在與腕隧道共線的軸上所照的X光時清楚地觀察到。它的兩側邊緣如下：

1）在外側：舟狀骨的結節（1）與大多角骨的嵴（2）。

2）在內側：是豆狀骨（3）與鉤狀骨的鉤子（4）。（這些數字標示著在其他示意圖中的同一個構造）

在**橫向的方向上**，掌溝的排列是由如下**兩個水平的切面**來確認：

1）第一切面**（圖17）**經過**腕骨近端列（圖19，切面A）**，以外向內側的方式展示了舟狀骨（1）、由月狀骨的兩個角所包圍的頭狀骨的頭部（5）、三角骨（7）以及豆狀骨（3）。

2）第二切面**（圖18）**經過**遠端列（圖19，切面B）**，以外向內側的方式展示出大多角骨（2）、小多角骨（6）、頭狀骨（5）與鉤狀骨（4）。在遠端切面**（圖18）**，屈肌支持帶以短虛線表示（綠色）。

當手掌做出凹陷時，腕隧道也會變得更深，因為會有發生在許多不同腕骨關節之間的小動作。這些動作是由大魚際肌群（箭號X）與小魚際肌群（箭號Y）所啟動，小魚際肌群連接在屈肌支持帶上，會牽拉到韌帶**（圖18）**，並且會將腕隧道的兩側拉近（點虛線）。

在**縱向方向上**，腕骨**（圖19）**也可以被視為是**三個條狀結構（圖20）**：

1）**外側條狀結構**（a）：是最重要的，因為它包括了**大拇指條狀結構**（Destot提出），是由舟狀骨、大多角骨與第一掌骨所組成。從舟狀骨分支出食指條狀結構，包括小多角骨與第二掌骨。

2）**中間條狀結構**（b）：包括月狀骨、頭狀骨與第三掌骨，並且形成手部的軸（如同之前描述的）。

3）**內側條狀結構**（c）：在最後兩隻手指處結束，包括三角骨與鉤狀骨，與第四、第五掌骨形成關節。豆狀骨被向後拉超過三角骨，並不負責任何的力量傳遞。這是尺側屈腕肌的連接處，並作為它的槓桿使用。

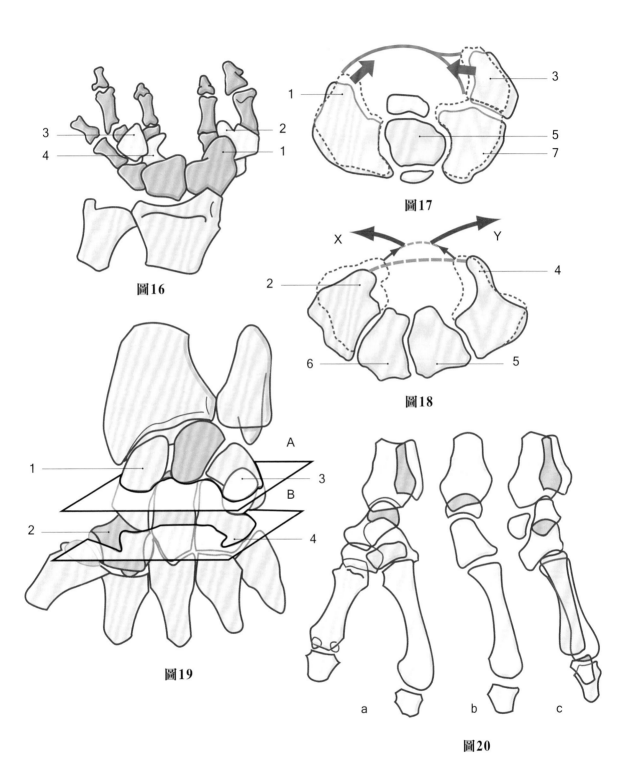

圖16

圖17

圖18

圖19

圖20

# 手掌的凹陷

主要是因為後面四隻掌骨相對於腕骨的動作（第一隻目前先忽略）。這些動作出現在腕掌關節，包括屈曲與伸直的小範圍動作，與典型的平面關節一樣，但是它們的角度從第二掌骨到第五掌骨逐漸增加：

- 當**手部放平**的時候（**圖22**從手指頭看），後面四指的掌骨頭是在一條直線上（AB）。
- 當**手掌凹陷**時，最後三指的掌骨頭會向前移到A'，也就是說，在屈曲時（**圖21**側面觀），最後一隻手指可以移動更遠。因此，掌骨頭會排列在一條曲線上A'B（**圖21，紅點虛線**），這條線就代表了掌骨橫弓。

有兩點是需要提出的：

- 第二隻掌骨頭（B）的移動並不明顯，而且大多角第二掌關節的屈曲－伸直動作也是非常微不足道的。
- 然而，第五掌骨頭（A）是活動度最高的一隻（**圖22**），不只會向前移動，還會稍微向外側移動一些（A'）。

這可以帶領我們來分析**在鉤狀骨與第五掌骨之間的第五腕掌關節**。這是一個鞍狀關節（**圖24**）伴隨有些圓柱狀的關節表面。它的軸（XX'）是斜向地位在兩個平面上，因此可以解釋為何掌骨頭會向外側移動：

- **圖23**（腕骨遠端列的遠端關節表面）展示鉤狀骨內側關節小面的軸XX'在內外側與前後側（紅色點虛線）是斜向的。
- 因此任何關於這個軸的動作邏輯上都必須將第五掌骨頭帶向前側與外側。
- 這個關節的軸XX'與掌骨的長軸OA不是完全垂直，但會形成一個銳角XOA（**圖24**）。這個軸的排列也解釋了為何第五掌骨頭會向外側移動，是根據下列的幾何原則：
- **圖25**解釋了**圓錐旋轉**的現象。當直線OZ上的一段OA圍繞著垂直於它的軸YY'，就會畫出一段P平面上的弧到OA'。
- 如果同一段OA線，繞著斜向的XX'軸旋轉，**就不會是在同一平面上，而是成為以在P平面上的切點O為頂點的圓錐一部分**。在與上述旋轉相同的角度後，A點現在位於圓錐基部的A'。A'點不再是在P平面上，而是在它的前方（如圖所示）。如果我們可以在腦海中將這個幾何機制與關節的圖（**圖24**）結合起來，就會很清楚為何第五掌骨頭A會離開矢狀切面P，而稍微向外側移動。

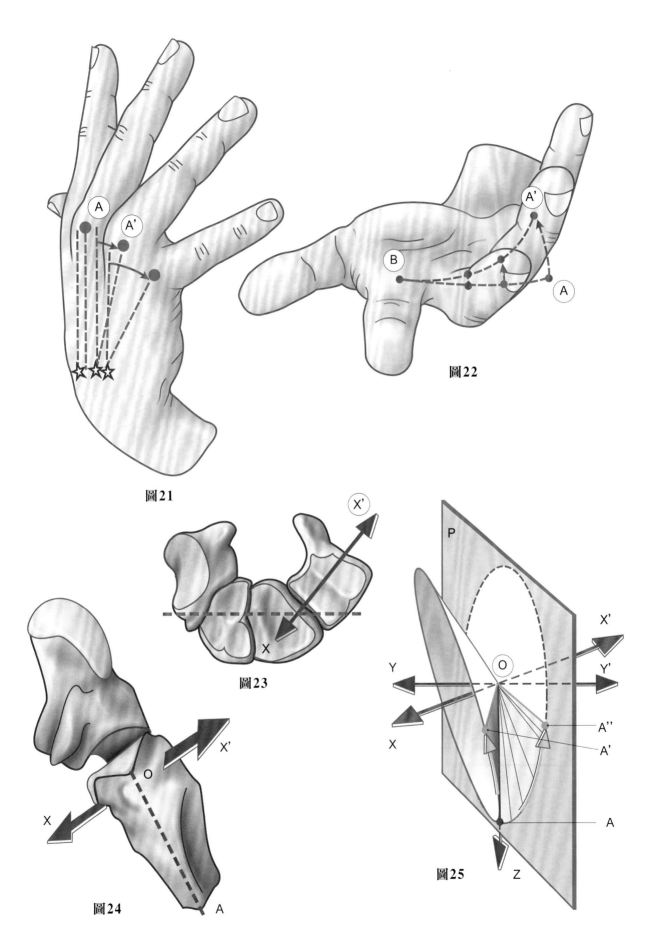

圖21

圖22

圖23

圖24

圖25

# 掌指關節

這些關節是**髁狀關節**（**圖26**掌指關節是從後方打開）有**兩個自由度**：

1）**屈曲－伸直動作**，在矢狀切面上，依據YY'橫向軸（紅色）。

2）**外側傾斜動作**，在冠狀切面上，依據XX'前後軸（藍色）。

它們有**兩個關節表面**：

1）**掌骨頭A**是一個兩側凸出的關節表面，前側比後側更寬。

2）**近端指骨的基部B**是兩側凹陷的關節表面，表面積比掌骨頭小很多。經由**纖維軟骨掌側板**（2）延伸前側的面積，作為關節表面的加強。它連接在指骨基部的前側面，有一個小小的裂縫（3），功能像是**鉸鏈**。

事實上，在圖27中（**伸直**時的矢狀切面），**掌側板**（2）的深層軟骨表面與掌骨頭接觸。在**屈曲**時（**圖28**），掌側板會**移動超過掌骨頭**，然後變成鉸鏈狀的裂縫（3）**順著掌骨的掌側關節表面滑動**。這樣就很明顯地，如果纖維軟骨掌側板被換成一個骨質板，固定在指骨的基部，屈曲動作就會因為骨頭卡住而提早結束。因此這個掌側板調和了兩種顯然互相矛盾的需求；它增加了關節表面的範圍，同時避免了骨頭之間的接觸導致的動作限制。

還有另外一個動作自由度的必要條件，也就是關節囊與滑液囊要有某種程度的鬆弛。這是由**後側**（4）與**前側**（5）關節囊的**皺褶**所提供，**前側皺褶的深度對於掌側板的滑動動作是必須的**。在指骨基部的後側面是伸肌肌腱深層束（6）的連接處。

關節的兩側有**兩種**韌帶：

1）**連接著掌骨與掌側板**（P.216）並且控制掌側板動作的韌帶。

2）**副韌帶**，在**圖26**中被切斷（1），維持關節表面不脫位，並且限制它們的動作。

因為它們的掌骨連接處（A）並沒有位於掌骨頭的曲度中心（**圖29**）而是**稍微後側一點，在伸直時放鬆，在屈曲時被牽拉**。由雙箭號的長度標示出來所產生張力的程度。

**如果可能的話**，當掌指關節**屈曲**的時候，這個情況使得外側移動困難。相反的在伸直時（**圖31-32**，P.215），**向外側移的動作**大約在兩側都可以做到20-30°。其中一條副韌帶被牽拉，同時另一條鬆弛（**圖32**）。

**屈曲的角度**（**圖29**）接近90°，在食指大約是90°，**越接近第五指角度就越增加**（**圖43**，P.221）。手指單獨屈曲（這裡是中指）被**掌側指間韌帶**產生的張力所限制（**圖44**，P.221）。**主動伸直的角度則因人而異**，可以達到30-40°（**圖45**，P.221）。在韌帶過度鬆弛的人身上，**被動伸直**可以達到90°（**圖46**，P.221）。當由掌骨與三節指骨所形成的手指複合體的四個部分屈曲時，蜷曲路徑（**圖30**）是依照**對數螺旋原則**，如同美國外科醫師Littler所提出的。這個螺旋也稱為**等角**，是由**黃金矩形**連鎖而來，稱為黃金是因為它們的長寬比是1.618，也就是所謂的**黃金分割率**。這個數字 ψ（讀音為伐，自柏拉圖時代就為人熟知）擁有一個深奧的特質，因為它的名字是「神聖的分割」。它是從**Fibonacci數列**衍生出來（Fibonacci是義大利的數學家，1180-1250），每個數字是由前兩個數字加總而來，也就是1、2、3、5、8、13……在第25個數字之前，每兩個數字的比例是恆定的，也就是1.618（可以在你的電腦上試試看！）。這只是簡單地說明四隻手指的長度是以這種關係相關聯。臨床上，這種關係在使手指屈曲時，是使指骨蜷起來的必要條件。

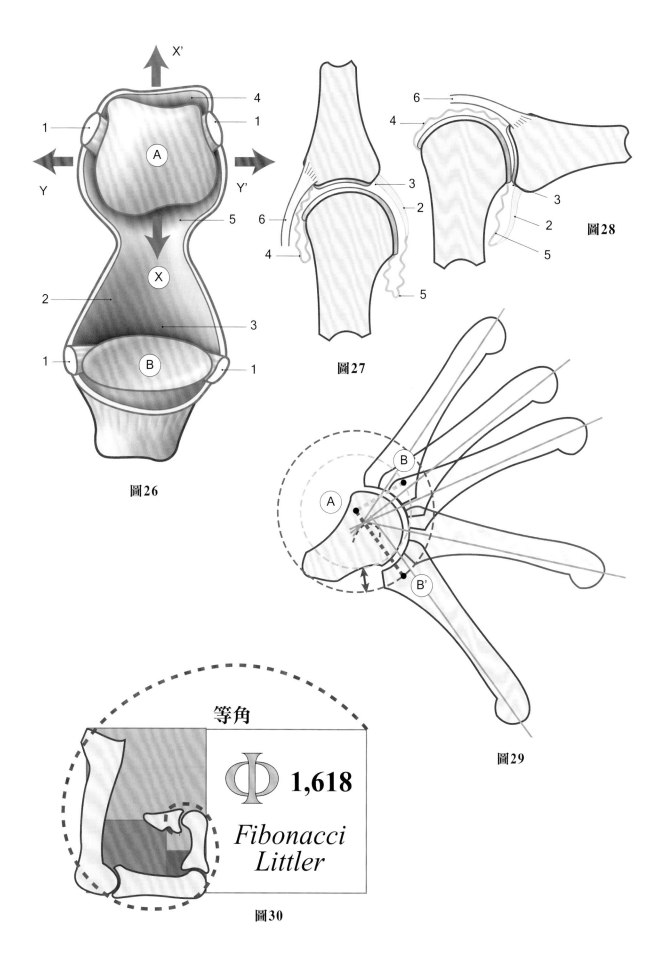

圖26

圖27

圖28

等角

Φ 1,618

*Fibonacci
Littler*

圖30

圖29

213

**當掌指關節是直放的時候**，這個位置被錯誤地稱為伸直（**圖31冠狀切面**），副韌帶是放鬆的，而且互相平衡，使得它可以做出**側向**的動作（**圖32**）。一側的韌帶被牽拉，同時另一側的韌帶是放鬆的。骨間肌則負責這些動作。相反的，在屈曲時，由副韌帶所產生的張力穩定了關節。

另外一件重要的事是針對這種情況，**掌指關節絕對不可以固定在伸直的位置**，因為有可能會造成不可逆轉的僵硬。鬆弛的副韌帶在伸直時會縮短，但是在屈曲時卻不能，因為它們已經被牽拉到最大程度了。

**掌骨頭的形狀**以及韌帶的長度與方向，對於影響手指屈曲時的傾斜度很重要（參考後面），包括在類風濕性關節炎的尺側偏移（根據Tubiana研究）。

**第二掌骨頭**（**圖33**右側下方觀）是**明顯的不對稱**，在前內側明顯地膨大，而外側則是扁平的。內側副韌帶比外側的更厚也更長，外側副韌帶的連接點則比較後側。

**第三掌骨頭**（**圖34**）也有**相似的不對稱**，但是它的不對稱比較不明顯。它的韌帶則相近似。

**第四掌骨頭**（**圖35**）則**比較對稱**，兩側的掌面突起是相似的。它的韌帶厚度與斜度相近似，只是外側比較長。

**第五掌骨頭**（**圖36**）它**不對稱**的樣子跟第二與第三掌骨是**相對**的。它的韌帶則與第四掌骨相似。

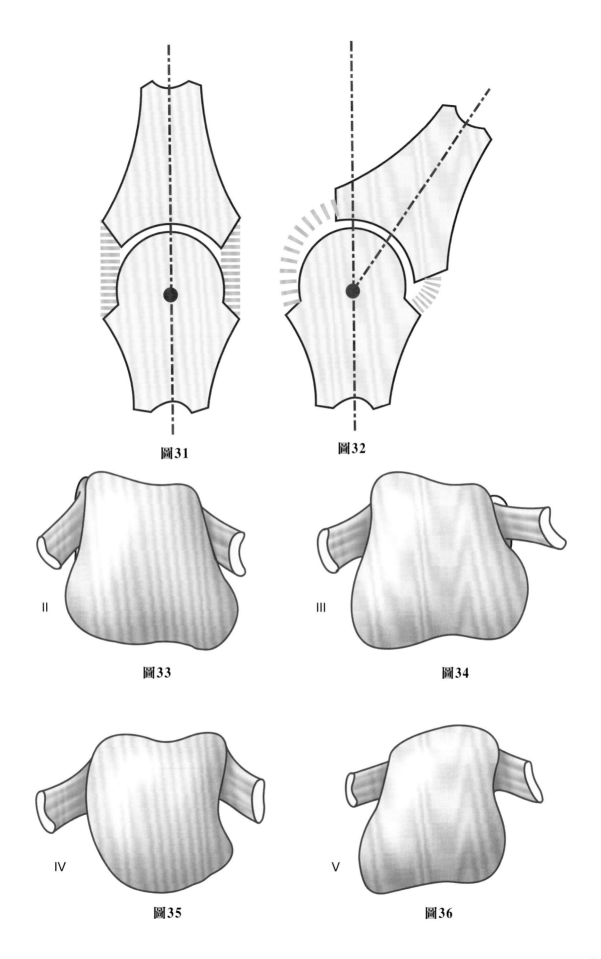

圖31

圖32

圖33

圖34

圖35

圖36

# 掌指關節的韌帶複合體

掌指關節的副韌帶屬於一個複雜的**韌帶系統**，協助維持伸肌與屈肌的肌腱在中央位置。

**圖37（關節的後外側及外側觀）**展示出在掌骨M與第一指骨P1之間，肌腱如何從後側與前側包裹掌指關節：

- **伸指肌**（1）位於關節囊的後側表面，發出一條**深層延伸結構**（a），連接到第一指骨的基部。然後分成**中央帶**（b）與**兩個側帶**（c），側帶結合骨間肌的連接點（在這裡看不到，但是在241頁的圖86到88可以清楚看到）。在深層延伸離開肌腱之前，有小型的**矢狀束（sagittal bands）**（d）從肌肉的側邊緣分離出來，並且在連接到**深層橫掌韌帶**（4）之前跨過關節的側面。因此在關節屈曲時，當伸肌肌腱跨越掌骨頭凸起的背側關節表面時會維持在動作的軸上，這是一個不穩定的位置。

- **屈指深肌**（2）與**屈指淺肌**（3）進入**掌骨滑車**（5），從掌側板（6）的位置延伸（5'）到第一指骨（P1）的掌側面，此處淺肌肌腱分開成為兩條帶（3'），就在被深肌肌腱（2）穿過之前。這在231頁的示意圖中就更明顯了。

**關節囊**（7）由**副韌帶**加強，連接在掌骨頭彎曲中心線後方的**外側結節**（8）上（參考上述內容），並且由下列三個部分組成：

1）**掌指束**（9）斜向地向遠端前側，朝向第一指骨的基部。

2）**掌骨與掌側板的連接束**（10），向前側走，連接在掌側板（6）的邊緣，掌側板會壓迫掌骨頭並且維持穩定。

3）**指骨與掌側板較薄的連接束**（11），在伸直時協助掌側板回到原位。

**深層橫掌韌帶**（4）連接在掌指關節的掌側板相鄰邊緣，所以它的纖維在這些關節的部位發散到整個手掌的寬度。它協助骨間肌（圖中未顯示）的纖維性隧道形成，且位於蚓狀肌肌腱的後側（P.219的**圖42**、P.241的**圖88**）。

**掌骨滑車**（5）連接在掌側板的外緣，因此從字面上來說，它是經由連接掌骨到掌側板的韌帶（6）與掌側板本身來懸掛在掌骨頭上。

這個滑車在**掌指關節的屈曲動作**中是很重要的：

- **當完好的時候（圖38）**，滑車的纖維從遠端被拉扯（紅色箭號），將「分離部位」的分力（白色箭號）重新往回導向掌骨頭。因此屈肌肌腱得以靠近關節，指骨頭也得以穩定。

- **在疾病狀況下（圖39）**，例如類風濕性關節炎，當韌帶腫脹以致最後斷裂的時候，這個「分離部位」的分力就不是被導向掌骨頭，而是第一指骨的基部，造成掌骨頭向近端與前側脫位，使得掌骨頭更突出。

- **這種情況（圖40）某種程度是可以治療的**，透過**切除掌骨滑車的近端部分**，但是會導致屈肌的效率損失。

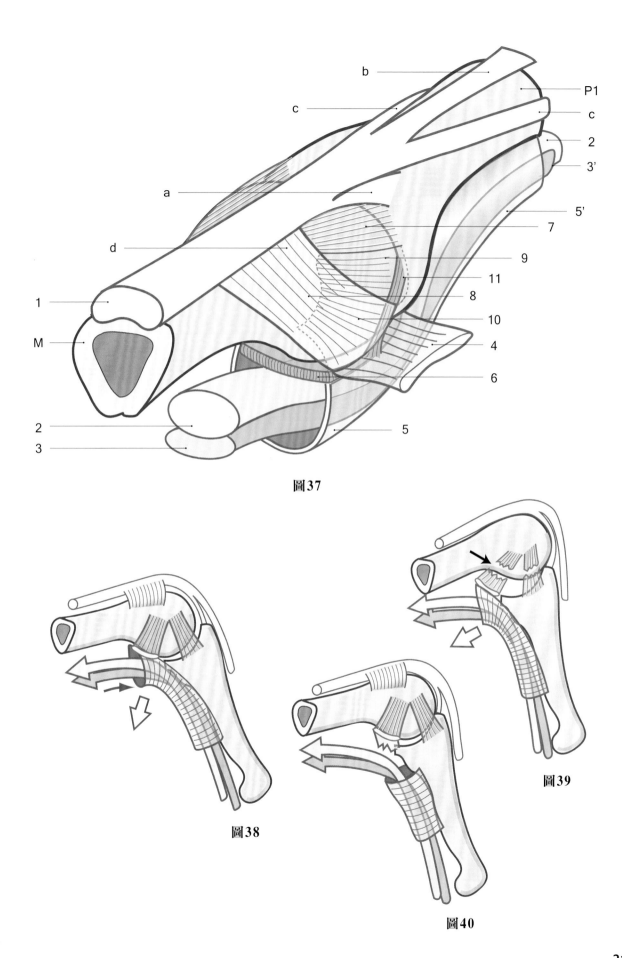

圖37

圖38

圖39

圖40

　　總伸肌的肌腱（**圖41**）在手腕的背側匯合，大力地拉向內側，也就是尺側（白色箭號），是由於第一指骨與掌骨的長軸所形成的**分歧角**。這個角度在**食指**（14°）與**中指**（13°）較大，而在**無名指**（4°）與**小指**（8°）比較小。只有**伸肌的橈側矢狀束**，位於橈側，對抗伸肌肌腱在掌骨頭凸型背側表面向內側位移的傾向。

　　在**類風濕性關節炎**的情況下（**圖42**從掌骨頭的平面來看），**副韌帶**（10）會退化，並且會放鬆用來維持**屈指深肌**（2）與**屈指淺肌**（3）肌腱的**掌骨滑車**（5）所連接的**掌側板**（6）。**橈側矢狀束**（d）也是鬆弛或是斷裂的，造成**伸肌肌腱**（1）向尺側脫位，進入**掌骨間槽**。正常情況下，掌骨間槽只有**骨間肌肌腱**（12）與**蚓狀肌肌腱**（13），它們分別位於**深層橫掌韌帶**（4）的前後側。

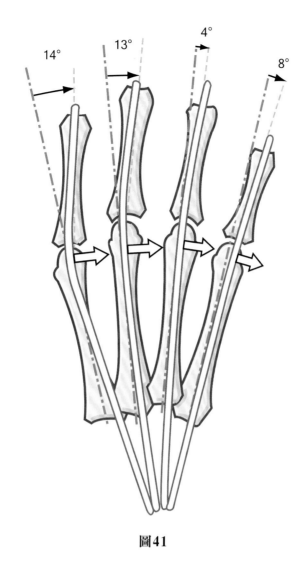

圖41

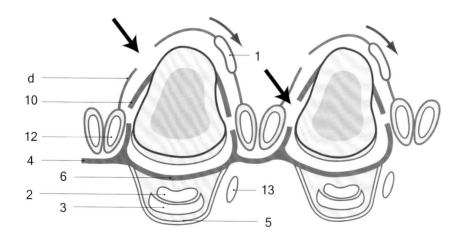

圖42

# 掌指關節的動作範圍

**屈曲的角度大約是90°（圖43）**。食指略小於90°，但是在其他手指則漸漸增加。而且，一隻手指單獨的屈曲（這裡是指中指）會被掌側指間韌帶產生的張力所限制**（圖44）**。

**主動伸直的角度**則依照個人而不同，大約是30-40°**（圖45）**。韌帶非常鬆弛的人**被動伸直**的角度可以達到90°**（圖46）**。

在所有的手指中（除了大拇指），**食指（圖47）**的側移動作是最大的（30°），而且它可以很容易地自己移動，在這裡可以使用外展動作（A）與內收動作（B）這兩個名詞。食指的英文名字也因其大的活動度而來（**指示（index=indicator）**）。

經由不同角度的外展（A）、內收（B）、伸直（C）與屈曲（D）的組合，食指**（圖48）**可以做出**迴旋動作**，這發生在**迴旋錐**裡。這個迴旋錐是由它的基部（ACBD）與它的頂點（掌指關節）所定義。這個錐在橫向面是扁平的，因為屈曲與伸直的動作範圍比較大。它

的軸（白色箭號）是符合**平衡位置**或是**功能性位置**的。

髁狀關節通常沒有第三自由度，也不會有中軸旋轉動作，這個道理同樣發生在四指的掌指關節想要做主動中軸旋轉時。

然而，因為韌帶鬆弛的關係，會有大約60°**被動中軸旋轉**發生的可能（根據Roud研究）。

注意，食指的被動內轉動作或是旋前動作的角度比外轉動作或是旋後動作的角度大得多（45°），後者通常是0°。

即使在掌指關節沒有真實的主動中軸旋轉動作，在旋後的方向也有**自動旋轉**，這是由於掌骨頭的不對稱與副韌帶長度及張力的不對等所造成。這個動作與大拇指指間關節所看到的相似，在內側的這些手指角度比較大，尤其小指的角度最大，這樣的角度使得這些手指可以與大拇指做出對掌的動作。

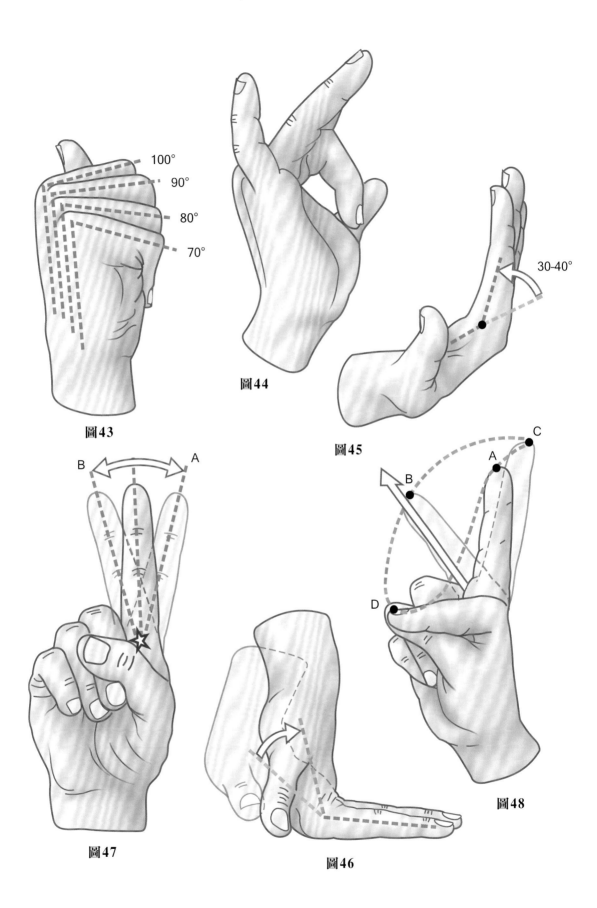

圖43

圖44

圖45

圖47

圖46

圖48

# 指間關節

這些是只有**一個自由度**的**樞紐關節**：

- **指骨頭**（A）呈滑車形狀（**圖50**），只有一個橫向軸（**圖49，XX'**），所以屈曲與伸直是出現在矢狀切面上。
- **遠端指骨的基部**（B）有兩個淺的關節小面，與近端指骨的滑車狀指骨頭相接。將這兩個關節小面分開的淺嵴位於滑車的中央溝裡面。而在掌指關節──也為了同樣的力學緣故──關節表面會經由**掌側板**（2）來擴張（注意圖標的數字與圖53中所指的是相同構造）。

　　**屈曲時**（**圖51**）掌側板沿著第一指骨的掌側表面滑動。

　　**圖52（側面觀）**顯示**副韌帶**（1）、**伸肌肌腱延伸結構**（6）以及**前側關節囊韌帶**（7）。**屈曲時副韌帶被牽拉**，角度比掌指關節還要大。滑車形狀的指骨（**圖50，A**）在前側較寬，韌帶的張力增加，使得遠端指骨頭的關節表面較大。所以在屈曲時是沒有側移動作發生的。

　　這些韌帶**在完全伸直的角度下也被牽拉**，也就是在**側面絕對穩定的位置**。相反的，在屈曲到中間位置時，韌帶是鬆弛的，所以絕對不要把手指放在這個位置下固定，會有韌帶短縮與關節僵硬的風險。

　　屈曲的僵硬也有可能是因為**「伸直煞車」的短縮**，是近期由英語系作者在近端指間關節處的描述，稱為**翼狀韌帶（圖53由掌側與近端來觀察的近端指間關節）**。這些韌帶由縱向纖維束（8）構成，越過掌側板（2）的掌側面，同時另一側越過**屈指深肌**（11）與**屈指淺肌**（superficialis）（12），連接第二指骨（10）與第一指骨（此處未顯示）的韌帶性滑車，並且形成近端指間關節滑車**十字纖維**（9）的外緣。這些翼狀韌帶可以預防近端指間關節的過度伸直，而當它們在屈曲時**回縮**會造成關節的僵硬，屆時必須經由手術切開它們。

　　整體來說，指間關節，尤其是近端的，一定要被固定在**接近完全伸直的位置**。

　　**近端指間關節的屈曲角度（圖54）**超過90°，所以第二指骨與第一指骨在屈曲時會形成銳角（在本示意圖中指骨不是從側面來看，所以角度看起來是鈍角）。在掌指關節中，屈曲角度從第二指到第五指逐步增加，最後一指可達到最大135°的屈曲。

　　**遠端指間關節的屈曲角度（圖55）**稍微小於90°，所以第二指骨與第三指骨的角度維持鈍角。如同在近端指間關節，這個角度會從第二指到第五指逐步增加，最後一指可達到最大90°的屈曲。

　　**指間關節的主動伸直角度（圖56）**，在**近端指間關節**（P）是**沒有**的，**而在遠端指間關節**（D）也是**沒有**或者非常小（5°）。

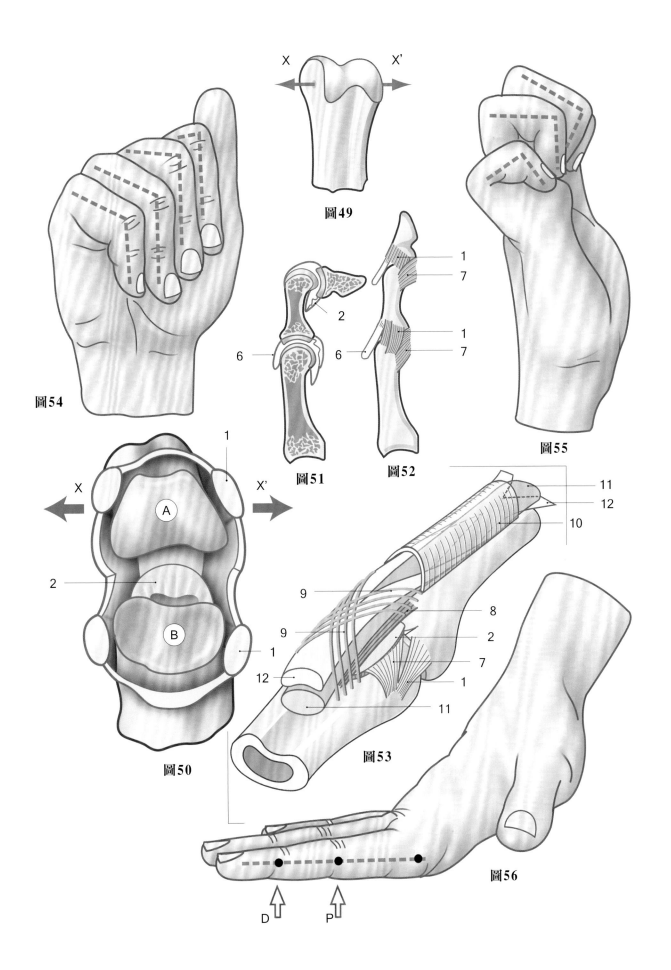

圖49

圖54

圖51

圖52

圖55

圖50

圖53

圖56

在近端指間關節（**圖57**）沒有**被動伸直**角度，但是在遠端指間關節則有可觀的角度（30°）。

既然指間關節只有一個自由度，也就沒有主動的側面動作，但是在遠端指間關節是有**被動動作**的（**圖58**）。近端指間關節的側面非常穩固，這可以解釋為何副韌帶中的其中一條拉傷時會引起問題。

後面四指的每一指的**屈曲動作平面（圖59）**值得特別提出來說明：

- 食指在經過大魚際隆起基部旁的**特定矢狀切面**（P）上屈曲。

- 如同過去所展示過的（**圖13**，P.207），手指屈曲時的軸都匯集在相對於橈動脈脈搏的遠端邊緣的點上。這只會出現在最後三隻手指不在如食指屈曲的矢狀切面上屈曲，而是在**從外側到內側慢慢傾斜的平面**上時。

- 小指與無名指的斜向軸以藍色的箭號指向星號來表示。多虧它們的屈曲軸是斜向的，比較內側的手指**才能與大拇指對掌，如同食指所能做的一樣。**

圖60的示意圖，用長條型的卡紙來展示這種屈曲是如何形成的：

- 一張細長型的卡紙（a）代表手指的關節，

有掌骨（M）與三個指骨（第一指骨P1、第二指骨P2與第三指骨P3）。

- 如果長條形卡紙上的摺痕代表指間關節屈曲的軸，且與卡紙的長軸XX"**垂直**的話，指骨就會在矢狀切面（d）上做屈曲的動作，並且完全覆蓋在相鄰的指骨上。

- 換句話說，如果摺痕是**稍微往內側斜向** XX'的話，屈曲動作就不會出現在矢狀切面上，而屈曲的指骨（b）就會相對於相鄰的指骨往外側偏移。

- 只有稍微斜向的屈曲軸才是我們所需要的，因為它是依著三個因素（XX'、YY'與ZZ'）累加，所以當小指完全屈曲時（c），它的斜度使得它可以與大拇指相接觸。

- 同樣的情況也發生在無名指與中指，只是漸漸減少斜度。

在真實生活中，掌指關節與指間關節屈曲的軸不是固定不變。它們在完全伸直的情況下是垂直的，隨著屈曲的角度越來越斜向。這種屈曲軸排列上的改變是因為**掌指關節表面的不對稱**（參考上文）**以及指間關節**的不對稱，也同時因為**副韌帶被以不同方式牽拉**，這在後文的大拇指掌指關節與指間關節也會提到。

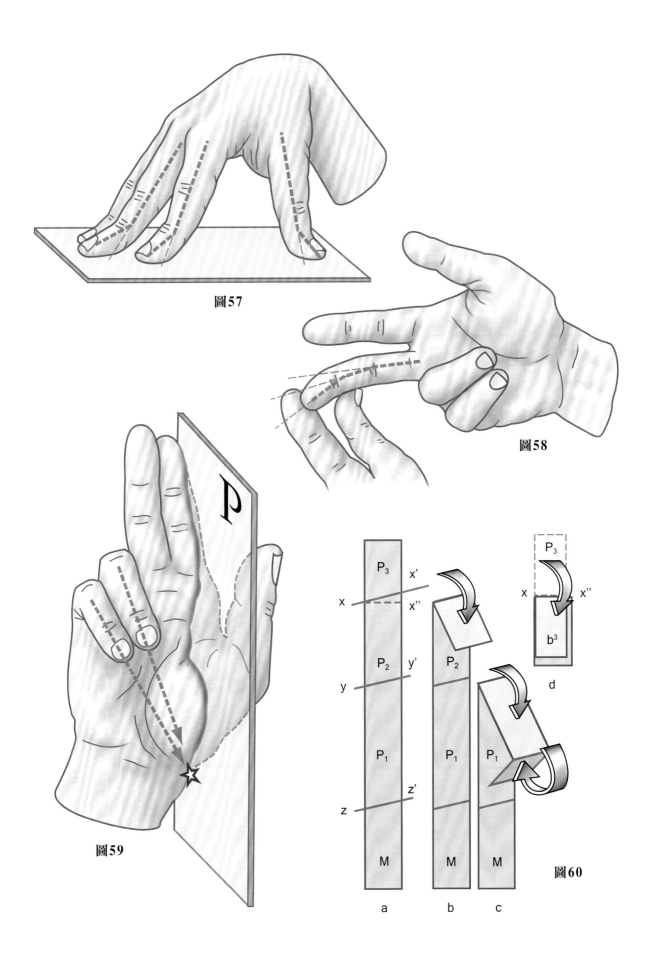

圖57

圖58

圖59

圖60

# 屈肌肌腱的隧道與滑膜鞘

在這些肌腱經過手部的凹陷部位時，它們需要經由**纖維鞘**來將它們限制在骨頭旁；如果沒有，在有張力的情況下，它們會像**琴弦**一樣跑出凹陷的邊緣。這就表示肌腱會相對地比走在骨頭旁還要多出一些，使得它們的動作效率降低。

**第一個纖維－骨質隧道**就是**腕隧道**（**圖62，P.229，由Rouvière所啟發**），腕隧道讓所有的屈肌肌腱（紅色箭號）從前臂延伸到手部時經過，隧道的兩側邊緣是由**屈肌支持帶**拉住（**圖61手部透視圖**）。這種結合**形成了人體中最重要的纖維－骨質滑車**。

**腕隧道的橫截面**（**圖63，P.229**）展示了**總屈淺肌**（2）與**總屈深肌**（3）的肌腱以及**屈拇指長肌**（4）的肌腱。**橈側屈腕肌**（5）FCR的肌腱則是在連接到第二掌骨之前經過它自己的特殊腔室（**圖62**）。內側的**尺側屈腕肌**FCU則是走在腕隧道之外，連接在豆狀骨上。**正中神經**（6）（**圖63**）也經過這個隧道，可能會因為隧道的狹窄而受到壓迫，不像**尺神經**（7）伴隨著動脈，經過一個在**屈肌支持帶**前方特殊的隧道（**Guyon管**）。

在手指部位，屈肌肌腱被**三個由橫向纖維形成的弓形滑車**（**圖61和64**）所限制住；**第一個滑車**（A1）位於掌骨頭近端，**第二個滑車**（A3）在第一指骨P1的掌側面，而**第三個滑車**（A5）則是在第二指骨P2的前側面。在這些有橫向纖維的弓形滑車之間，肌腱是被連續的**斜向與十字纖維**所限制，這些纖維比較薄，並且與關節交織在一起，使得指骨可以在屈曲時順暢地活動。這些**十字型的滑車**，在掌指關節掌側的是**A2**，在近端指間關節前側的是**A4**。因此沿著這些些微凹陷的指骨掌側面的滑車，形成**真正的纖維－骨質隧道**（小插圖）。

**滑膜鞘**（**圖61**）使肌腱可以在隧道中順暢地滑動，有點像是腳踏車的煞車線。**中間手指**的每一隻，也就是食指（G2）、中指（G3）、無名指（G4）都有它自己的滑膜鞘。這些腱鞘有著最簡單的構造（**圖65，P.229簡化的示意圖**）；肌腱t（為了簡化的關係只有展示一條）由**滑膜鞘**所包覆（在示意圖中有部分切開），其有兩層：腹層（a）與肌腱接觸，而頂層（b）貼在纖維－骨質隧道的深層表面。在這兩層之間有一個潛在但封閉的腔室（c）（在這裡被刻意擴大了）；裡面並沒有空氣，只有一點點的滑膜液，促使一層組織相對另一層組織之間的滑動。在滑膜鞘的兩端，這兩層組織連接在一起並形成**兩個環繞肌腱的皺褶**（d）。

A截面顯示了這個簡單的排列。當肌腱在它的隧道中移動時，**腹層相對於頂層滑動**，如同沙灘車的**鉸接式履帶**相對於地面移動一般。也就是只有上層相對於下層移動，而下層一直維持與地面的接觸。如果在這兩層中間出現感染，它們就會沾黏在一起，使得**肌腱無法在它的隧道中滑動**，它就會像是生鏽的煞車線一樣被「卡住」。這些**肌腱沾黏的結果，就是肌腱會喪失功能**。

在肌腱中央的某些地方（截面B），這兩層被供應肌腱的血管（e）所分開，形成**肌腱繫膜**，也就是形成一個縱向的吊帶（**腱紐**，f），將肌腱維持在滑膜鞘（c）中。這樣的解釋是非常簡化的版本，尤其是對於滑膜鞘來說，如果需要更進一步的資料，請查閱解剖學參考書。

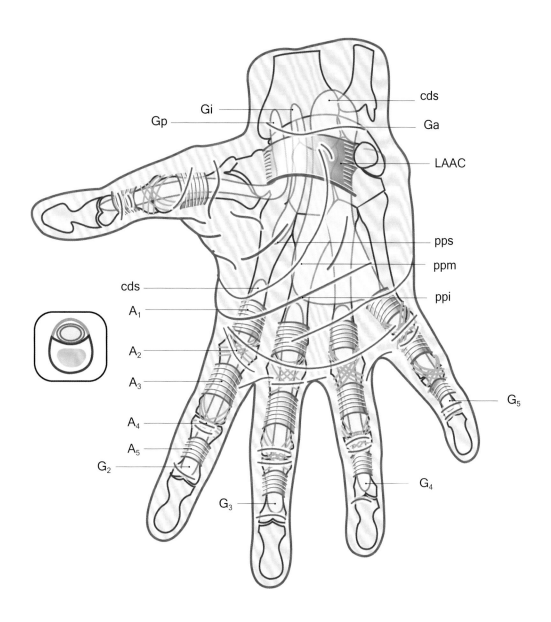

圖 61

在手部的掌側面，肌腱在**三個滑膜鞘**中滑動**（圖61）**，從外側到內側依序為：

- **屈拇指長肌滑膜鞘**（Gp）與大拇指的指腱鞘連接在一起。
- **中間滑膜鞘**（Gi）包覆著**屈指肌的食指肌腱**，沒有與食指的指腱鞘連在一起。
- **總屈肌滑膜鞘**（Ga），它的近端皺褶（cds）向後延伸到手腕的前側表面。它並不是完整地包覆著肌腱，而是有三個腱膜部位：
    - 在前側是**肌腱前皺褶**（8）。
    - 在後側是**肌腱後皺褶**（10）。
    - **肌腱間皺褶**則是在淺層與深層肌腱（9）之間。

總屈肌滑膜鞘與第五指的指腱鞘融合並連結**（圖61）**。

**在解剖學上**，仔細觀察下列的項目是很重要的：

- 屈肌肌腱的滑膜鞘是從前臂、屈肌支持帶的近端開始**（圖61）**。
- 中間三指的滑膜鞘向後延伸到手掌的中間且它們的淺層皺褶對應到第三指與第四指的**遠端掌紋**（ppi）以及對應食指的**中間掌紋**（ppm）。**近端（大魚際）掌紋**（pps）則是對應手部第三指線的近端部位。
- 屈曲皮膚紋（**圖64**紅色箭號）——除了近端紋——位於相對應關節的近端，在這裡，皮膚直接接觸到滑膜鞘，**昆蟲的咬傷可能直接引起滑膜鞘的感染**。

注意背側皮膚紋（白色箭號）也位於它們關節的近端。

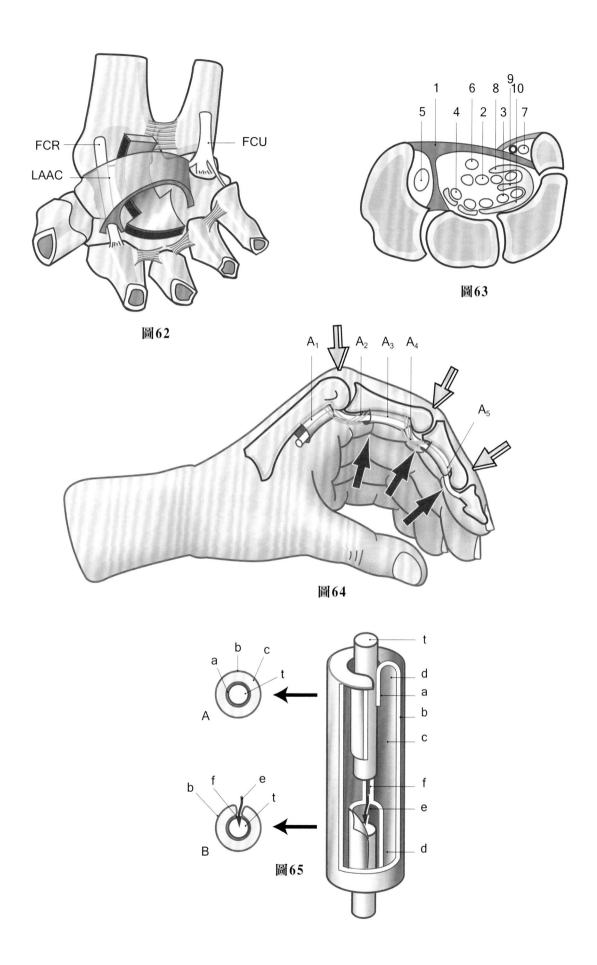

FCR

FCU

LAAC

圖62

1  6  8  9
5  4  2  3  10  7

圖63

A₁  A₂  A₃  A₄

A₅

圖64

a  b  c
t
A

b  f  e
t
B

圖65

t
d
a
b
c
f
e
d

# 手指長屈肌群的肌腱

強壯而厚實的手指屈肌群，位於前臂的前側腔室中，算是**外在肌群**，因為它們經由長肌腱做出手部與手指的動作，這些長肌腱的連接點是獨特的**（圖66）**。

最淺層的肌肉，也就是**屈指淺肌**（圖中藍色部分），連接在第二指骨，所以它的連接點在深層肌肉連接點的近端，也就是**屈指深肌**（黃色部分）。因此，**這兩條肌腱不可避免地在空間中是相互交錯的，而且必須是對稱的**，以避免不必要的分力出現。唯一的解決方式是讓**一條肌腱穿過另外一條**。

理論上，我們會期望深肌穿過淺肌，因為它的連接點比較遠端，這也是實際上發生的情況。這些古典的解剖圖展示了這兩條肌腱在掌骨（M）、第一指骨（P1）、第二指骨（P2）以及第三指骨（P3）**是如何互相交錯的**。

**淺肌肌腱**（藍色）在掌指關節分成兩條帶**（圖67）**，而這兩條帶位於它們在第二指骨側邊連接點的近端，在遠端指間關節重新聯合之前將它們自己包覆在**深肌**肌腱的旁邊。在**圖68**與**圖69**更進一步地展示，可以看到屈指深肌肌腱穿過屈指淺肌肌腱。

一個完整的側面觀**（圖70）**也展示出肌腱繫膜（**腱紐[vincular tendinum]**），腱紐是滑膜分開的部分，使血液循環進入肌腱的地方（Lundborg等人的研究）。它們分成兩部分：

1）**第一部分與屈指淺肌有關**，有兩條血液供應路徑：

- **近端（A區）**，包含小型的縱向肌腱內血管（1），血管向下走到滑膜鞘（2）近端的末端。
- **遠端（B區）**，包含短肌腱繫膜或是**短腱紐（vinculum breve）**（3）在第二指骨屈指淺肌兩側連接點的位置的血管。

在這兩區之間，是無血管區（4），位於屈指淺肌的分岔部位。

2）**第二部分與屈指深肌有關**，有三條血液供應的通路：

- **近端（A區）**，包含兩種血管（5與6）與屈指淺肌的相似。
- **中間（B區）**，包含依次通過長肌腱繫膜或長腱紐（7）以及穿過短肌腱繫膜或屈指淺肌的短腱紐。
- **遠端（C區）**，包含穿過短肌腱繫膜在第三指骨上的連接點（8）的血管。

所以屈指深肌有**三個無血液供應區**：

- 在A與B之間的短區域（9）；
- 在B與C之間的短區域（10）；
- 大約1公釐寬，差不多是肌腱直徑的四分之一。它屬於手部外科醫師所謂的**無人區（no-man's land）**（11），並且靠近近端指間關節。

**如果手部外科醫師想要在最佳的情況下保留這些血管的話，必須非常熟悉這些肌腱上的血液循環**。如果他們而且，在這些沒有血液供應的地方縫合，失敗的機會比較高。

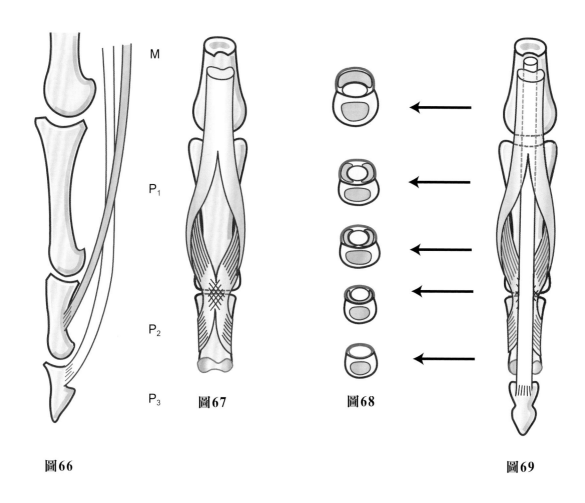

M

P₁

P₂

P₃

**圖66**　　　**圖67**　　　**圖68**　　　**圖69**

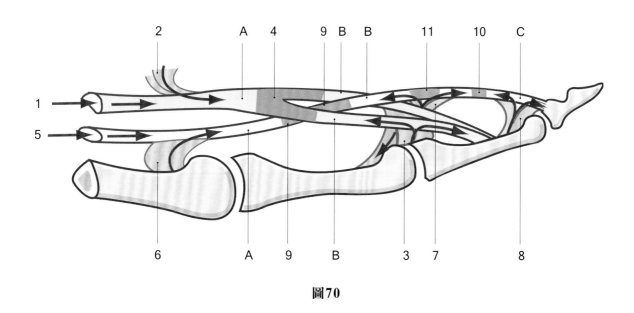

**圖70**

　　肌腱不需要互相交叉穿越理論上可能是比較簡單的排列方式，這些；也就是連接在第二指骨上的肌腱是深層的，而連接在第三指骨上的肌腱是淺層的。那麼，讓這些肌腱複雜交錯的必要性在哪裡呢？在無須負擔推論的責任之下，我們被允許可以指出**（圖71）**如果淺層肌腱維持在淺層直到連接點，那麼**淺層**肌腱在拉動第二指骨時拉力線會形成比沿著骨頭走時更大的角度。**所以它拉力線的角度比較大，效率也比較好（圖74）**，這提供了合乎邏輯的解釋，為何**淺層**肌腱被**深層**肌腱穿越而不是反過來的狀況。這兩條肌肉的動作可以經由它們連接點的位置來推論。

- **屈指淺肌（圖71）**FCS是連接在第二指骨上，所以可以使近端指間關節屈曲。它對於遠端指間關節的影響很小，而且只有當近端指間關節完全屈曲的時候它才能當作是掌指關節虛弱的屈肌。它效率最好的時候是當掌指關節因為**伸指肌的收縮（協同性動作）維持在伸直動作時**。它牽拉的角度會在第二指骨屈曲時增加，它的效率也會增加。

- **屈指深肌（圖72）**FCS連接在第三指骨的基部，是第三指骨的主要屈肌，但是這個屈曲動作馬上會接著第二指骨的屈曲，因為沒有

伸肌來對抗這個動作。為了測量**屈指深肌**的肌力，第二指骨必須徒手被動來維持伸直。當第一指骨與第二指骨徒手被動屈曲到90°時，**屈指深肌**無法使第三指骨屈曲，因為它會變得太鬆，以致無法做出任何有用的收縮。屈指深肌在第一指骨經由**伸指肌**的收縮維持在伸直位置時的效率是最好的（拮抗性－協同性動作）。不論這些限制，屈指深肌是一條很重要的肌肉，後面會再提到。

- 橈側伸肌群（ECR）與**伸指肌**（EC）在屈曲動作上是協同肌**（圖73）**。

　　所有這些肌腱在沒有A1－A3－A5滑車時是無效的**（圖75）**，這些滑車**將肌腱維持在掌骨與指骨上**，所以我們很容易就可以了解這些**滑車的功用（圖76）**。相較於它正常的位置（a），屈指深肌肌腱在A1滑車被移除的情況下會經由手術移到（b）位置，如果A3滑車被移除的話，就移到（c）位置，如果A5滑車被移除的話，就移到（d）位置。當肌腱呈「弓弦狀」時（d）（也就是它在骨骼弓形兩端之間呈直線），因為它相對長度的關係而失去所有的力氣。幸運的是，還有皮膚可以維持住肌腱！臨床結論是**滑車要盡可能地維持住，當它們受損的時候，必須要接受修復。**

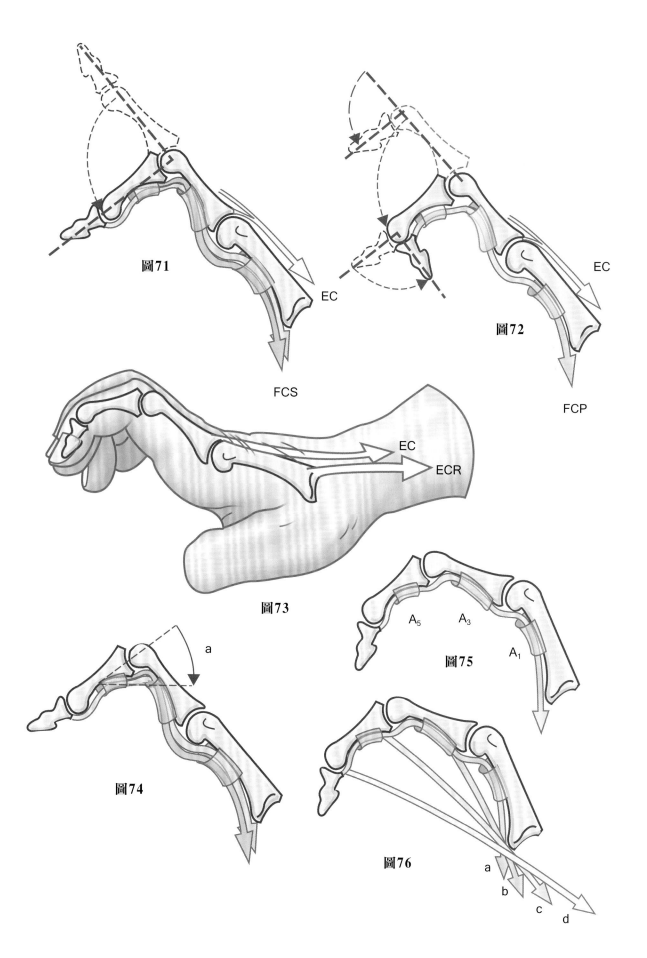

圖71

圖72

EC

EC

FCS

FCP

EC

ECR

圖73

A₅ A₃

A₁

圖75

a

圖74

a

b

c

d

圖76

**233**

# 手指伸肌群的肌腱

這些伸肌群主要是**手部的外在肌肉**，而且它們也經過纖維－骨質隧道內部，但是，既然它們的路徑是在凸側，隧道比屈肌群的隧道要小多了。這些隧道只在手腕中有，在手腕伸直的時候肌腱會變凹而向外。手腕的隧道是由橈骨與尺骨的遠端末端與**伸肌支持帶（圖77）**所形成並**分成六個小隧道**，包括下列的肌腱，從內側到外側為（圖示中為從左到右）：

- 尺側伸腕肌（1）。
- 伸小指肌（2），與小指的伸指肌肌腱的較遠端聯合在一起。
- 伸指肌的四個肌腱（3），其深層伴隨著伸食指肌的肌腱（3'），之後在遠端與食指的伸指肌肌腱連接在一起。
- 伸拇指長肌（4）
- 橈側伸腕長肌（5）與橈側伸腕短肌（5'）
- 伸拇指短肌（6）與外展拇指長肌（6'）

在這些纖維－骨質隧道裡的肌腱是由**滑膜鞘**所包覆（**圖78**）。這些滑膜鞘延伸超過**伸肌支持帶**的範圍，其遠端達到手部的背側。

在滑膜鞘達到末端之後，伸肌肌腱進入一個非常鬆軟的纖維－脂肪組織，讓它們可以自由地滑動。

非常常見的，在長指的伸肌肌腱之間是有肌腱性連結的，這種連結在位置與排列上有很大的個別差異。它們的拉丁文名稱是**腱結合（juncturae tendinum）**，是一種橫向或是斜向的纖維束。在示意圖中（**圖78**）展示最常見的排列，以紅色的箭號表示。

這些纖維束確保手指在伸直時會有相互依存的關係，是依據纖維束傾斜的角度。舉例來說，圖上清楚顯示在牽拉食指伸肌時，會經由兩條斜向纖維束對於中指與無名指造成影響。換句話說，牽拉無名指的伸肌對無名指完全沒有影響，卻會經由橫向纖維束影響食指。據說音樂家Robert Schumann自己接受過手術，切開這些會干擾鋼琴演奏的肌腱性纖維束。

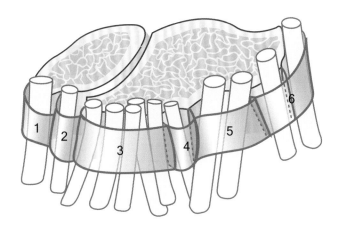

圖77

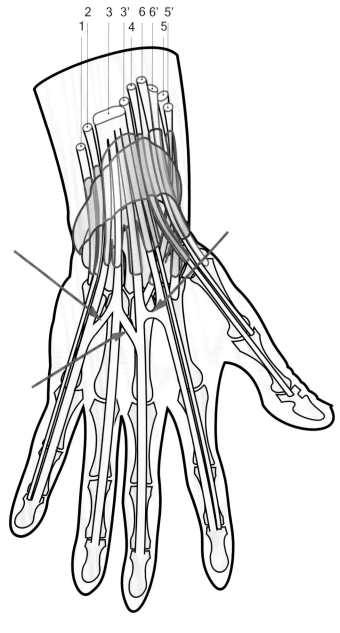

圖78

手部的背側面，在伸肌群之間有**小型的肌腱間束**，它們大部分的走向是斜的，位於無名指與中指及食指的伸肌群之間。然而它們的分布差異性卻非常大，它們的排列可以從斜向到橫向，如此一來就可以**代替伸肌的功能或是協助伸肌**，這些束會限制手指的獨立性，對鋼琴家來說是很嚴重的限制。有流言說出名的作曲家Robert Schumann自己將這些惱人的束切開！

從功能上來說**伸指肌**是**掌指關節重要的伸肌**。它是一個有力的伸肌，不論手腕是在哪一個位置，都可以出力，但它的動作是由手腕的屈曲來誘發的**（圖79）**。會經由10–12公釐長的伸肌延伸結構（1）來伸直第一指骨**（圖80和81手部的骨頭）**，伸肌延伸結構是從肌腱的深層面而來，越過掌指關節，並不與關節囊纖維混淆，而連接在第一指骨的基部，如同在**圖80**（後側觀）所示，圖中肌腱部分被移除（4），來展示深層的延伸結構（1）。

換句話說，**它對於第二指骨的作用**是經由中央束（2），而對於**第三指骨**的作用是經由兩個側束（3），根據肌腱張力的程度，以及**腕關節的位置（圖79）**，還有**掌指關節的屈曲角度**：

- 這個動作只有在腕關節屈曲時才會出現（A）。
- 當腕關節直放時（B），它是不完全而且無力的。
- 當腕關節伸直時（C），它是做不出來的。

對於**伸指肌**在第二指骨與第三指骨的動作上的影響，是根據手指屈肌張力的程度：

- 如果這些屈肌因為腕關節或是掌指關節的伸直而變緊，**伸指肌**無法靠着本身的收縮來伸直兩節遠端的指骨。
- 換句話說，如果這些屈肌群因為腕關節或是掌指關節的屈曲而放鬆，或是意外的斷裂，那麼**伸指肌**就可以輕易地伸直最後兩節指骨。

**伸食指肌**與**伸小指肌**的肌腱與**伸指肌**的動作是一樣的，因為它們連結在一起。它們容許食指與小指獨自伸直，也就是說，用食指與小指「做出角的形狀」，也就是那不勒斯人所說的**「倒楣（jettatore）」**手勢。

由**食指**伸肌肌腱做出的輔助動作（根據Duchenne de Boulogne研究）是向外側傾斜的**（圖82）**。只有當第二與第三指骨屈曲與第一指骨伸直時，骨間肌不活動的情況下，**伸指肌**（B）內收時**伸食指肌**（A）才會外展。

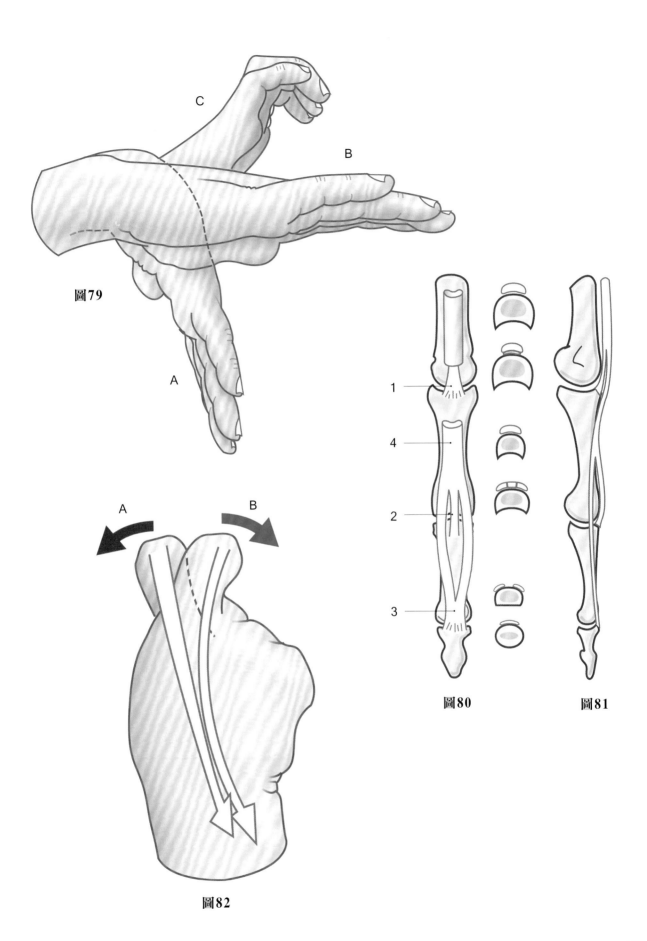

圖79

圖80

圖81

圖82

# 骨間肌與蚓狀肌

**骨間肌的連接點**在圖83-85中以示意圖總結說明，因為我們只對這些肌肉的連接點如何影響肌肉的動作有興趣。功能性來說，骨間肌**對掌指關節有兩個動作影響：側向動作**與**屈曲－伸直動作**。它們能夠將手指向一側，或另一側彎曲是依據它們的肌腱連接點在第一指骨（1）外側結節上的位置。偶爾，肌腹會分開，尤其是在第一背側骨間肌（Winslow研究）。

肌肉的方向決定了**側向動作**的方向：

- 當肌肉向手部的軸（第三指）收縮時，也就是指**背側骨間肌**收縮（**圖83**，綠色），會導致手指分開（藍色箭號）。所以可以確定，如果第二與第三骨間肌同時出力的時候，它們在中指上所產生的作用力會相互抵消。**小指**的外展是由**外展小指肌**（5）做出來的（**圖84**），外展小指肌相當於是後側骨間肌。**大拇指**的外展是由**外展拇指短肌**（6）

做出來的，它的動作很小，而且會被**外展拇指長肌**抵消，外展拇指長肌是作用在第一掌骨。

- 當肌肉的拉力線是朝向手部的軸時，也就是**掌側骨間肌**收縮（**圖84**，粉紅色），肌肉會將手指往互相接近的方向拉（粉紅色箭號）。

**背側骨間肌**比掌側骨間肌**還要隆起，也比較有力**，掌側骨間肌對於使手指相互靠近效率是比較低的。

骨間肌在掌骨上的連接點展示在**圖85**中：

- **背側骨間肌**（綠色）在兩個相鄰掌骨的連接點，它們的肌腱是朝向中指的。
- **掌側骨間肌**（粉紅色）的連接點是連在單一的掌骨上，而離中指最遠的那一個掌骨，沒有骨間肌的幫忙；它們的肌腱顯示是往離開小指的方向。

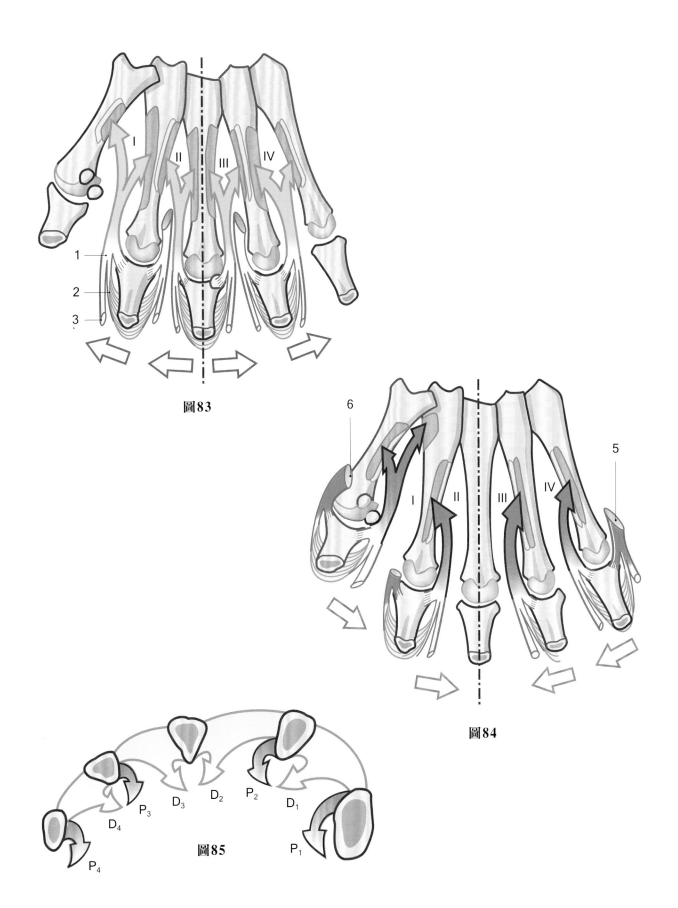

圖83

圖84

圖85

骨間肌的肌腱包裹在**纖維鞘中，纖維鞘跟橫掌韌帶接續**，當掌指關節屈曲時，肌腱是不會向前方脫位的，因為它們被位在前側的橫向韌帶所固定。第一背側骨間肌則沒有支持，當它的纖維鞘在類風濕性關節炎中受損時，它的肌腱會向前滑，因此**它從食指的內收肌變成屈肌**。

骨間肌屈曲－伸直的動作，在我們詳細解說**背側手指延伸結構**的構造之前是無法完全了解的（**圖86-88**）。

- 骨間肌肌腱延伸出一條**纖維束**，經過第一指骨的背側，與對側肌肉的小纖維混在一起，形成**背側骨間肌延伸結構**（2）。**圖87**（移除指骨之後）展示背側手指延伸結構的深層面以及骨間肌肌腱，而骨間肌肌腱在纖維延伸至第一指骨的外側結節上（1）之後，分成較厚的部分（2）與較薄的部分（2'），它們的纖維斜向分布與伸肌延伸結構的**外束**（7）連接在一起。較厚的部分（2）在掌指關節的第一指骨背側面上滑動，其中有**滑液囊**（9），它的遠端有伸肌延伸結構的**深層束**（4）。

- 骨間肌肌腱有**第三個延伸結構**，也就是薄束（3），在與伸肌延伸結構（8）混合之前它分成兩組纖維，說明如下：

－**三角束**（10），由少數延伸向伸肌延伸結構中央束的斜向纖維所組成。它特別重要，因為當近端指間關節伸直時，它可以將伸肌的纖維拉回。三角束的遠端在連接到第二指骨之前，是連接在伸肌延伸結構中央束（15）的兩側邊緣上。

－**第二外束**（12），在近端指間關節近端處的伸肌延伸結構外束的第三部分隆起的纖維所融合而成。它與對側的同源體一起連接在第三指骨的背側面。

注意外束（**圖88**，12）並非從背側，而是從背側－外側的方向連接在近端指間關節上，它被少數的橫向纖維限制在關節囊上，也就是**關節囊延伸結構**（11）。

**四條蚓狀肌（圖89）**從外側向內排列，在屈指深肌的屈肌肌腱橈側是前兩條，而從相鄰肌腱邊緣而來的是後兩條。這是人體當中唯一一種從肌腱開始的肌肉。它們的肌腱（13）向遠端延伸，且向內側彎曲。它們有深層橫掌韌帶（14）與骨間肌的肌腱（**圖88**）相隔，所以它們維持在手部的掌側。它們之後與骨間肌延伸結構遠端的骨間肌肌腱的第三延伸結構混在一起（**圖87和88**）。

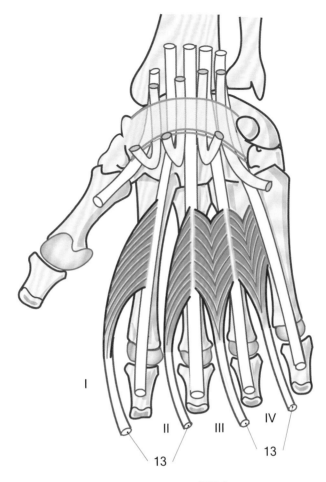

圖89

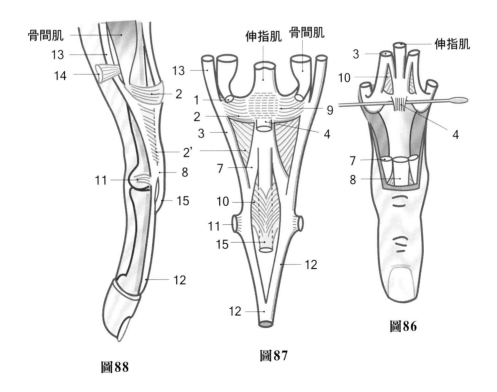

骨間肌

13

14

2

2'

11

8

15

12

圖88

伸指肌　骨間肌

13

1

2

3

7

10

11

15

12

12

9

4

圖87

3

10

7

8

伸指肌

4

圖86

# 手指的伸直動作

這是由**伸指肌（ED）**，骨間肌（IO）與蚓狀肌（LX）聯合作用的動作，甚至需要一些**屈指淺肌（FCS）**的幫助。這些肌肉是協同－拮抗肌，這是依據掌指關節與腕關節的位置來決定。**斜向支持韌帶**的功能完全是被動的，它同時也協調最後兩指的動作。

## 伸指肌（ED）

如同前面所顯示的（P.236），伸指肌是明確的第一指骨（P1）的伸肌，若要作用在第二指骨（P2）與第三指骨（P3）上，只有當手指屈肌因為手腕屈曲、掌指關節屈曲或是部分肌腱放鬆而放鬆的時候才能進行。

在解剖模型裡，對伸指肌作牽拉會完全伸直第一指骨與不完全地伸直第二與第三指骨。這是由於伸指肌不同的連接點所產生的張力，完全受到指骨屈曲的角度所影響：

- 第三指骨的被動屈曲**（圖90）**會使中央束與深層束放鬆3公釐，使得伸指肌對於第一指骨與第二指骨沒有作用，而直接作用在第三指骨。
- 第二指骨的被動屈曲**（圖91）**：
  - 在關節囊延伸結構的拉扯下，外束（a）會因為它們向前滑脫而鬆弛3公釐**（圖88，11）**。當第二指骨伸直時，這些束又因為三角束的彈性而重新回到它們背側的位置上**（圖87，10）**。
  - 深層束（c）會鬆弛7-8公釐，喪失它對第一指骨的直接影響，但是在第二指骨被屈指淺肌固定住的情況下，伸指肌仍然可以經由伸直第二指骨來間接控制第一指骨。因此屈指淺肌在掌指關節伸直的時候與伸指肌是協同肌**（圖92）**。分力e"與f'被抵消，而分力e'與f'則增加，形成兩個作用在第一指骨上的分力，也就是軸心分力

（A）與伸直分力（B），伸直分力也包括屈指淺肌動作的一部分（R. Tubiana與P. Valentiñ研究）。

## 骨間肌（IO）

它們會使第一指骨屈曲，使第二指骨與第三指骨伸直，但是它們的動作是依據掌指關節屈曲的角度與伸指肌的收縮程度來決定：

- **當掌指關節因為伸指肌的收縮而伸直時（圖93）**，伸肌套（a）會在掌指關節上被牽拉，朝向掌骨的背側（Sterling Bunnell的研究）。外束會被牽拉（b），並且使第二與第三指骨伸直。
- **當掌指關節因為伸指肌的放鬆與蚓狀肌的收縮而屈曲時（圖94）**：
  - 伸肌套會向第一指骨的背側（b）滑動7公釐（Sterling Bunnell的研究）。
  - 骨間肌與蚓狀肌作用在伸肌延伸結構上，可以大力地屈曲掌指關節，因此由伸肌套維持的外束（d）會放鬆，而無法使第二與第三指骨伸直，當掌指關節屈曲的時候更是如此。
  - 在這種情況下，伸指肌成為有效的第二指骨與第三指骨的伸肌。

因此在伸指肌與第二、第三指骨上的骨間肌之間有一個**協同性平衡**（Sterling Bunnell的研究）：

- **當掌指關節屈曲到90時**，伸指肌對第二指骨與第三指骨的作用是完全的，蚓狀肌也是，當骨間肌不作用的時候，它會將外束**（圖96）**拉緊。
- **當掌指關節在中間位置的時候**，伸指肌與骨間肌是協同作用的。
- **當掌指關節伸直的時候（圖93和95）**，伸指肌對第二指骨與第三指骨沒有作用，而同時骨間肌則在拉緊外束（b）上有最大的作用力。

## 蚓狀肌（LX）

　　蚓狀肌使第一指骨屈曲、第二與第三指骨**伸直**，但是不像骨間肌，它們的動作不受掌指關節屈曲的角度影響。它們對手指的動作有非常重要的價值，對兩個解剖因子有影響：

- 它的位置在骨間肌的前側，並且在橫掌韌帶的掌側，**與第一指骨形成35°的牽拉角度**

（**圖95**），故即使它在過度伸直的位置下仍可以使掌指關節屈曲。它們是**第一指骨的起始屈肌**，因為骨間肌是後來才作用在背側延伸結構上的。

- 它們連接在伸肌套遠端的外束上，而伸肌套並沒有與肌腱連結，所以不論掌指關節的屈曲角度為何，**它都能夠拉緊第二指骨與第三指骨的伸肌**。

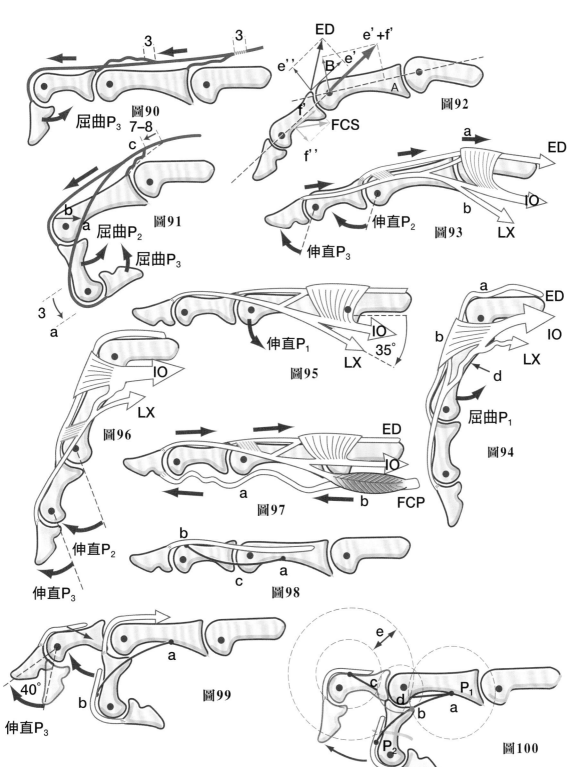

**圖90**

屈曲P<sub>3</sub>　7–8

**圖91**　屈曲P<sub>2</sub>　屈曲P<sub>3</sub>

**圖92**

**圖93**　伸直P<sub>2</sub>　伸直P<sub>3</sub>

**圖94**　屈曲P<sub>1</sub>

**圖95**　伸直P<sub>1</sub>　35°

**圖96**　伸直P<sub>2</sub>　伸直P<sub>3</sub>

**圖97**

**圖98**

**圖99**　伸直P<sub>3</sub>　40°

**圖100**

Eyler、Markee與Landsmeer 認為有時骨間肌有兩個分開的連接點，一個是在背側延伸結構上，另一個是在外側延伸結構上：

- 根據Recklinghausen的說法，**蚓狀肌（圖97）**經由放鬆屈指深肌肌腱（a）的背側，也就是它們起始的地方（b），可以協助第二與第三指骨的伸直。因為它們**斜角的走向**，當它們收縮的時候，會將屈指深肌（FCP）的連接點從掌側拉向第三指骨的背側，使得屈指深肌變成伸肌，就像骨間肌一樣。這個系統就像是一個電晶體，根據被激發的程度可以將電流轉向，從一個方向轉成另一個方向。這個**電晶體效應**使用較無力的肌肉（蚓狀肌）來將有力的屈肌（屈指深肌）的力量轉換為伸肌的結構。從它們大量的**本體感覺受器**，使得蚓狀肌可以從伸肌與屈肌之間的協調收集足夠的訊息（P. Rabischong研究），因為它們橫向連結了伸肌與屈肌。

- **斜向支持韌帶**，由Landsmeer在1949年首先提出，包括從第一指骨（a）的掌側面而來的纖維**（圖98）**以及與**伸指肌**在連接到第三指骨之前的外側伸肌延伸結構連結的纖維。但更重要的是，它的纖維不像外側延伸結構的纖維，而是經過近端指間關節的掌側來到它的軸（c）。因此**（圖99）近端指間關節的伸直，牽拉到斜向支持韌帶的纖維，並形成遠端指間關節40°的自動伸直動作**，剛好是它最大角度的一半；換句話說，遠端指間關節從屈曲80°的位置移到40°。這會使得斜向支持韌帶因為近端指間關節的伸直而拉緊，可從下列例子中呈現出來**（圖100）**。如果斜向支持韌帶在b點被切斷，**第二指骨的被動伸直動作就不會有第三指骨的自動伸直動作出現**，而被切斷的斜向支持韌帶兩端會出現cd或是e的距離。因此，d點就是b在沿著a軸所旋轉的最終位置，而c點則是b在第二指骨上

沿著O軸所旋轉的最後位置。

相反地，如果斜向支持韌帶沒有斷裂，遠端指間關節的被動屈曲動作就會造成近端指間關節的自動屈曲動作。

斜向支持韌帶的攣縮會將手部固定在鈕扣孔變形，是因為伸肌延伸結構的斷裂造成**遠端指間關節的過度伸直**，更嚴重的情況下會形成Dupuytren攣縮。

總結來說，要運用肌肉收縮來控制手指的屈曲與伸直規則如下：

- 第一、第二、第三指骨同時伸直**（圖101，A）**：
  伸指肌+骨間肌+蚓狀肌同時出力。
  支持韌帶的被動且自動介入。
- 第一指骨的單獨伸直：伸指肌：
  +第二指骨的屈曲：屈指淺肌（伸指肌的拮抗肌），以及骨間肌的放鬆。
  +第三指骨的屈曲：屈指深肌+骨間肌放鬆+蚓狀肌。
  +第二指骨的屈曲：屈指淺肌+骨間肌放鬆+蚓狀肌。
  +第三指骨的伸直：蚓狀肌與骨間肌（這個最後的動作是非常困難的）。
- 第一指骨的單獨屈曲：蚓狀肌（起始肌）與骨間肌，而骨間肌與伸指肌互相拮抗：
  +第二與第三指骨的伸直**（圖101，C）**：蚓狀肌，不論在掌指關節的任何角度都是伸指肌，並且是伸指肌與骨間肌的協同性拮抗肌**（圖101，B）**。
  +第二指骨的屈曲：屈指淺肌。
  +第三指骨的伸直：蚓狀肌（是個困難的動作，因為近端指間關節的屈曲會使外側延伸結構放鬆）。
  +第二指骨的屈曲：屈指淺肌。
  +第三指骨的屈曲：屈指深肌，它的動作是由近端指間關節屈曲時的外側延伸結構滑動造成的。

**手指每天的動作**展現出不同的組合如下：

- **寫字時**（由Duchenne de Boulogne首先研究）：
  +當鉛筆向前移動的時候**（圖102）**，骨間肌會使第一指骨屈曲，並使第二、第三指骨伸直。

  +當鉛筆向後移的時候**（圖103）**，伸指肌使第一指骨伸直，屈指淺肌使第二指骨屈曲。

- 當手指呈現**鉤狀**的時候**（圖104）**，屈指淺肌與屈指深肌同時收縮，而骨間肌放鬆。這個動作對登山者要攀爬垂直的岩壁是很重要的。

- **手指做敲擊動作時（圖105）**，伸指肌使第一指骨伸直，同時屈指淺肌與屈指深肌使第二與第三指骨屈曲。這是鋼琴家手指的起始位置。手指敲擊琴鍵時，**骨間肌與蚓狀肌收縮**，使掌指關節屈曲，同時伸指肌放鬆。

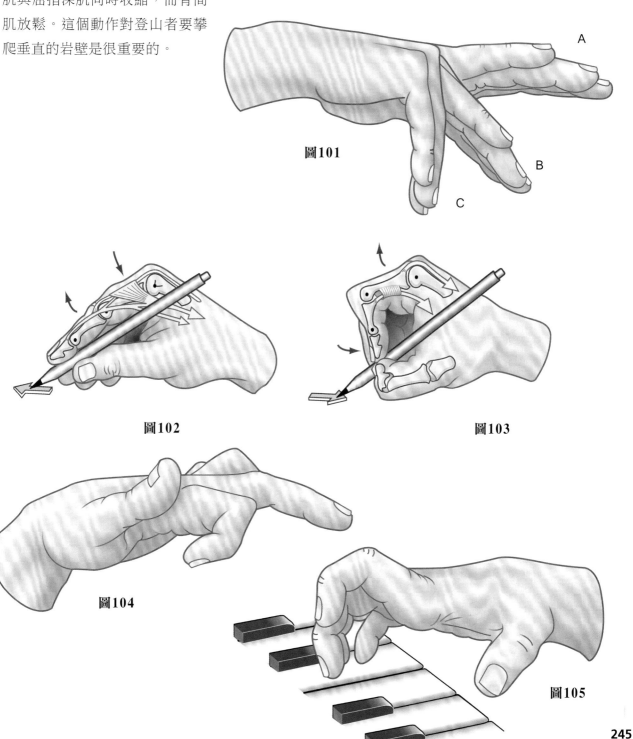

圖101

圖102

圖103

圖104

圖105

# 手部與手指的異常位置

這種情況是由於下列其中一條肌肉的不足或是過度出力所造成的。下列的情況會造成**手指的異常位置（圖106）**：

- **伸肌延伸結構在三角束的部位斷裂**（a），三角束位於兩條外束之間，它們的彈性可以將這些束在近端指間關節回到伸直位置時，帶回到它們原始的背側位置。因此，關節的背側面會越過斷裂的伸肌延伸結構而突出，近端指間關節兩側的外束在遠端指間關節過度伸直時，維持在半屈曲的脫位位置。這種**「鈕扣孔變形（buttonhole deformity）」**也可以是因為在近端指間關節的伸指肌被切斷而形成。

- **伸肌肌腱斷裂**（b）若就在它到第三指骨的連接點的近端，將會造成第三指骨的屈曲，這可以被動地復原但是主動動作不行，原因來自屈指深肌的作用此時因為伸指肌而不平衡。這會造成**「槌狀指（mallet finger）」**變形。

- **在掌指關節遠端的伸指長肌斷裂**（c）會造成關節的屈曲，因為骨間肌的動作主導了伸指肌的動作。這是一種**內在加成變形**，由於骨間肌變得比伸指肌還要有力所造成的。

- **屈指淺肌的斷裂或無力**（d）造成近端指間關節的過度伸直，因為骨間肌的活動加強了。這個關節的「反轉位置」是伴隨著遠端指間關節的些微屈曲，這是由於近端指間關節的過度伸直造成屈指深肌相對縮短。我們稱之為**「天鵝頸變形（swan-neck deformity）」**。

- **屈指深肌肌腱的截斷或麻痺**（e）阻礙所有遠端指骨的主動屈曲。

- **骨間肌的動作能力不足**（f）伴隨**掌指關節的過度伸直**，因為伸指肌的收縮以及由於屈指淺肌與屈指深肌一起出力，造成**兩個遠端**指骨過度屈曲。內在肌肉的麻痺會在關鍵部位破壞縱弓。這種**爪狀手或是內在消減變形（圖108）**主要是出現在尺神經麻痺的狀態，因為尺神經支配骨間肌，這也是為什麼它也稱為**尺側爪**的原因。它與**小魚際隆起與骨間空間的肌肉萎縮**有關。

- **腕關節與手指的伸肌群的喪失**，最常見的原因是**橈神經麻痺**，會造成**「垂腕」（圖107）**，也就是腕關節的屈曲、掌指關節的屈曲與兩個遠端指骨的伸直增加，是因為骨間肌的收縮。

- **Dupuytren攣縮的後期（圖109）**，由於**中央掌側腱膜的腱前纖維縮短**所造成，手指不可避免地產生屈曲，伴隨掌指關節與近端指間關節屈曲及遠端指間關節伸直。通常最後兩指是最嚴重的，中指與食指在疾病較後期才會發生，而大拇指要在特殊情況下才會受影響。

- **Volkmann攣縮（圖110）**是由於動脈供應不足所造成的屈肌缺血性短縮。手指會呈現鉤狀的位置，尤其是在伸直時（a）更明顯，而當手腕屈曲與屈肌放鬆時會比較不明顯（b）。

- **鉤狀變形（hook-like deformity）（圖111）**也可能是因為**總屈肌腱鞘的化膿性滑膜炎**。從外側到內側的手指越來越明顯（第五指最嚴重）。如果想要矯正它是會非常疼痛的。

- 最後手部會固定在一個稱作**廣泛性尺側偏移**的位置（**圖112**，從Georges Latour 的畫作《The Musicians' Brawl》而來），當所有的手指都明顯地向內側偏移，會使得掌骨頭變得異常突出。這種變形讓我們可以做類風濕性關節炎回溯性的診斷。

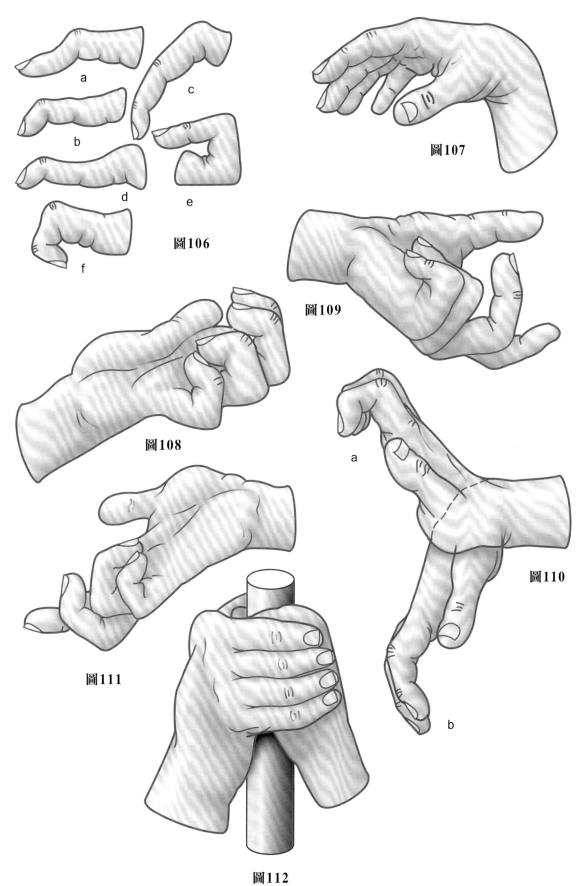

a

b

c

d

e

圖106

f

圖107

圖109

圖108

圖111

a

圖110

b

圖112

# 小魚際隆起的肌肉

一共有三條（**圖113**）：

1）**屈小指短肌**（1）連接在第一指骨基部的尺側，從位在**屈肌支持帶**掌側面與鉤狀骨鉤部的肉質起始點斜向往遠端的內側走。

2）**外展小指肌**（2）會將小指向身體對稱的平面內收，它的連接點跟骨間肌很像。它扁平的肌腱分成兩個分支：一條（沿著**屈小指短肌**）經由與第四骨間肌共用的背側延伸結構連接在第一指骨的尺側；另一條連接在伸指肌的背側延伸結構的尺側緣。它從**屈肌支持帶**與豆狀骨的前側面開始。

3）**對掌小指肌**（3）從**屈肌支持帶**的遠端與鉤狀骨鉤部的起始點向遠端內側走，像裙邊圍繞著第五掌骨的前緣（**圖113**），同時也連接在它尺側的邊緣。

## 生理動作

這些肌肉的**生理動作**如下：

- **對掌小指肌**（**圖114**）使第五腕掌關節相對 XX'軸屈曲，並且使掌骨向前側（箭號1）與外側（箭號2）沿著與肌肉肌腹的軸平行的斜向路徑（粉紅色與白色）拉。
  同時，它會將掌骨沿著它的長軸旋轉（以十字標示）至旋後的位置（箭號3）。所以掌骨的前側面會轉向外側面對著大拇指。因此，它的名稱之所以叫做**對掌肌**，就是因為它會**將小指轉向與大拇指對掌的位置**。

- **屈小指短肌**（1）與**外展小指肌**（2）兩條的動作是相似的（**圖115**）。
  - **屈小指短肌**（藍色箭號）會使掌指關節屈曲並且使小指從手部的軸向外展。
  - **外展小指肌**（紅色箭號）也可以使手指相對於手部的軸外展，並因此可以被視為與後側骨間肌功能相似。如同骨間肌，它會使第一指骨經由手指骨間肌延伸結構屈曲，並且經由它的外側伸肌延伸結構將兩節遠端指骨伸直。

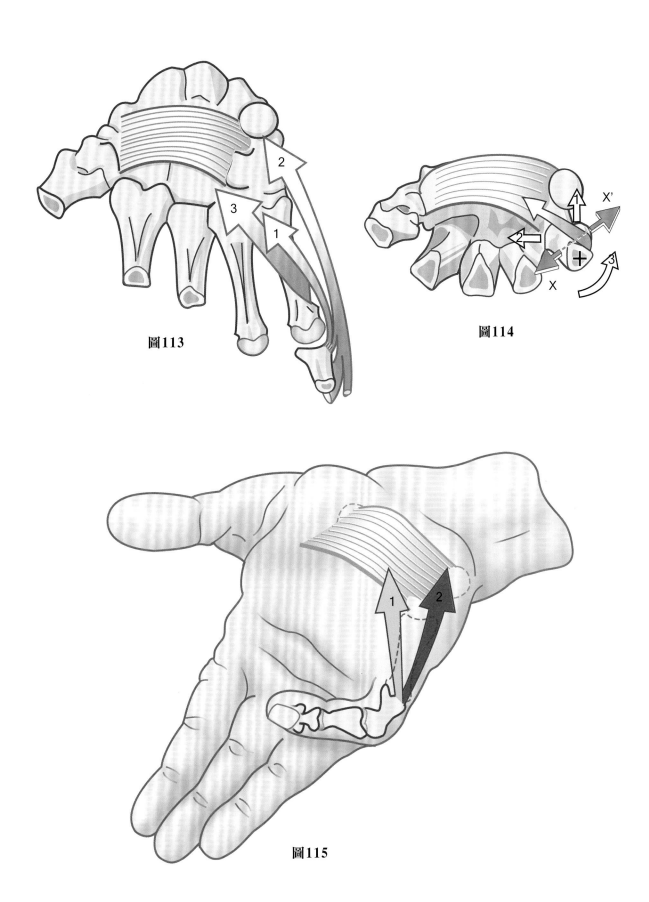

圖113

圖114

圖115

# 拇指

大拇指在手部功能中有著獨特的角色，對於大拇指與每一隻手指形成大拇指－手指搯的動作（pincer），以及配合其他四隻手指的協助而做出有力的抓握是必要的。它也對同一隻手在物體的抓握動作上有一部分的參與。在**沒有大拇指的情況下，手部會喪失大部分抓握的能力**。

大拇指在手掌與其他手指更加前側的位置上，這有其優越的角色存在（**圖116**），讓它可以向個別手指移動，或是向所有的手指一起移動（**對掌的動作**），或是朝向離開手指的方向移動（**反對掌的動作**）放鬆抓握的動作。大拇指也因為它骨質－關節列以及動作肌的特有排列，而有很好的功能性適應能力的角色。

**大拇指的骨關節列（圖117）**是由**五塊骨頭**所組成的手部外側線：

1）**舟狀骨**（S）
2）**大多角骨**（T），這在胚胎學上是與掌骨同源的。
3）**第一掌骨**（$M_1$）
4）**第一指骨**（$P_1$）
5）**第二指骨**（$P_2$）

解剖上來說大拇指只有**兩節指骨**，但是，更重要的是，它連接在手部的位置比其他手指要來得**靠近端許多**。因此，它的指長也比其他手指要**短得多**，它的指尖只有達到食指第一指骨的一半高。事實上，這是它最合適長度的兩個原因是：

1）**如果它變得更短**（如同部分截肢的狀況），就無法做出對掌的動作，因為太短時無法做出有效的內收與屈曲的動作。
2）**如果它更長的話**（如同先天性畸形有三節指骨的大拇指），精細的末端到末端（指尖到指尖）的對掌會被要對掌那一隻手指的遠端指間關節不適當的屈曲而限制住。

這可以用**奧卡姆原理**（Occam's principle）的通用**簡約**（parsimony）來說明（也稱為**奧卡姆剃刀**），他認為可以用最少的構造與排列來達到最大的功能。因此，對大拇指來說，為了確保最適當的功能，這五個元素是必須的。

拇指關節包含四個關節：

1）**舟大多角關節**（ST），這是我們之前看過的，允許大多角骨沿著舟狀骨的遠端容納結節的表面向前移動一小段距離，也就是一個小幅度的屈曲動作。
2）**大多角掌關節**（TM），由兩個關節自由度。
3）**掌指關節**（MP）有兩個關節自由度。
4）**指間關節**（IP）只有一個關節自由度。

所以，為了達到對掌動作，這**五個關節自由度**是必須的。

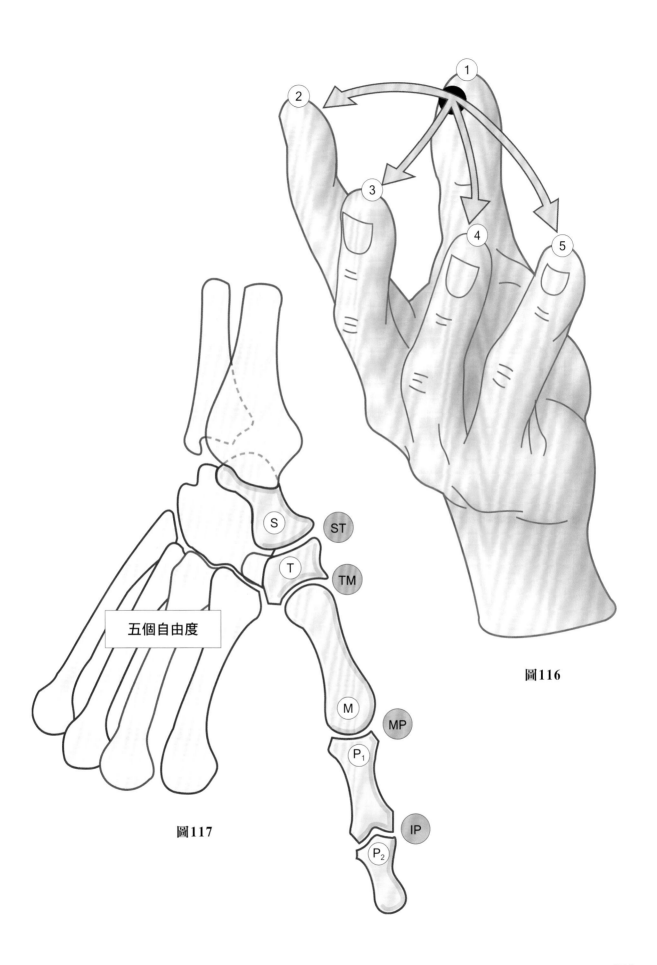

五個自由度

圖117

圖116

# 大拇指的對掌動作

這是指用大拇指的指腹與其他手指接觸的動作，來形成**大拇指－手指掐的動作**，這就是手部功能的基礎。當這個功能喪失的時候，手部就幾乎沒有功能了，因此會進行複雜的手術，從剩餘的構造中恢復這些掐的動作以保留這個對掌動作。這些手術是要**用其他手指來代替大拇指（手指的拇指化處理）**。

在對掌動作中，大拇指移動與其他手指接觸（參考P.285，**圖200、201**）最常見的是食指。這個動作是**基本動作的總和：**

1）**第一掌骨的前舉**與第一指骨的連帶動作。

2）**第一掌骨的內收**與第一指骨的尺側屈曲朝向第一掌骨的橈側邊緣。對掌的手指越向內側，動作角度就越大，當大拇指與小指對掌時，角度是最大的。

3）**第一掌骨與第一指骨向旋前方向的中軸旋轉。**

前兩個動作是依據**外展拇指長肌**與大魚際肌群外側肌肉的動作組合。

**中軸旋轉**值得進行更多詳細的分析。

它可以用**Sterling Bunnell的實驗**來說明（**圖118－120**），你可以自己如下執行。首先在要觀察的骨頭上放上標誌（在指甲上橫向放上一根火柴棒，每一節指骨也放上一個垂直的火柴棒，在掌骨上則放上第四枝垂直的火柴棒）。現在，將手部放在起始位置（**圖118**），手掌用力打開，大魚際隆起變扁平而大拇指是在最大的伸直與外展位置。然後將大拇指移動到與食指對掌，也就是說在中間位置（**圖119**），最後將大拇指移動到與小指對掌，在最後的極端位置（**圖120**）。

若你從鏡子中由手部的尖端向近端看，就會看到指甲的平面做出一個90－120°的中軸旋轉動作。

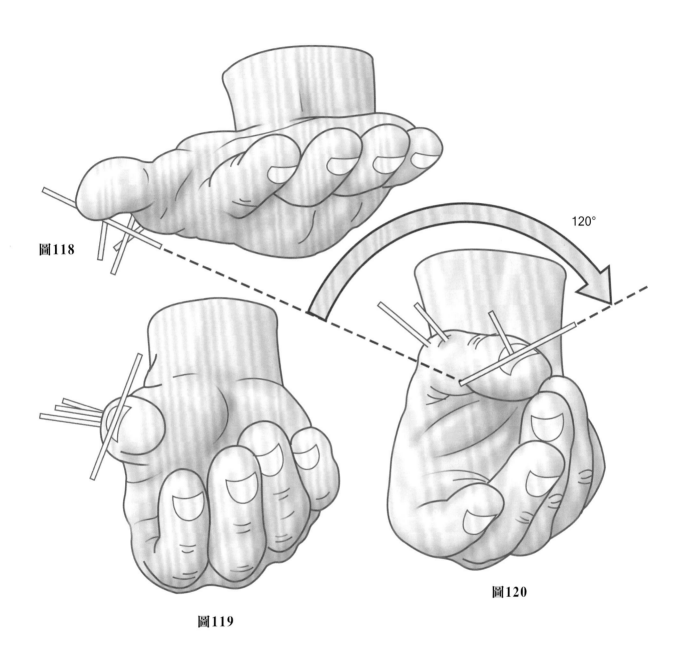

圖118

圖119

圖120

120°

假設這個中軸旋轉的動作只發生在大多角掌關節與掌指關節是不正確的。

為了測試這件事（**圖121**），讓我們用一個機械力學模型來看大拇指（由作者所建構出來的）。我們用長條的卡片來代表掌側面拇指的關節，圍繞著外展－內收動作的**軸O**，並且沿著與長軸垂直的三條線摺起，這個長條的卡紙就代表了大拇指的三個遠端關節。

當一個人可以完成模型的下列兩個動作，意即沿著軸O的**120°外展動作**與沿著三個摺痕的**180°屈曲動作**，就完成了對掌的動作。箭號3直接朝著第四指與第五指移動，雖然長條的卡紙沒有做出中軸旋轉的動作。中軸旋轉在幾何學上的結果是由外展與屈曲兩個動作所組成的。然而，在真實的生活中，由於關節的機械力學因素，外展不能超過60°。在這些情況下（**圖122**），中軸旋轉不夠用來移動第二指骨（箭號3）朝向小指，第二指骨接著會朝向前側與近端移動。

因外展的角度受限（**圖123**），為了做出對掌動作，必然會發生長形卡紙的撕裂，也就是某種程度的中軸旋轉與不同節段的屈曲動作有關。

在模型中，只要把屈曲的軸斜向，這是很容易達到的動作（虛線），所以屈曲與中軸旋轉有不可避免的關係。然而在真實的生活中，這個中軸旋轉不是因為屈曲軸的斜向，而是下列**許多因素組合**的結果：

- **自動中軸旋轉**是當外側大魚際肌群收縮時，由在大多角掌關節的兩個軸上所發生的動作所組成的（參考後文）。這個主動與自然的旋轉，是主要造成大拇指對掌的動作。
- **主動中軸旋轉**，是因為***屈拇指短肌***與***外展拇指短肌***（參考前文）所造成的掌指關節旋前動作。
- 指間關節的**自動中軸旋轉**，進入旋前的位置（參考後文）。

大多角掌關節與掌指關節的「**關節內位移（play）**」，是因為在外側大魚際肌群收縮時，韌帶的鬆弛所造成的，這是另一個因素，卻不是必要的因素。經由被動地旋轉大拇指的第二指骨，維持在大拇指與食指之間，這個動作的幅度可以經由經驗測量；它在60°到80°之間，但這不是一個自然的動作。

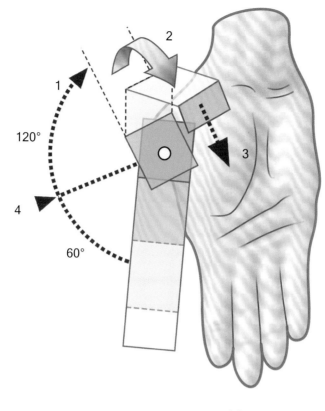

圖121

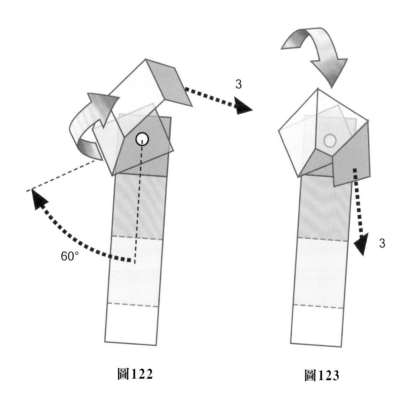

圖122

圖123

# 大拇指對掌動作的幾何學

**幾何學上來說（圖124）**，大拇指的對掌包含大拇指以下列這種方式移動，在指腹上的切點A'變成是另一隻手指指腹上相對應的切點A。舉例來說，如果是食指，那麼A與A'的切面會在空間中融合成為一個點（A+A'）。

要讓兩個點在空間中重合**（圖125）**，會需要三個自由度，以X、Y與Z維持在三維空間中。另外兩個自由度對於要使指腹的兩個平面完美地依照t與u軸旋轉而重合，是非常重要的。因為指腹無法旋轉到背對背的位置，就不會需要垂直於接近的手指的軸的第三個自由度。

總結來說，要達到這些指腹平面的重合，總共需要**五個自由度**：

- 三個自由度是使接觸點重合的。
- 另外兩個或多或少擴展了指腹平面的重合。

關節的每一個軸代表一個自由度，以及這些自由度可以用數值來表示，這是比較容易說明的。因此大拇指的**五個自由度，對於達成大拇指的對掌動作是必要且適當的**。

如果我們只考慮一個平面**（圖126）**，大拇指的三個活動部位（第一掌骨、第一指骨與第二指骨）的動作有三個軸：大多角掌關節的屈曲軸YY'、掌指關節的軸$f_1$、指間關節的軸$f_2$。很明顯**（圖126）**第二指骨會需要兩個自由度來讓指尖到達平面上的H點。如果在$f_1$與$f_2$上沒有動作，則只有一個方法可以到達H點，但是第三個自由度卻使得手指可以從不同的角度到達H點。圖示中有兩個指腹的方向O與O'，相對應的角度為$\alpha$與$\beta$。所以三個自由度是必須的。

**在三維空間中（圖127）**，由大多角掌關節的第二軸$Y_2Y_2$'所形成的第四自由度，使得大拇指指腹的方向度增加，指腹因此可以有新的方向，並得以選擇任何位置來與其他手指對掌。

第五自由度的加入**（圖128）**，由掌指關節的第二軸所提供，經由讓它們環繞接觸點相互旋轉，使兩個指腹平面重合的角度增加。實際上，我們能夠看見掌指關節屈曲的軸$f_1$只有在直接屈曲時才是標準橫向的，在其他動作則是斜向的：

- 斜向$f_2$：屈曲伴隨著尺側偏移與旋後。
- 斜向$f_3$：屈曲伴隨著橈側偏移與旋前。

因此，多虧大拇指在機械力學系統上有五個自由度，**使大拇指的指腹可以透過不同的角度與其他手指接觸**。

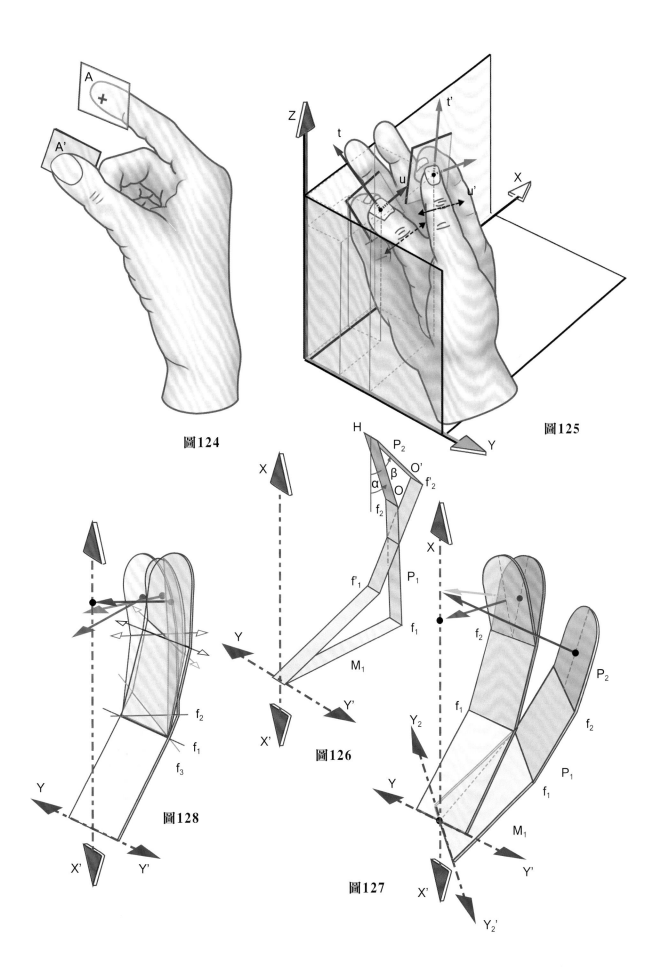

圖124

圖125

圖126

圖127

圖128

# 大多角掌關節

## 關節表面的形態特徵

　　大多角掌關節（TM）位於大拇指的基部，**在大拇指的活動上扮演重要的角色，尤其是在對掌動作上**，使得大拇指**可以停留在空間中的任何位置**。解剖學家將大多角掌關節稱為「相互緊鎖的關節」，這意義不是很正確；也稱之為**鞍狀關節（saddle joint）（圖129）**，這也許比較好，因為重點在它的鞍狀形狀，在一個方向上是凹的，另一個方向是凸的。實際上，它有兩個鞍狀表面，也就是說，一個在大多角骨的遠端表面，另一個在第一掌骨的基部；這兩個表面只有在旋轉90°後是全等的，一個表面的凸度符合另一個表面的凹度，反之亦然。

　　一個非常精細的形態學研究，由義大利學者（A. Caroli）使用連續性切面與安裝程序來展示**（圖130）**大多角骨（a）與掌骨（b）的表面在鞍狀形狀上確實有雙反曲率，但是它們的全等（c）並不是完美的。

　　這些關節表面的實際輪廓已經被仔細地研究過了，但是仍然有爭議。第一個準確的說明是從蘇格蘭學者（K. Kuczynski，1974）而來。

　　當大多角掌關節打開，而第一掌骨向外側傾斜**（圖131）**時，大多角骨的關節表面（Tr）與第一掌骨的關節表面（$M_1$）會有下列特徵：

- **大多角骨表面**（T）有一個內緣（CD），是稍微彎曲的，所以它的凹面是朝向內側與前側。內緣的背側部分（C）明顯地比掌側部分（D）更凸出，掌側緣幾乎是平的。這個

邊緣橫向縮進它的中央部位，藉由後外側的邊緣A到前內側邊緣B的凹溝（AB）形成。最重要的是，這個凹溝是彎曲的，它的凸出處是前外側方向，而後外側（E）則幾乎是扁平的。

- **掌骨表面**（$M_1$）則是相反的形狀，有A'B'隆起相對應於大多角骨的AB凹溝，C'D'凹溝則相對應於大多角骨的CD隆起。

　　當靠近大多角骨的時候，第一掌骨會超過大多角骨凹溝的邊緣末端a與b。同時，在截面圖中**（圖133）**，可以清楚看到這兩個表面的重合不能算是完美的，因為它們的曲面半徑有些微差異。當它們被壓緊在一起的時候，兩個關節表面的緊密結合會阻礙第一掌骨做任何中軸旋轉動作（Kuczynski研究）。

　　因為鞍狀是沿著它的長軸彎曲的，Kuczynski將它與脊椎側彎的馬匹背後所放的軟鞍比較**（圖134）**。它也可以比喻為**通過兩座山之間的彎坳（圖135）**。因此卡車上山的路徑（藍色箭號）會與同一台卡車從另一側下山的路徑（粉紅色箭號）形成一個角度R。根據Kuczynski的說法，這個角度在大多角骨凹溝上的A點與B點之間是90°，這樣來計算第一掌骨在大拇指對掌時的中軸旋轉。這只有在第一掌骨的基部走過大多角骨凹溝的全長（如同卡車開過整條山路）時才是真的，會導致關節在一個方向或是兩個方向上的完全脫位。既然第一掌骨的脫位在真實生活中只有一部分會發生，我們相信**在這個旋轉的動作裡還有其他的機制**（會在後面討論）。

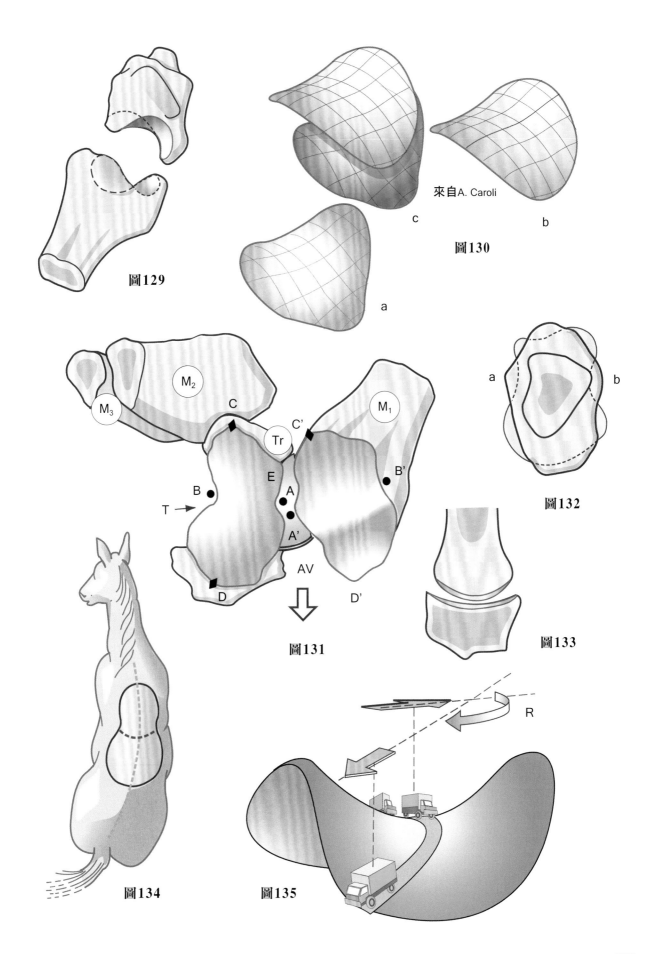

圖129

圖130

來自A. Caroli

c

b

a

$M_2$

$M_3$

$M_1$

C

C'

Tr

E

B

A

B'

T →

A'

AV

D

D'

圖131

圖132

a

b

圖133

圖134

圖135

R

## 關節表面的接合

　　大多角掌關節的關節囊被認為是鬆弛的，有一部分可以牽拉，而這一點由古典學者與一部分的現代學者所提出，會影響第一掌骨的中軸旋轉。但這是不正確的想法，等一下我們會說明。

　　實際上，關節囊的鬆弛只容許第一掌骨的關節面相對於大多角掌關節的關節面來活動，但是關節是**以中軸加壓如同樞紐關節**來運作**（圖136）**。因此第一掌骨可以做出空間中任何位置的動作，就像是高壓電纜鐵塔一樣，它的方向可以經由牽拉角度的不同來調整，在這裡對應的就是大魚際肌群。這些肌肉不論在任何位置，都負責將關節面維持在一起的狀態。實際上，這個樞紐P不是球形的，而是有點像O形的環狀（參考P.265），如此這般，分別享有兩個垂直的軸XX'與YY'，這就形成了一個**萬向關節**。

　　同樣的，大多角掌關節的韌帶限制著關節的活動，並經由不同角度下的牽拉來維持關節面緊合。它們的解剖與功能最近由J.－Y. de la Caffinière（1970）說明。關於韌帶，也有許多其他的說明，但是de la Caffinière的理論仍然是有價值的，因為它的連貫性與簡單明瞭。所辨析出來的有四條韌帶**（圖137前側觀，圖138後側觀）**：

1）**掌間韌帶**（4）IML是一條短而厚的纖維束，在第一指間裂隙的最近端部位，將第一掌骨與第二掌骨的基部連接在一起。

2）**斜向後內韌帶**（3）OPML長期以來被認為是薄而寬的纖維束，連接在關節的後側，向前側延伸，圍繞著第一掌骨基部的內側。

3）**斜向前內韌帶**（2）OAML從大多角骨的邊緣遠端尖端到第一掌骨的基部。它將自己包圍在第一掌骨基部的外側之後，越過關節的前側。

4）**直向前外韌帶**（1）SALL直接從大多角骨連接到第一掌骨的基部，位於關節的前外側。它的內緣分別清楚且銳利，在關節囊上隔出一個小溝，這個小溝上是***外展拇指長肌***（APL）肌腱的滑膜鞘通過的位置。

　　根據de la Caffinière，**這些韌帶的配對方式**如下：

- **掌間韌帶與直向前外韌帶**：第一指間裂隙在掌側平面上變寬與變窄是由於掌間韌帶與直向前外韌帶的關係。

- **斜向後內韌帶與斜向前內韌帶**：這兩條韌帶在第一掌骨旋轉的時候必然會被牽拉住，由斜向後內韌帶來限制旋前動作，由斜向前內韌帶來限制旋後動作。

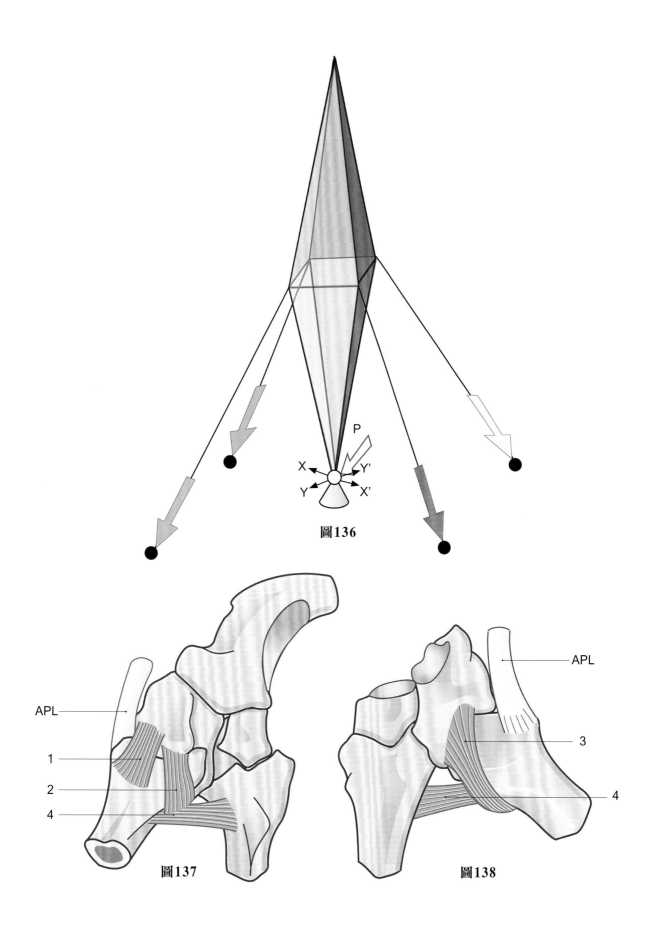

圖136

圖137

圖138

APL

APL

1

2

4

3

4

## 韌帶的角色

在現實中，我們覺得情況更為複雜，因為必須同時說明韌帶**相對於第一掌骨的屈曲－伸直動作與前舉－後舉動作的反應**（後面會更進一步討論）。

**在前舉與後舉的動作中**，我們可以觀察到下列反應：

- **圖139前側觀，在前移位置**（A）展示了斜向前內韌帶被牽拉，直向前外韌帶則是放鬆，而斜向後內韌帶是被向後牽拉**（圖140）**。
- **圖141前側觀，在後移位置**（R）展示了直向前外韌帶被牽拉，斜向前內韌帶則是鬆弛，而斜向後內韌帶也是向後方鬆弛**（圖142）**。
- **掌間韌帶（圖143前側觀）**在前移位置時拉緊，此時將第一掌骨的基部拉向第二掌骨；在後移位置也是拉緊，此時將第一掌骨向後拉，那時第一掌骨已經相對於大多角骨位移了。它只有在中間位置才會放鬆，也就是將底端與頂端之間的角度二等分的位置。

### 在屈曲－伸直動作時：

- **在伸直位置**時（E）**（圖144）**，在前側的直向前外韌帶與斜向前內韌帶是被牽拉的，而斜向後內韌帶則是鬆弛。
- **在屈曲位置**時（F）**（圖145）**，出現相反的動作，直向前外韌帶與斜向前內韌帶是鬆弛的，而斜向後內韌帶則被牽拉。

因為由相反的方向包圍著第一掌骨的基部（**圖146**，第一掌骨位於大多角骨與第二掌骨及第三掌骨上的中軸觀），斜向後內韌帶與斜向前內韌帶在中軸旋轉時維持第一掌骨的穩定如下：

- **斜向前內韌帶**在旋前位置（P）時被牽拉，如果它因為病理問題而縮短，就會造成旋後動作。
- **斜向後內韌帶**在旋後位置（S）時被牽拉，如果只有它自己作用的話，就會將第一掌骨旋前。

**在對掌動作時**，同時出現前移與屈曲，所有的韌帶都被牽拉，除了直向前外韌帶，因為它與收縮的肌肉（**外展拇指短肌、對掌拇指肌與屈拇指長肌**）是平行的。這些韌帶中被牽拉最多的是**斜向後內韌帶**，負責維持關節的後側穩定。對掌位置對應於大多角掌關節的**鎖緊位置**，早就被MacConaill所發現。這就是兩個關節面最接近的位置，因此在兩條斜向韌帶同時被牽拉的幫助下，可以預防任何第一掌骨的中軸旋轉動作，以及關節內任何程度的位移。

**在中間位置**時，後面會說明，所有的韌帶都放鬆了，而在大多角掌關節內可以有最大的位移，在第一掌骨的中軸旋轉時沒有任何的影響。在這個位置下，我們可以被動地做出大多角掌關節的位移，在對掌時是做不出來的。

**在反對掌位置**時，只有**斜向前內韌帶**是被牽拉的，可以使第一掌骨做出一些中軸旋轉進入旋後的位置。

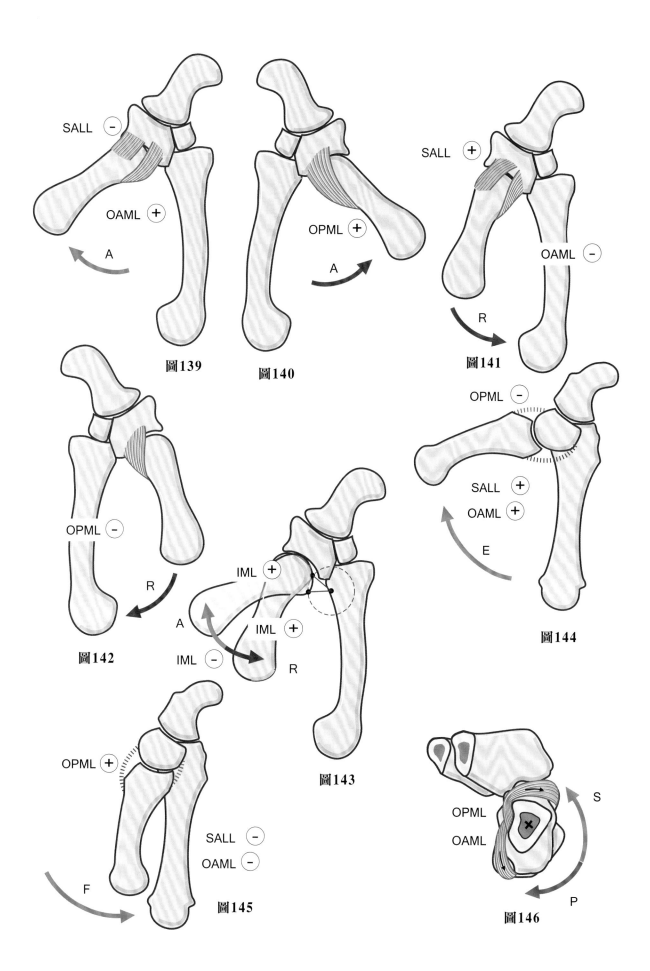

SALL ⊖

OAML ⊕

A

圖139

OPML ⊕

A

圖140

SALL ⊕

OAML ⊖

R

圖141

OPML ⊖

R

圖142

OPML ⊖

SALL ⊕

OAML ⊕

E

圖144

IML ⊕

IML ⊕

A

IML ⊖

R

圖143

OPML ⊕

SALL ⊖

OAML ⊖

F

圖145

OPML

OAML

S

P

圖146

## 關節表面的幾何學分析

如果第一掌骨的中軸旋轉不能以關節的位移或是韌帶的動作來解釋，就必須以關節表面的結構來解釋了。這是可行的，因為這個解釋在髖關節已經被接受。從數學上來說，**鞍狀表面**有**負曲率曲面**，也就是它們在一個方向上是凸起的，在另一個方向是凹陷的，所以它們無法自己相互靠近，像球面一樣，這就是正曲率曲面的完美例子。

這些表面的**非歐幾里得性質（non-Euclidean properties）**，從高斯Gauss與瑞曼Riemann之後就更清楚了解了。

這些鞍狀表面說明如下：

- **圓狀雙曲面體的部分**：根據Bausenhart 與Littler（**圖147**），旋轉的表面（深綠色）是由圍繞著圓形路徑（CC）的共軛軸旋轉的雙曲線（HH）形成的。

- **拋物線的雙曲面體的部分（圖148）**：是由沿著拋物線（PP）旋轉的雙曲線（HH）所形成的表面（粉紅色）。

- **雙曲線雙曲面體的部分（圖149）**：是由沿著雙曲線路徑（H'H'）旋轉的雙曲線（HH）所形成的表面（藍色）。

如果將這些鞍狀表面比喻為**環形圓軸的部分**會更有啟發性（**圖150**；C＝由圓形所形成的環形圓表面）。像是輪胎的內層，就是**環形圓**很好的代表，有一個**凹形的表面**，它的中心位於輪子XX'的軸上，而**凸形**的表面中心則位於輪胎的軸上。實際上，是有一連串的軸p、q、s等等，q是代表鞍形的中心。這個**負曲率曲**面的**環形表面**，從環形圓的中軸面切開，因此有**兩個主要的正交軸**，也就是相對於它的兩個曲度，有**兩個自由度**。

如果我們將Kuczynski的說明也考慮在內，鞍狀嵴的外側曲面會受到壓力（就像是「脊椎側彎著的馬」，P.259，**圖134**），所以這個環形圓表面上的中軸部分必須被標定為不對稱的（**圖151**），如同這馬鞍在正常馬匹的背上**滑到一邊**去了。鞍狀嵴（nm）的長軸彎到一側，它的半徑u、v、w都穿過鞍狀嵴的每一個點，匯集在O'點上，它位於對稱面外環形圓的軸XX'上，無法與環形圓的中心O重合。這個鞍狀表面還是一個**有負曲率曲面的不對稱環形面**，有著兩個主要的正交軸，與兩個自由度。

在這些情況下，**建立一個大多角掌關節理論性的模型**是合理的，就如同髖關節在生物力學上定義為一個球窩關節結構模型，雖然眾所周知股骨頭並非一個完美的球形。

**雙軸關節的力學模型是萬向關節（圖152）**，它有兩個正交的軸XX'與YY'，如同一個十字形，使得動作可以出現在AB與CD兩個互呈直角的平面上。

同時，**兩個鞍狀表面（a與b）一個在上、一個在下（圖153）**，讓兩個表面之間可以互相活動，（**圖154**）使相對應的動作出現在平面AB或CD上。

但是，一個關於萬向關節的機械力學研究表示，雙軸關節會出現副動作，也就是**在它活動部件的長軸上會出現自動旋轉（就是指第一掌骨）**。之後會更詳細地討論。

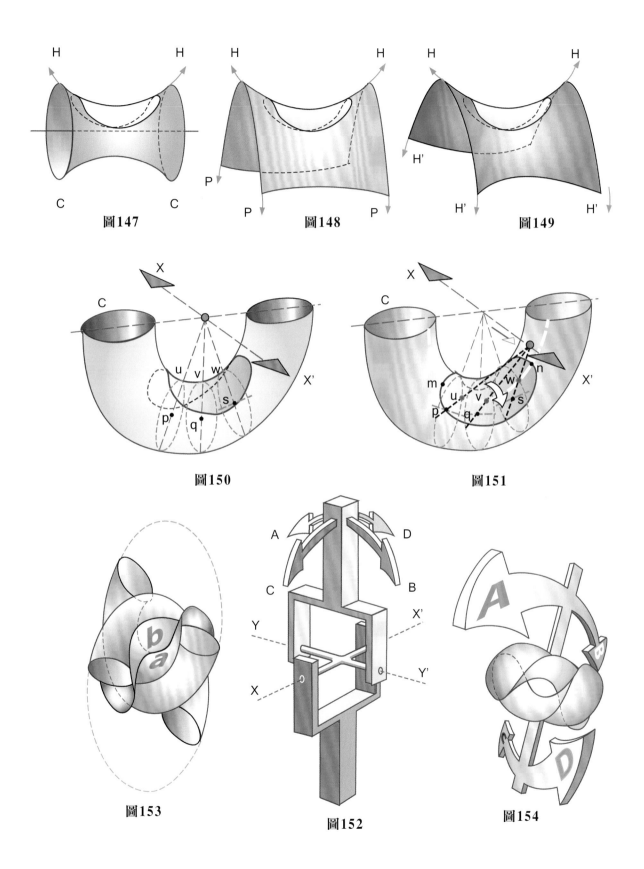

圖147

圖148

圖149

圖150

圖151

圖153

圖152

圖154

## 中軸旋轉動作

要了解這一頁所討論的內容，我們建議讀者剪下一塊卡紙，將它們黏在一起，來建立**一個大拇指的力學模型**，在基部是一個**萬向關節**（代表大多角掌關節）與**兩個樞紐關節**（代表掌指關節與指間關節），這樣就**連接**了大拇指的三塊骨頭（**圖155**）。從一個長條型厚1公釐的卡紙上剪下三塊開始，第一塊T（藍色）代表大多角骨，它有一個摺痕（用實線表示）代表樞紐關節；第二塊（黃色）有三條方向相同的平行摺線，將第一掌骨M1、第一指骨P1、第二指骨P2分開。為了要使摺痕更清楚，可用一把鋒利的小刀淺淺地在背面切一條線，使它可以更容易地向前；第三塊（藍色與黃色）是一個圓形，它的直徑與卡紙的寬度相同，在它的兩面畫上直徑，兩條直徑互相垂直。

當這些卡紙片準備好後，就將它們如下黏在一起。藍色的卡紙黏在圓形卡紙的一面，使摺痕與重合在一起；黃色的卡紙黏在圓形卡紙旋轉90°之後的另一面，也是以摺痕與直徑重合。這樣就形成了萬向關節。我們的模型就準備好了，並且讓我們在三維空間中展示活動部件的自動中軸旋轉，這多虧了萬向關節的機械力學性質。

從**萬向關節本身的啟動**開始（**圖156－159**）：

- 將兩個樞紐關節分別摺起，然後同時摺起（**圖156**）。在樞紐1處，黃色的卡紙在它自己的平面上旋轉。在樞紐2處，黃色的卡紙在與它本來平面垂直的兩個方向上移動。
- 你會發現到（**圖157**）黃色卡紙會繞著軸1旋轉，它總是向著相同的方向移動（a）。這是一個**平面旋轉**的例子，也就是在一個平面上旋轉。

- 如果黃色卡紙繞著軸1旋轉之前（**圖158**），將它向上摺一個角度（a），你發現當它繞著軸1旋轉（b）時，會改變方向，卻是朝向同一個點O，這代表了活動部件形成的圓錐頂點。這是**圓錐旋轉**的例子。
- 如果黃色卡紙屈曲超過90°（**圖159**），會相對於它繞著軸1旋轉的動作漸漸改變方向。這就是**圓柱旋轉**的例子，預示了大拇指的中軸旋轉。

你現在可以了解大拇指在對掌時發生什麼事了（**圖160**）。在大多角掌關節的第二軸上是無法做出90°的屈曲，在模型上以萬向關節的軸2來表示，**這個屈曲的角度分散在三個樞紐關節中**。

屈曲的第一個動作是大多角掌關節第一掌骨的中度角度；第二個動作是第一指骨圍繞軸3在掌指關節的動作；第三個動作是第二指骨在指間關節圍繞軸4的屈曲動作。

因此，被第二指骨帶領的大拇指指腹，在沿著長軸做圓柱旋轉時，總是面向O。

總結來説，大拇指的中軸旋轉**基本上是因為在大多角骨與第一掌骨之間萬向關節的機械力學性質**，尤其是這個關節的自動旋轉，也是MacConaill的**共同旋轉**。這兩個旋轉的數值可以用一個簡單的三角函數公式算出來；本書中沒有説明。

當然，在平面旋轉而沒有自動聯合旋轉以及圓柱旋轉的最大自動旋轉之間，所有的中間值對於雙軸萬向關節都是可能的。

**因此，大拇指的中軸旋轉是因為大多角掌關節、掌指關節與指間關節功能上的協調**，但是起始動作卻出現在關鍵的關節上，也就是大多角掌關節。

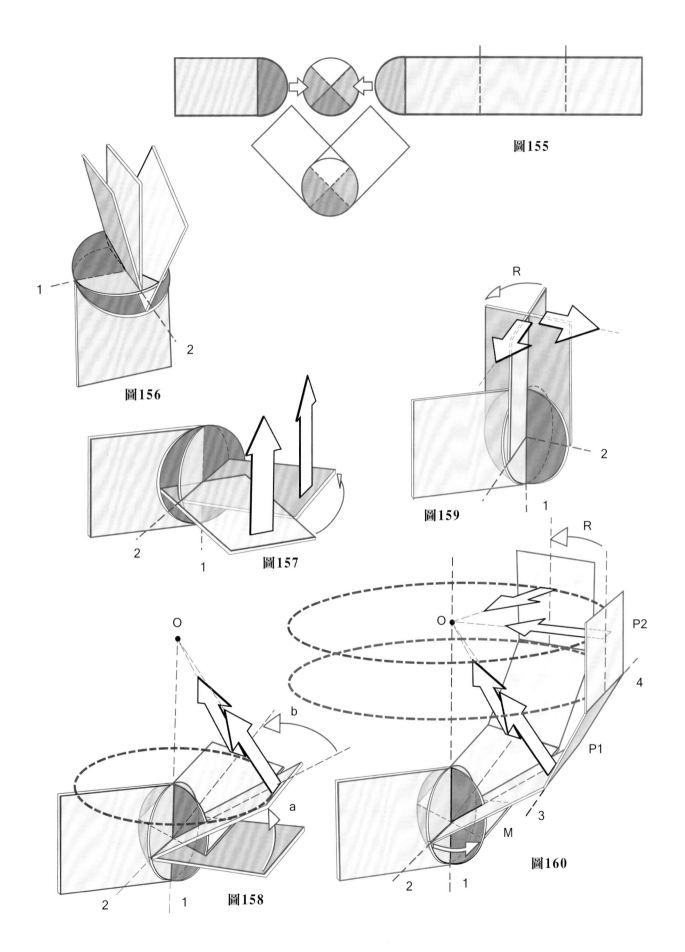

圖155

圖156

圖157

圖159

圖158

圖160

**第一掌骨的動作**

　　第一掌骨可以做出單一動作，也可以做出關於兩個正交軸的合併動作，以及自動的中軸旋轉，**這是在前兩個軸上的動作所形成**。我們必須找出**大多角掌關節兩個主要的軸在空間中的位置，因為它們不是位在三個基準平面上。**

　　在骨骼系統上（**圖161**），如果在大多角骨與第一掌骨關節表面的平均曲面中心之間插入一根金屬針，就可以觀察到下列現象：

- 相對應於大多角骨凹側曲面的軸（1）通過第一掌骨的基部。
- 相對應於第一掌骨鞍狀凹側曲面的軸（2）通過大多角骨。

　　當然，這些軸在現實中不是固定的，而會隨著動作換位置。（金屬針只是代表平均位置）。大致上來說，只能將這些軸看作是大多角掌關節的兩個軸，要記得這個模型只是代表現實的一部分，主要是幫助我們了解複雜的問題。這兩個**正交軸**是互相垂直的，但在空間中沒有匯集在一起，形成萬向關節。因此將大多角掌關節視為擁有萬向關節的機械力學性質是合理的。

　　這個關節有兩個額外重要的特色：

- 第一，軸2與掌指關節（3）及指間關節（4）的屈曲－伸直軸是平行的。我們很快就會討論到這種排列的問題。
- 第二，軸1在空間中與軸2、3、4是垂直的，所以是位於第一掌骨與第二指骨屈曲的平面上，也就是**位於大拇指柱屈曲的平面上。**

　　最後，很重要的一點：這兩個大多角掌關節的正交軸1與2，**相對於三個基準平面來說是斜向的**，也就是指冠狀切面（F）、矢狀切面（S）與橫向切面（T）。因此**第一掌骨原本的動作**是發生在傾斜於三個基準平面的平面上；也就無法用古典解剖學的用詞來說明，至少關於外展動作是發生在冠狀切面上。最近的影像學研究清楚說明第一掌骨屈曲－伸直的軸通過大多角骨，而外展－內收的軸則位於第一掌骨的基部，這些軸彼此都很接近。另一方面，它們沒有形成直角，所以不算是正交；它們其實形成**一個接近42°的銳角**。這個關節仍然可以被認為是萬向關節，但是只有在按照它已知的功能動作時。

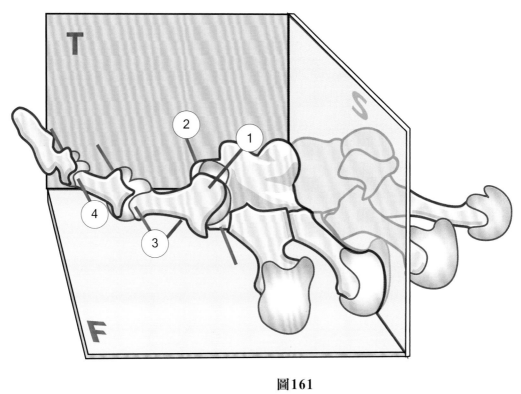

圖161

**相對於大多角骨基準系統的第一掌骨單純動作（圖162）**，可以定義如下：

- **圍繞著軸XX'**（前頁圖的軸1）：就是所謂的**主要軸**，因為它允許大拇指在對掌動作時「選擇」一個特定手指，而發生**前舉動作與後舉動作**。在這些動作中，大拇指在與軸1垂直且與大拇指指甲平行的平面AOR上：

  - **在後舉時**（R），大拇指向後移，到達手掌的平面，同時維持與第二掌骨夾角60°。

  - **在前舉時**（A），大拇指向前移到達幾乎與手掌垂直的位置。這個動作被英語系的學者混淆地稱為外展。

- **圍繞著軸YY'**（前頁圖的軸2）：就是所謂的**第二軸**，是屈曲－伸直動作發生的平面FOE，垂直於前頁圖的軸2：

  - **在伸直動作時**（E）第一掌骨向後側與外側移動，且伸直的角度經由第一指骨與第二指骨的伸直來增加，以致大拇指處於向上向外側的方向，幾乎在手掌平面上。

  - **在屈曲動作時**（F）第一指骨向遠端、前側與內側移動，並不跨越矢狀切面，矢狀切面通過第二掌骨，而屈曲的角度經由指骨的屈曲來增加，所以大拇指的指腹可以碰到手掌小指的基部。

因此，**第一掌骨屈曲與伸直的概念**，在大拇指柱另外兩個關節相似動作的發生上，可以被完美地解釋。

除了這些前舉－後舉與屈曲－伸直的單純動作，**第一掌骨所有其他的動作都很複雜**，也就是合併了這兩個軸上連續的或同時的動作，以及合併自動的或結合的中軸旋轉。後者在大拇指的對掌動作中佔有重要的地位。

第一掌骨的屈曲－伸直與前舉－後舉動作是從大拇指肌肉的**正中位置**或是休息位置開始**（圖163）**。這個位置也被稱為是**肌電圖靜默（electromyographic silence）**的位置（Hamonet 與 Valentin所提出），此時放鬆的肌肉沒有產生任何可供記錄的動作電位。它（N）也可以在影像學上定義為第一掌骨與第二掌骨在冠狀切面（F）上夾角30°、矢狀切面（S）上夾角40°、橫向切面（T）上夾角40°的位置。

這個位置（N）也對應了韌帶最放鬆與關節表面最大範圍全等的位置，兩個關節表面幾乎完全地疊在一起。

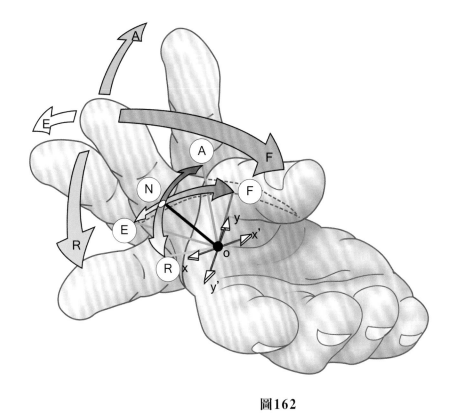

圖162

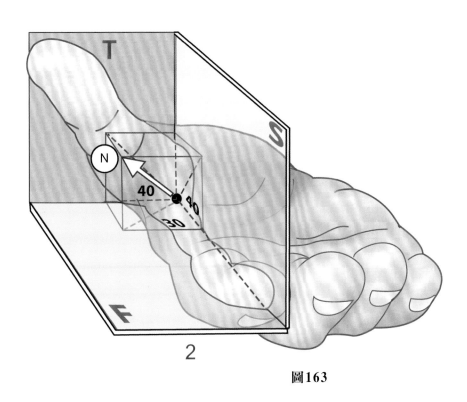

2

圖163

**第一掌骨動作的測量**

　　現在我們要來說明第一掌骨的真實動作，臨床上如何測量這些動作？因為目前使用三種方式來測量，使得問題更複雜。

　　**第一個方法**，我們稱之為**古典**方式（**圖164**），將第一掌骨放在由三個垂直平面所形成的長方形固態基準空間中，也就是在橫向切面（T）、冠狀切面（F）與矢狀切面（S），後面兩個平面與第二掌骨的長軸相交，而這三個平面相交的平面經過大多角掌關節，是用古典方式來評估的。當**第一掌骨在手掌平面上與第二掌骨接觸時**，就達到基準位置，大致上與冠狀切面相同。

　　有兩個部分需要注意：

1）這個位置並非自然的。

2）第一掌骨無法與第二掌骨平行。

　　**外展動作**（箭號1）發生在當第一掌骨在平面F上移動離開第二掌骨時，內收則是指相反動作。

　　**屈曲動作**（箭號2）或是前側（掌側）位移，是指第一掌骨向前移，而伸直動作或是後側（背側）位移，是指第一掌骨向後移。

　　第一掌骨的位置由兩個角度來定義（**圖165**）：外展與內收的角度（a），以及屈曲或是前側位移（A）、伸直或是後側位移（R）的角度（b）。

　　這個方法有兩個缺點：

1）動作是經由投影在抽象的平面上測量，而非真實的角度。

2）無法測量中軸旋轉的角度。

　　**第二個方法**，也可以稱為是**現代**的方法，是由Duparc、de la Caffinière與Pineau（**圖166**）所提出，認為極座標系統所決定的是第一掌骨的位置而非動作。

　　第一掌骨的位置是由它在圓錐上的位置來決定，圓錐的**軸**與第二掌骨的長軸重合，且它的**頂點**位於大多角掌關節。圓錐的頂點（箭號1）的半角度就是它的**分離角**，只有當第一掌骨沿著圓錐體的表面移動時才有。第一掌骨的位置由通過第一掌骨與第二掌骨的平面與冠狀平面（F）之間的夾角（箭號2）來精確定位。

　　從參考用長方形（**圖167**）的觀點來看，這個角度（b）被這些學者稱之為**空間中旋轉角**，這是同義複詞，因為旋轉必然是發生在空間中。如果稱之為**迴旋角**會更合適，因為第一掌骨的動作是在圓錐的表面上，與迴旋相似。

　　第二個方法的值比第一個方法更容易取得，因為這兩個角度可以用量角器測量。

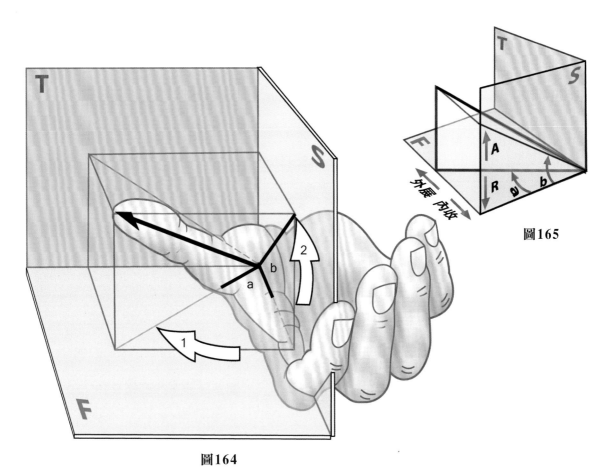

圖164

圖165

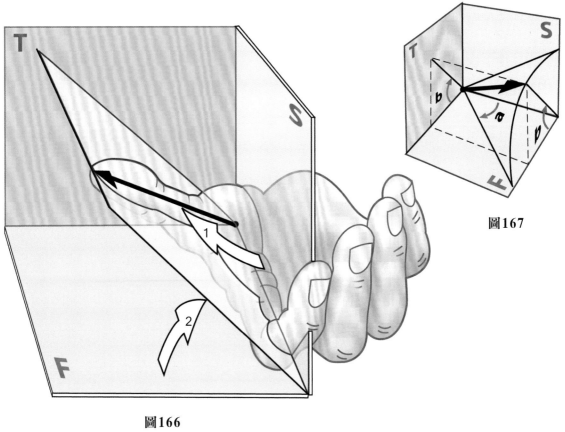

圖166

圖167

## 大多角掌關節與大多角骨系統的影像學特徵

接下來的討論基於**影像學研究**，包括正面拍攝以及從側面**特殊角度拍攝**，是由1980年的學者所提出。原則是安排主要的X光束，考慮關節軸的斜度與在**沒有任何失真的透視下觀察關節面真實的曲度**，如同從正面方向與從所謂古典角度側面的影像學觀察。用這種方法，我們準確地測量大多角掌關節單純動作的角度與它構造上的特性，在關節的生理學與病理學上來說是非常重要的。

基於從手部前側與側面的特殊角度的影像學，我們提出**第三種測量大多角掌關節動作範圍的方式**，也就是**大多角骨基準系統**。

在**大拇指柱的前側影像中（圖168）**，大多角骨的曲度與第一掌骨的凸型曲度可以在不用透視之下直接看到。在後舉位置R與前舉位置A都有影像，測量第一掌骨與第二掌骨長軸之間的動作範圍，用後舉位置角度減去前舉位置角度的值，就會得到**前舉－後舉的範圍**：

- 後舉會造成第一掌骨的軸幾乎與第二掌骨的軸平行。
- 前舉可以將第一掌骨與第二掌骨之間的角度打開到大約50°－60°。

**前舉－後舉的範圍**是22°±9°，與受測者的性別有關：

- 男性是19°±8°
- 女性是24°±9°

從**大拇指柱影像上的輪廓（圖169）**來觀察，可以不失真地看到大多角骨的凸型曲度與第一掌骨的凹型曲度。也拍攝了伸直（E）與屈曲（F）的影像：

- 伸直使第一掌骨與第二掌骨之間的距離變寬，其角度大約是30°－40°。
- 屈曲使第一掌骨靠近第二掌骨而使它們幾乎變成是平行的。

**屈曲－伸直的範圍**是17°±9°，也與受試者的性別有關：

- 男性是16°±8°
- 女性是18°±9°

將所有的角度考慮在內，大多角掌關節的動作範圍比我們想像中大拇指柱較大角度的活動度要小得多。

這第一掌骨的動作，不論使用這兩種的哪一種，都不完全，也不方便。在P.306－307，我提供一個對掌以及一個反對掌測試，是非常清楚且容易使用的。

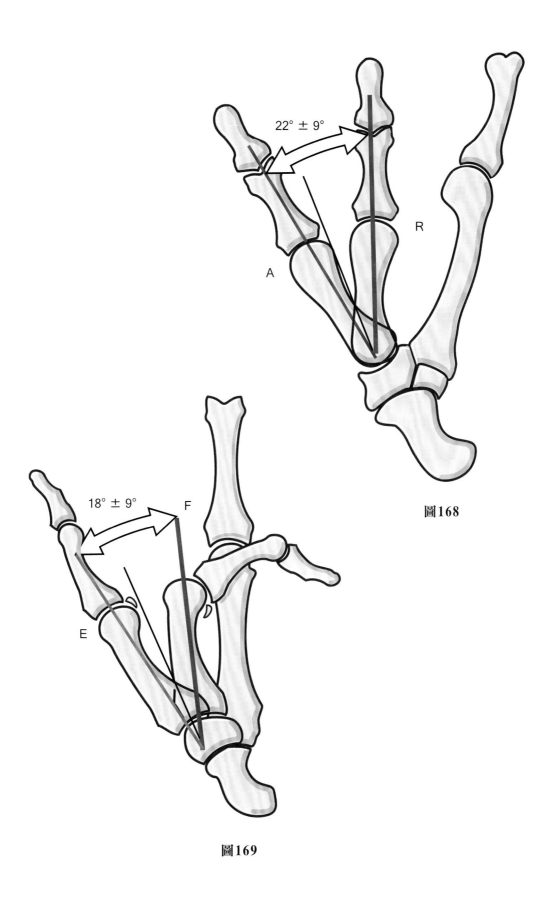

22° ± 9°

A

R

圖168

18° ± 9°

F

E

圖169

275

**大多角掌關節的結構性與功能性特性**

結構性與功能性研究有330個個案，是在1993年由A.I. Kapandji與T. Kapandji所執行，提出下列結果：

- **大多角骨在前舉位置**（A）**與後舉位置**（R）之間的動作範圍**（圖170）**是2.9°±2°，這個範圍小到不能說它是真實的。

- **在後移位置的第一掌骨基部（圖171）**幾乎從大多角骨鞍部向外側脫位，但是在**前移位置（圖172）**就回到大多角骨鞍部的凹處內。

- 正面照**（圖173）**展示**早期腕關節疾病**的證據，也就是第一掌骨的基部無法緊緊地隨著大多角骨鞍部移動，而在前移動中卡在鞍尾（鞍尾翹起來的部位）。

正常情況下，從側面拍的影像**（圖174）**，第一掌骨基部的「喙」完美地貼合在大多角骨的凸型表面上。

- 在**早期的腕關節疾病（圖175）**，像喙部的第一掌骨基部沒有回到它正常的位置，並且**在外展拇指長肌**的肌腱（白色）拉扯下持續卡在大多角骨的凸型表面。

- 從前側面的影像來看**鞍部基部與鞍部嵴之間**的角度，對於做**早期腕關節疾病**的診斷是非常重要的。正常的情況下**（圖176）**，這個在第二掌骨的軸與大多角骨鞍部（紅線）軸之間的角度，平均值是127°，而掌間韌帶（綠色虛線）可以將第一掌骨基部帶回大多角骨鞍部。

- **當這個角度接近140°（圖177）**，我們可以預期腕關節疾病會提早發生，尤其是當病患感覺大多角掌關節偶爾會疼痛。先天性的**「鞍部滑脫」**，也就是大多角骨鞍部的發育不良，是容易發生大多角掌關節的腕關節疾病。因為掌間韌帶過長，失去將第一掌骨基部帶回原位的能力，並且形成慢性外側脫位的情況，使大多角骨的表面磨損，減少關節空間寬度，可以用前側的X光來證明。

為了結束大多角掌關節的討論，很明顯它在機械力學上對應於萬向關節，完全不適合將它用球狀義肢來取代，一些外科醫師傾向於此，他們還不了解**萬向關節**在機械力學上來說是可以容許第一掌骨做長軸旋轉的。為了這個原因，不需要由球形關節提供更多額外的角度。這是奧卡姆剃刀通用原理的另一個例子。

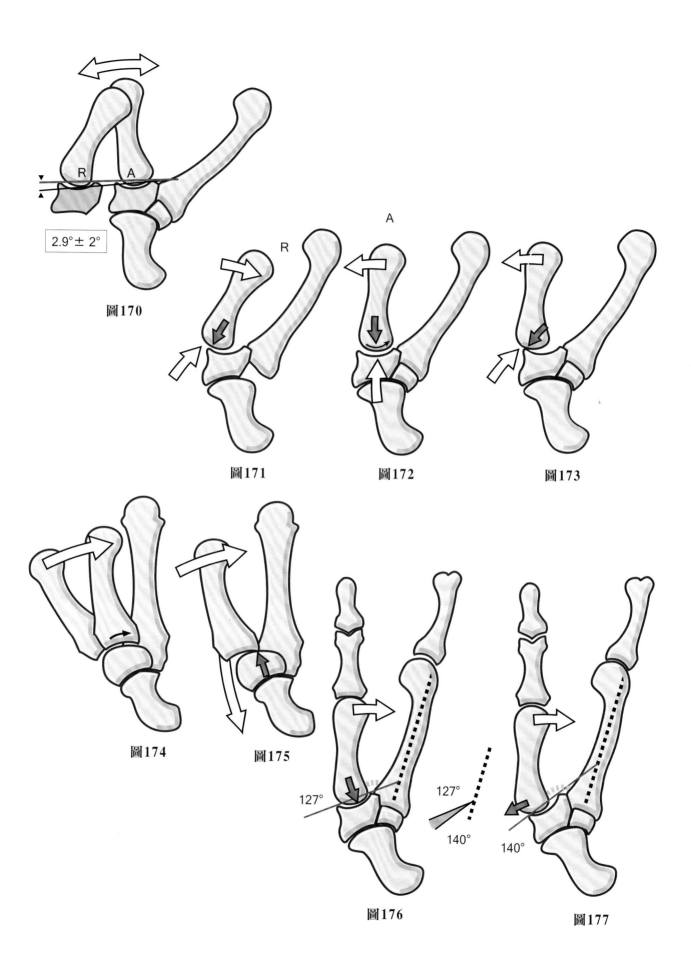

2.9°± 2°

圖170

圖171

圖172

圖173

圖174

圖175

127°

127°

140°

140°

圖176

圖177

# 大拇指的掌指關節

　　**大拇指的掌指關節**被解剖學家認為是**髁狀關節的變異**，雖然英語系學者認為這是橢圓體關節。就像所有的髁狀關節，它有兩個自由度，允許屈曲－伸直與側面傾斜。實際上，因為它的生物力學構造複雜，它也算是有**第三個自由度**，允許**第一指骨的中軸旋轉**（旋前與旋後），同時是被動也是主動，且對於大拇指的對掌動作來說是必須的。

　　在**圖178**中（關節向前打開，而且第一指骨向後側與近端位移）**第一掌骨頭**（1）是雙凸構造，比它的寬度還要長，並且向前側延伸出兩個不對稱的腫大處，內側腫（a）比外側腫（b）更為凸出。**第一指骨基部**有軟骨包覆的雙凹構造（2）與它的前緣連接在**纖維軟骨掌側板**（3）上，在它的遠端邊緣旁有**兩個種子骨**。內側種子骨（4）與外側種子骨（5）有軟骨表面與掌側板連接在一起，**內側種子骨肌**（6）**與外側種子骨肌**（7）連接在這些種子骨上。在圖中，關節囊被切開（8），其兩側被連接第一掌骨與掌側板的**內側副韌帶**（9）**與外側副韌帶**（10）所增厚。也可以看到**前側**（11）**與後側關節囊皺褶**（12）以及副韌帶，其中**內側副韌帶**（13）比**外側副韌帶**（14）還要短。XX'箭號與YY'箭號，分別代表**屈曲－伸直軸**與**外側傾斜軸**。

　　**圖179（前側觀）**展示出同一個構造，也就是在下方的**第一掌骨**（15）與在上方的**第一指骨**（16），並且對掌側板（3）、內側種子骨（4）與外側種子骨（5）提供一個更詳細的圖。這些骨頭是由**種子骨間韌帶**（intersesamoid ligament）（17）連接在一起（沒有展示出來），並且經由掌指關節的**內側副韌帶**（18）與**外側副韌帶**（19）連接在第一掌骨的頭部，同時，經由指種子韌帶**直向**（20）**與交叉的纖維**（21），連接在第一指骨的基部。內側種子骨肌（6）連接在內側種子骨上，並且送出**延伸**結構到第一指骨的基部（22），它遮蓋了內側副韌帶（13）的一部分。外側種子骨肌（7）的**指骨延伸結構**（23）被切斷以展示外側副韌帶（14）。

　　在**圖180（內側觀）**與**圖181（外側觀）**也可以看到**關節囊的前側皺褶**（25）**與後側皺褶**（24），**伸拇指短肌**肌腱（26）的連接處，以及明顯偏離掌骨連接點中心的內側（13）與外側（14）副韌帶，還有連接掌骨與掌側板的韌帶（18與19）。我們可以看到內側副韌帶比外側副韌帶更短也更緊，所以第一指骨基部在第一掌骨頭部的動作，在內側比在外側不明顯。第一掌骨頭部的透明圖**（圖186，P.281）**解釋第一掌骨在內側（SI）與在外側（SE）不同的移位，造成第一指骨基部的中軸旋轉在外側種子骨肌（7）的收縮比內側種子骨肌（6）更強烈時會到旋前位置。

　　這個不同的位移因為**第一掌骨頭部的不對稱**而更加明顯（**圖182**參考正面），它的**內側腫（a）更凸出**，沒有**外側腫（b）**這麼遠端。因此第一指骨的基部外側更向前側與遠端移動，形成第一指骨做出同時屈曲、旋前與橈側偏移的合併動作。

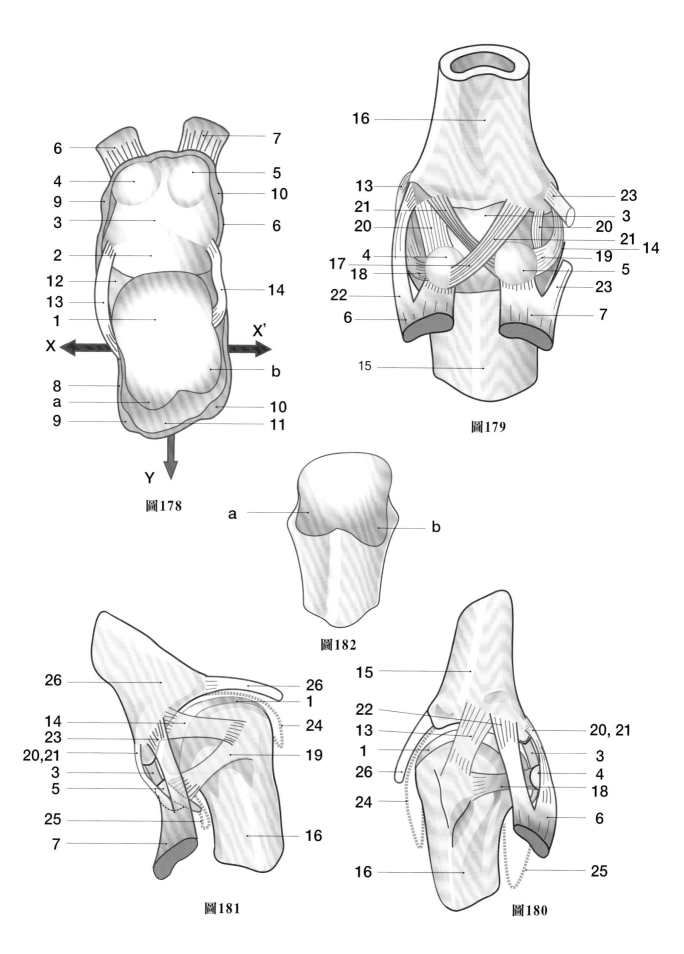

圖178

圖179

圖182

圖181

圖180

第一指骨的外側傾斜與中軸旋轉的程度是根據它屈曲的角度。

**在正中位置或者是在伸直位置時（圖183）**，**副韌帶（1）**是鬆弛的，而**掌側板（2）**與**連接第一掌骨與掌側板的韌帶（3）**是緊的，因此會防止中軸旋轉與外側動作的出現。這是第一鎖定位置，並且出現在伸直位置，同時種子骨（4）緊緊地貼在掌骨頭上。注意**後側（5）與前側（6）滑膜皺褶**在中間位置是放鬆的。

**在中間或半屈曲位置時（圖184）**副韌帶（1）仍然是放鬆的，外側的比內側的更鬆，同時掌側板（2）與連接掌側板與第一掌骨的韌帶是放鬆的，因為**種子骨（4）**滑到第一掌骨頭前側腫的下方。這是**最大活動度的位置**，可以經由種子骨肌做出外側傾斜與中軸旋轉動作。因此內側種子骨肌（SI）的收縮會造成尺側偏移以及受限的旋後，同樣的，外側種子骨肌會造成橈側偏移與旋前。

**在完全屈曲時（圖185）**，掌側板與連接在第一掌骨的韌帶是放鬆的，同時**副韌帶被牽拉到最大程度**，所以第一指骨的基部做出**橈側偏移與旋前動作**。當**外側大魚際肌群**主導但並非單獨出力的作用，將大拇指帶到**大拇指對小指對掌的極端位置**時，關節會被副韌帶與後側滑膜皺褶（5）的交互作用鎖緊。這是對應MacConaill的鎖緊位置。這是第二鎖定位置，發生在屈曲位置。

**圖186（上側觀**，第一指骨的基部是透明的）展示**第一指骨是如何旋前的**，主要是因為外側種子骨肌（SE）。

整體上來説，大拇指的掌指關節可以出現**三種動作**（Kapandji，1980），從正中位置開始（**圖187**，第一掌骨頭的後側觀，展示不同動作的軸）：

● **單純屈曲動作**（藍色箭號1）圍繞著橫軸f1，是由內側與外側種子骨肌的平衡動作達到半屈曲位置。

● 兩種複雜的動作，合併了屈曲、外側偏移與中軸旋轉：

　－**合併屈曲、尺側偏移與旋後動作**（綠色箭號2），圍繞著活動的斜向軸f2，形成一個圓錐旋轉；這大部分是由內側種子骨肌所做的。

　－**合併屈曲、橈側偏移與旋前動作**（橘色箭號3），圍繞著活動的軸f3，比f2更斜而且指向不同的方向。同樣的，這個圓錐旋轉，大部分由外側種子骨肌所造成。

因此，整個屈曲動作是與橈側偏移動作與旋前動作合併完成，這是因為第一掌骨頭的形狀不對稱，以及兩側副韌帶牽拉程度不同，**這兩個原因促成了大拇指柱整體的對掌動作。**

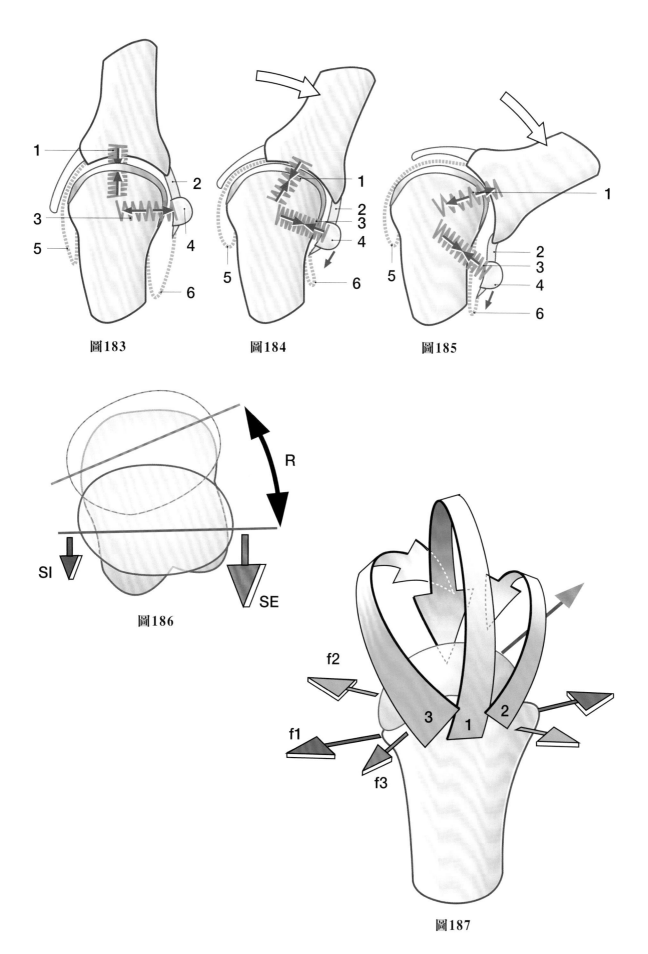

圖183

圖184

圖185

圖186

圖187

## 大拇指掌指關節的動作

這個**關節的基準位置**是當**拇指直放**且第一指骨與第一掌骨的軸共線的時候（**圖188**）。為了能了解手指關節的基本動作，建立**兩個三面體結構**是一個好方法，用三根火柴棒排列成正交並且將這些結構貼在關節的兩側。

從這個位置開始，**正常人是不可能有主動或被動的伸直動作的。**

**主動屈曲動作**（**圖189**）是60°－70°，同時**被動屈曲動作**可以達到80°或甚至90°。這個動作的基本組成很容易由三面體結構的運用來觀察到。

**在基準位置**（**圖190背側觀**）三面體結構黏住了，所以火柴棒是平行的或是共線的。這樣就可以在動作中觀察到旋轉與外側偏移動作的組成。

**在半屈曲位置，我們可以主動選擇收縮**內側或外側種子骨肌。

**當內側種子骨肌收縮時**（**圖191**，在大拇指位於掌側面前方一點的遠端觀；**圖192**，在大拇指位於掌側面上的近端觀），在火柴棒的幫助下，我們可以觀察到幾度的尺側偏移動作與5°－7°的旋後動作。

**當外側種子骨肌收縮時**（**圖193遠端觀**，**圖194近端觀**），我們可以觀察到橈側偏移動作（展示在**圖194**），比前述的尺側偏移動作還要大，以及20°的旋前動作。

我們之後會討論在大拇指對掌時的屈曲、橈側偏移與旋前的合併動作。

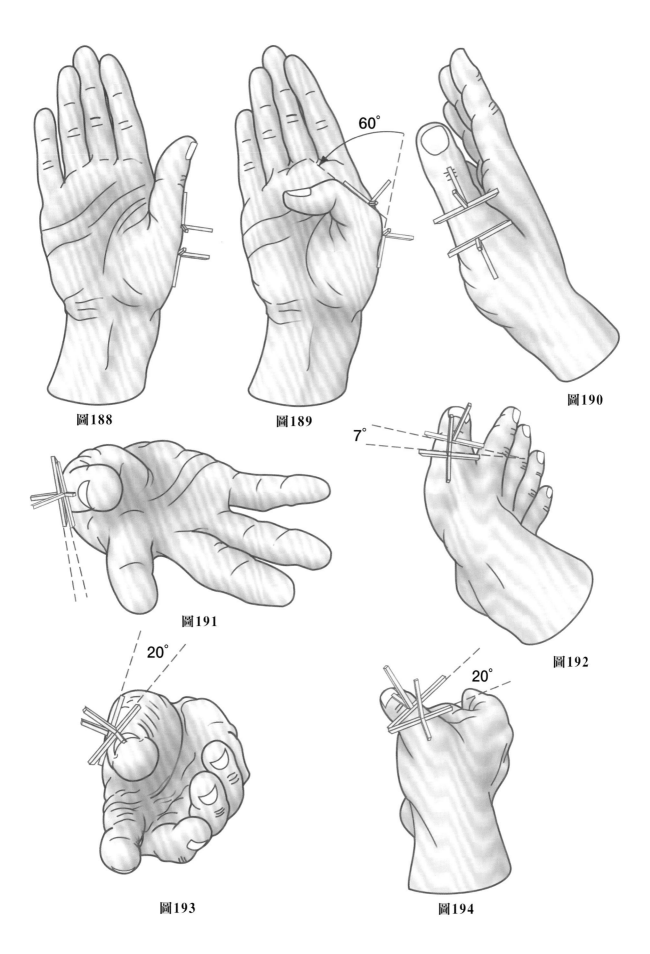

圖188

圖189

60°

圖190

圖191

7°

圖192

20°

圖193

20°

圖194

**大拇指的掌指關節合併側移與旋轉的動作**

在完全掌側圓柱抓握中，抓握是由掌指關節的**外側種子骨肌的動作**來完全鎖住。當大拇指不活動（**圖195**）且維持與圓柱體的軸平行時，抓握是不完全鎖住的，而且物體很容易會從指尖與大魚際隆起之間的空隙掉出來。

換句話說，如果**大拇指移向其他手指的話（圖196）**，物體就不會掉出來。**第一指骨的橈側偏移動作**，可以經由三面體的協助下清楚地觀察出來，將第一掌骨帶到完全前移位置。因此，大拇指會選擇最短的、也就是環狀的路徑（f）圍繞著圓柱體；這條路徑在沒有第一指骨橈側偏移的情況下，可能是橢圓形且較長（d）的。

**橈側偏移對於抓握的鎖緊是有其必要性的**，尤其是由大拇指與食指環繞物體形成的環，更是最完全包圍並且是最短的（**圖197**）。在位置a，大拇指沿著圓柱體的軸，沒有形成抓握的環狀結構。在位置b-e，環狀結構慢慢地關閉起來，最後在位置f，大拇指與圓柱體的長軸是呈垂直的，環狀結構終於完全地閉鎖，抓握動作也鎖緊了。

此外，圖中展示了兩個橫向火柴棒所形成**第一指骨旋前動作（圖198）**的12°角，使得大拇指可以將它自己轉向用掌側面的指腹來面對物體，而不是它的內緣。因此，經由增加接觸面積，第一指骨的旋前動作協助了抓握的強度。

如果**抓握的是一個小型的圓柱體（圖199）**，大拇指就會有一部分重疊在食指上，所以抓握的環形結構就會變小，閉鎖性更完全，抓握就更強。

因此，大拇指掌指關節與動作肌的功能性特徵是**特別為了抓握動作而演變出來的**。

大拇指掌指關節的穩定度是依據**關節性與肌肉性因素**綜合而來。正常情況下，在大拇指對掌時（**圖200**），大拇指與食指的連續關節是經由協同肌（小箭號）的動作來穩定。在某些情況下（**圖201**由Sterling Bunnell提出），掌指關節會進入伸直位置而非屈曲位置，也就是內翻動作（白色箭號）：

- 當**內收拇指短肌**與**屈拇指短肌**麻痺時，會使得第一指骨向後傾進入伸直位置。
- 當第一骨間空間的肌肉縮短時，會使第一掌骨靠近第二掌骨。
- 當**外展拇指長肌**無力時，會使第一掌骨無法外展。

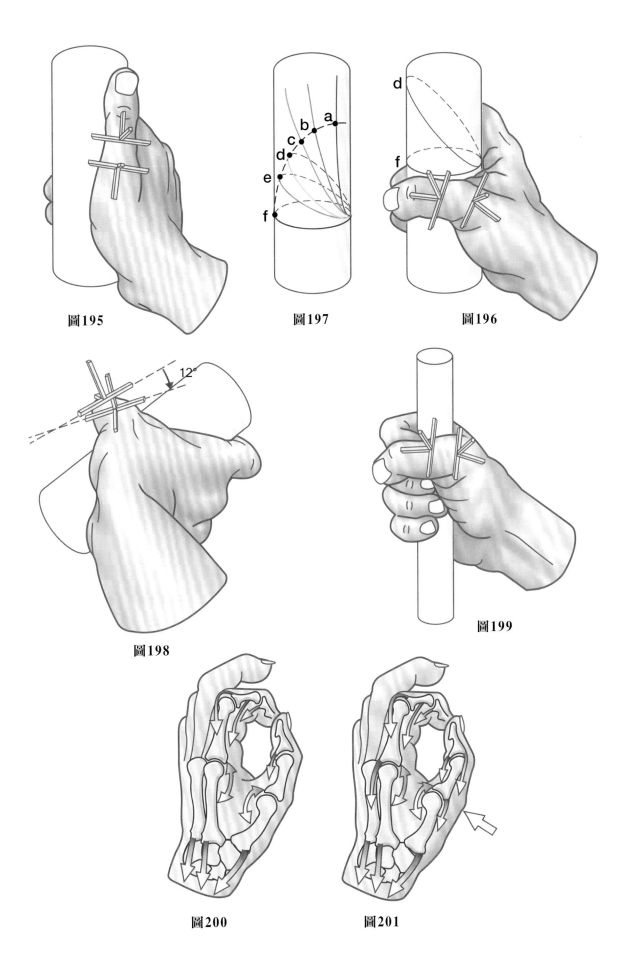

圖195　　　　　　圖197　　　　　　圖196

圖198

圖199

圖200　　　　　　圖201

# 大拇指的指間關節

第一眼看起來，大拇指的指間關節是直直向前的。它是**樞紐關節**，只有一個固定的橫軸，通過第一指骨髁狀關節表面曲度的中心，在這個軸上可以做出屈曲與伸直的動作。

**屈曲動作（圖202）**在主動時，可以用量角器測量的角度是75°–80°**（圖203）**，而被動時可以達到90°。

**伸直動作（圖204）**在主動時是5°–10°，而被動的過度伸直**（圖205）**可以增加很多，也就是30°，在某些專業中，例如雕塑家，可能要用大拇指來抹平或擠壓黏土。

這些動作在真實生活中是有些複雜的，**在第二指骨的屈曲時，會產生自動內轉動作，進入旋前位置。**

在**圖206**（解剖模型）放入兩個平行的針，一個（a）在第一指骨頭，另一個（b）在第二指骨基部，在指間關節完全伸直的位置（A）。當指間關節是屈曲的時候（B），這兩根針的夾角是5°–10°，向內側開口，也就是旋前的方向。

同樣的活體實驗，用火柴棒黏在第一指骨與第二指骨的後側表面，也可以得到相似的結果；**當第二指骨屈曲時，它會旋前5°–10°。**

這個觀察結果有一部分可以經由關節表面的機械力學特質來解釋。**圖207**（關節向後打開）展示出兩個髁的不同；內髁較為凸出，且前側到內側的距離較外髁長**（圖208）**。外髁曲度的半徑較短，所以它的前側面會突然向掌側面掉下去。因此在屈曲時內側副韌帶會比外側副韌帶較早被牽拉到，第二指骨的基部內側會提早停止移動，而外側則會繼續移動。

換句話說**（圖209）**第二指骨在第一指骨內髁（AA'）上的行進路程，比在外髁（BB'）上行進的路程要短，結果使得**第二指骨向內旋轉。**屈曲－伸直並沒有單一的軸，而是在起始位置（i）與最終位置（f）之間**一連串瞬間的斜向軸。**這些軸沿著圓錐體的環形基部走，它的頂點在軸匯合點O，位於大拇指的遠端。

如果用卡紙做出一個指間關節的模型**（圖210）**，紙條一定是沿著與手指垂直線夾角5°–10°的軸摺起。指骨屈曲時是呈現圓錐旋轉，代表它的方向隨著屈曲的角度改變。

我們之後會看到，這個指間關節旋轉的部位，在大拇指對掌時整體旋前動作中的幫助。

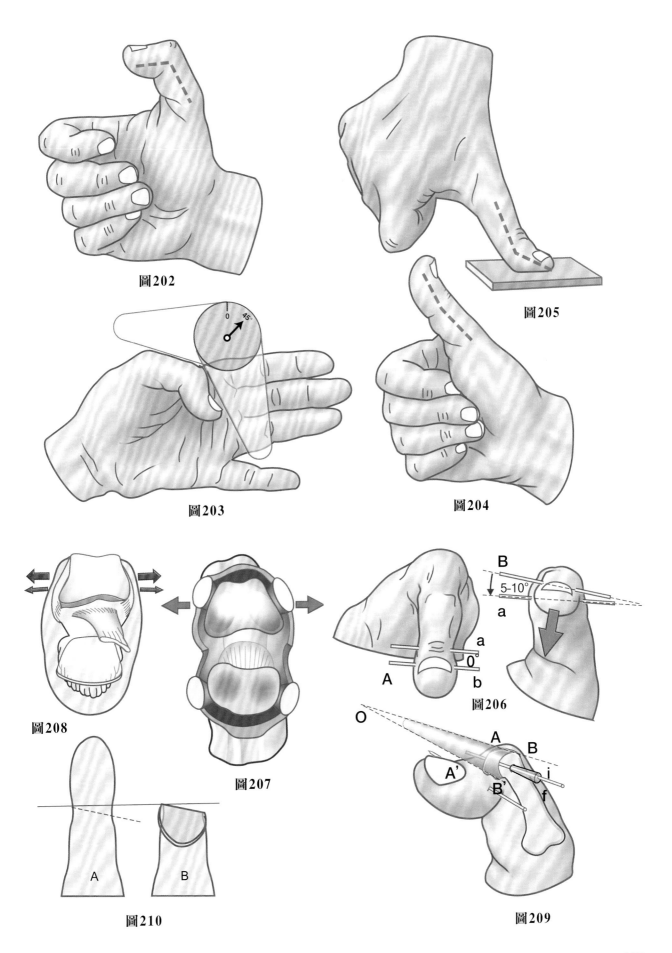

圖202

圖205

圖203

圖204

圖208

圖207

圖206

圖210

圖209

# 大拇指的動作肌群

大拇指有**九條動作肌**，這些專用肌肉的豐富性，與其他手指相比，決定了**它擁有較大的活動度與實用性**。

這些肌肉分成兩個群組：

1）**外在肌群或是長肌群**：一共是四條，大部分位於前臂。**其中三條是伸肌與外展肌**，使用於抓握動作的放鬆；**第四條是屈肌**，使用於鎖緊抓握動作。

2）**內在肌群**：位在大魚際隆起與第一骨間空間內。

這**五條**肌肉使得手部可以達到不同種類的抓握並且可以使得大拇指做出**對掌**動作。這些是較無力的肌肉，但在**精確度與協調性動作**上較有效率。

為了了解這些在大拇指上的肌群，一定要先了解**它們相對於大多角掌關節的兩個理論上的軸的動作**。這些軸（**圖212**），也就是屈曲－伸直動作的YY'軸（與掌指關節（f1）與指間關節（f2）屈曲的軸平行）及前舉－後舉的XX'軸，畫出了由兩個正交的針代表的**四個象限**，如下：

1）**X'Y'象限**在大多角掌關節的屈曲－伸直的YY'軸背側，前舉－後舉XX'軸的外側，有一條肌肉**外展拇指長肌**（1）。因為這條肌肉靠近XX'軸，會造成一點點前舉，卻可以用力地使第一掌骨伸直（**圖211**，大拇指「跑位」的近端外側觀）。

2）**X'Y象限**，位於XX'軸的內側與YY'軸的背側，有**伸拇指短肌**（2）與**伸拇指長肌**（3）的肌腱在其中。

3）**XY象限（圖213）**，位於YY'軸的內側與XX'軸的掌側，其中有兩條肌肉，位於第一骨間空間並且造成大多角掌關節的後舉動作伴隨稍微屈曲：

- **內收拇指肌**與它的兩條分支（8）
- **第一掌側骨間肌**（9），如果有的話。

這兩條肌肉使第一掌骨內收而讓第一指間裂隙變窄，或是因為將第一掌骨拉近第二掌骨而使指間空間變窄。

4）**XY'象限（圖213）**，位於YY'軸的掌側與XX'軸的外側，包含**對掌肌群**，使第一掌骨做出合併屈曲與前舉的動作：

－對掌拇指肌（6）

－外展拇指短肌（7）

最後兩條肌肉位於**XX'軸**，可以使大多角掌關節屈曲：

- **屈拇指長肌**（4）
- **屈拇指短肌**（5）

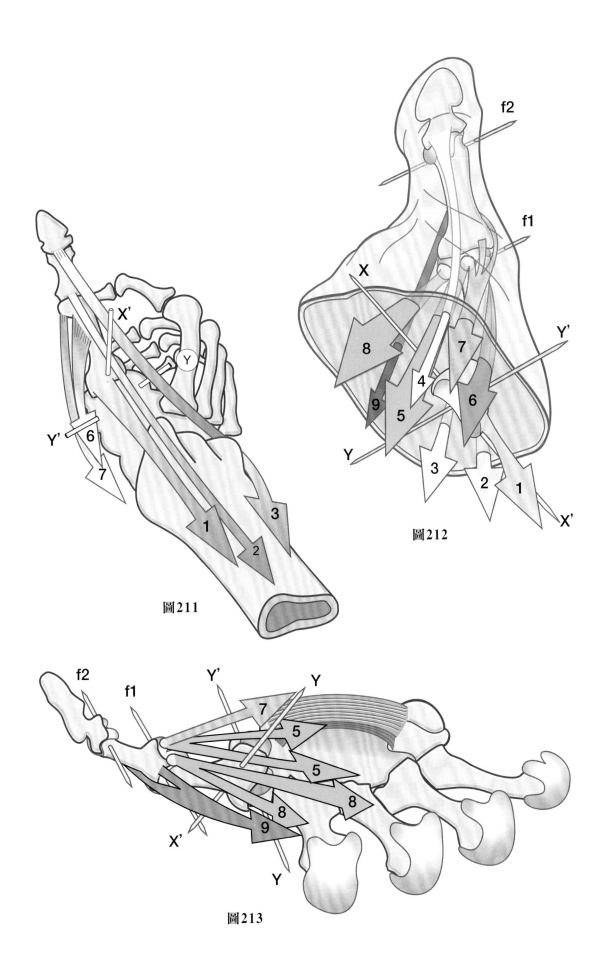

圖211

圖212

圖213

對這些大拇指動作肌群的**解剖學簡短回顧**，可以擺脫生理學上的既定觀念。它們分成兩組：外在肌群與內在肌群。

### 外在肌群

- **外展拇指長肌**（1）（**圖214前側觀**）連接在第一掌骨基部的前外側。
- **伸拇指短肌**（2）（**圖215外側觀**）與上一個肌肉平行，並連接在第一指骨基部。
- **伸拇指長肌**（3）從後面連接在第二指骨基部的背側。

針對這三條肌肉有兩點是要清楚的：

1）**解剖學上來說**，這三條肌腱位於大拇指的背側與外側，形成一個三角形的區域，頂點是位在遠端，也就是**解剖鼻煙壺**（anatomical snuffbox）。在這個空間的底部有平行的肌腱，**橈側伸腕長肌**（10）與**橈側伸腕短肌**（11）。

2）**功能性上來說**，這三條肌肉作用在大拇指一個特別的部位，這三條都是伸肌，同時**屈拇指長肌**（4）是掌側肌（**圖214**）。它橫跨過腕隧道，在**屈拇指短肌**的兩個頭之間，並從大拇指掌指關節的兩個種子骨之間分開，連接在第二指骨基部的掌側。

### 內在肌群

這些肌肉（**圖214和215**）分成兩組：外側肌肉群與內側肌肉群。

### 外側肌肉群

**外側肌肉群**包括三條由正中神經所支配的肌肉，這三條肌肉從深層到淺層如下：

1）**屈拇指短肌**（5）是從兩個頭而來，一個是從腕隧道的深層腕骨表面而來，另外一條是從**屈肌支持帶**下緣與大多角骨的結節而來。它的單一肌腱連接在外側的種子骨與第一指骨基部的外側結節。它的方向是向遠端外側斜向。

2）**對掌拇指肌**（6），從**屈肌支持帶**（外側掌側面）走向遠端、外側與後側，連接在第一掌骨的前側。

3）**外展拇指短肌**（7）從**屈肌支持帶**的近端到**對掌肌**的起始點與舟狀骨的嵴，並且位於**對掌肌**的表層，形成大魚際隆起的表層平面。它連接在第一指骨基部的外側結節，但是一部分的外側纖維沿著**第一掌側骨間肌**（9）與大拇指的背側手指延伸結構匯合。外展肌不是位於掌骨的橈側，而是在前內側並與**對掌肌**方向相同，也就是向著遠端、外側與後側。跟它的名字意思相反，外展肌並不會將大拇指往外側移動，而是將它往近端與內側移。

這三條肌肉構成了外側肌肉群，因為它們連接在第一掌骨與第一指骨的外側。**屈拇指短肌**與**外展拇指短肌**稱為**外側種子骨肌**。

### 內側肌肉群

**內側肌肉群**包含兩條由尺神經支配的肌肉，並且連接在掌指關節的內側：

1）**第一掌側骨間肌**（9）經由肌腱連接在第一指骨基部的內側結節與背側延伸結構上。

2）**內收拇指肌**（8）的橫向頭與斜向頭由總肌腱匯合在內側種子骨與第一指骨的內緣。

為了對稱的原因，這兩條稱為**內側種子骨肌**，而且與外側種子骨肌是**協同肌－拮抗肌**的關係。

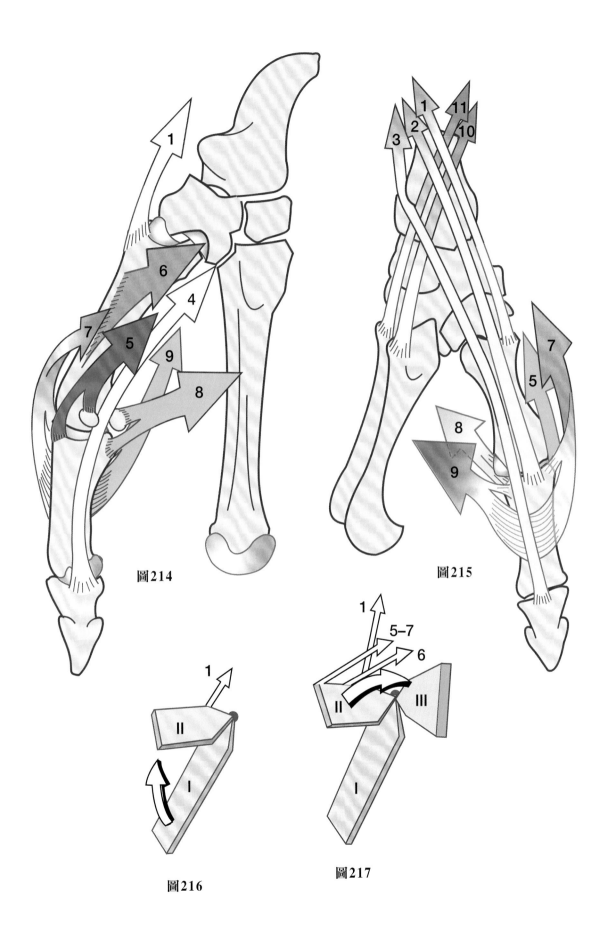

圖214

圖215

圖216

圖217

# 大拇指外在肌群的動作

**外展拇指長肌（圖218）**會使第一掌骨向外側與前側移動。因此會同時造成第一掌骨的**外展**與**前舉**，尤其是當手腕微屈曲時。這個前舉動作產生是因為外展肌肌腱走在解剖鼻煙壺肌腱的前側這個事實（**圖215**，P.291）。當手腕沒有被橈側伸肌群固定時，尤其是**短肌**，**外展拇指長肌**也會使**手腕屈曲**；當手腕伸直時會造成第一掌骨的後舉。

從功能性上來說，**由外展拇指長肌與的外側肌群所形成的力偶**，在對掌動作中有非常重要的角色。要使對掌動作開始，第一掌骨必須要從手掌平面直接抬起，所以大魚際隆起形成一個在手掌邊緣的圓錐體。這個動作是由功能性對偶的肌肉（**P.291**）在兩個時期所形成：

1）**第一期**（**圖216**，第一掌骨已被圖像化）**外展拇指長肌**（1）將第一掌骨向前側與外側伸直，從位置I到位置II。

2）**第二期**（**圖217**），從位置II，外側肌群，也就是**屈拇指短肌**（5）、**外展拇指短肌**（7）與**對掌肌**（6），將第一掌骨向前側與內側傾斜到位置III，同時將它沿著它的長軸稍微旋轉。

這個動作為了描述性的目的被分成兩個連續的時期，但實際上這些時期同時發生，而第一掌骨的最後位置III是這兩組肌肉同時產生力量的最後結果。

**伸拇指短肌（圖219）**有兩個動作：

1）它會使**第一指骨相對於第一掌骨伸直**。

2）它會直接使第一掌骨與大拇指向外側移，因此是**大拇指真正的外展肌**，造成大多角掌關節的伸直－後舉動作。為了做出單純的外展動作，腕關節必須經由**尺側屈腕肌**以及特別是**尺側伸腕肌**的協同收縮來穩定；除此之外，**伸拇指短肌**也會造成手腕的外展。

**伸拇指長肌**有三個動作（**圖220**）：

1）它會使第二指骨相對於第一指骨伸直。

2）它會使第一指骨相對於第一掌骨伸直。

3）它會使第一掌骨向內側與後側移動。在內側，它使第一骨間空間「關閉」，也就是第一掌骨內收；在後側，它造成第一掌骨後舉，因為它在橈骨的遠端結節（Lister結節，**圖211**）彎曲。這是對掌動作肌的拮抗肌，它幫助手掌撐平，並且使大拇指的指腹面向前方。

**伸拇指長肌**與大魚際肌外側肌群形成一組功能性的拮抗肌－協同肌肌群。事實上，當一個人想要在不伸直大拇指的情況下伸直第二指骨，這些外在的大魚際肌群必須發揮作用穩定第一掌骨與第一指骨，避免它們做出伸直。它們的作用像是**伸拇指長肌**的煞車，如果大魚際肌群麻痺了，大拇指對於向內側與後側的移動是無法抗拒的。**伸拇指長肌**的附加動作是**使手腕伸直**，除非經由**橈側屈腕肌**的動作來抵消。

**屈拇指長肌（圖221）**使第二指骨相對於第一指骨做屈曲的動作，並且**使第一指骨相對於第一掌骨屈曲**。為了要使第二指骨的屈曲可以單獨出現，**伸拇指短肌**必須要收縮，並且避免第一指骨的屈曲（協同動作）。我們之後會看到**屈拇指長肌**在抓握末期不可或缺的角色。

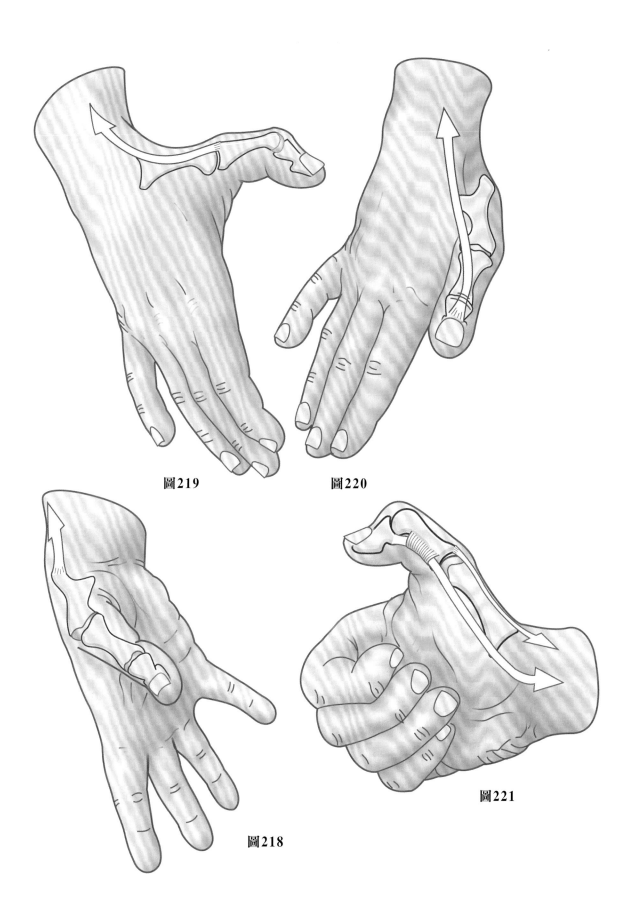

圖219

圖220

圖218

圖221

**大魚際肌內側肌群的動作（內側種子骨肌）**

**內收拇指肌**（**圖222**，8）隨著它的斜向頭（上面白色箭號）與它的橫向頭（下面白色箭號），作用在大拇指的三個骨頭上：

1）內收肌的收縮（**圖223**圖解橫截面）會使**第一掌骨（M1）**移動到一個相對於第二掌骨稍微前外側的平衡位置（A）。肌肉所形成的動作方向依據第一掌骨的起始點（Duchenne de Boulogne提出）說明如下：

- 如果第一掌骨是從完全外展的位置開始動作，內收肌就會是有效的內收肌（1）。
- 如果第一掌骨是從完全內收的位置開始動作，內收肌就會變成外展肌（2）。
- 如果第一掌骨一開始在**伸拇指長肌**的牽拉下，處於完全後移的位置（3），內收肌就會將第一掌骨帶回前移的位置。
- 如果第一掌骨因為**外展拇指短肌**（4）的收縮，已經位於前移的位置，它會將第一掌骨帶回後移位置。
- 第一掌骨休息時的位置，用R代表，是在1與3的中間。

**肌電圖研究**顯示**內收拇指肌**不單是在內收動作時出力也在大拇指後舉時出力，也在完全掌側抓握時出力，也在近指尖或指腹抓握（指腹對指腹）時出力，以及特別在近指尖對指側或指腹對指側抓握時出力。當大拇指跟其他手指對掌時，**內收拇指肌**會根據與越來越內側的手指對掌就會越來越出力。**當大拇指與小指對掌時，它會出最大的力量**。內收肌在外展動作、前舉動作與指尖抓握（指尖對指尖）時是不出力的。

後來的**肌電圖研究**（Hamonet、de la Caffinière 與Opsomer）確認它在所有的對掌期間，大拇指與第二掌骨互相靠近時尤其出力。它在長路徑對掌時比短路徑對掌時出力較小（**圖224**，圖中展示內收肌的動作，根據Hamonet、de la Caffinière 與Opsomer）。

2）**在第一指骨上**（**圖222**）它有三重動作：稍微屈曲，尺側偏移與外側中軸旋轉，或是旋後（白色彎曲的箭號）。

3）**在第二指骨上**它的作用是伸肌，因為它的連接點與第一骨間肌混在一起。

**第一掌側骨間肌**有非常相似的動作：

- 內收，也就是第一掌骨被拉向手部的軸。
- 經由背側伸肌延伸結構使第一指骨屈曲。
- 經由外側伸肌延伸結構使第二指骨伸直。

**大魚際肌內側肌群**的整體收縮會使大拇指的指腹與食指的第一指骨側面接觸（**圖222**），並且造成大拇指的旋後。這些肌肉是由尺神經所支配，對於在大拇指與食指之間抓握物體的能力是必須的。

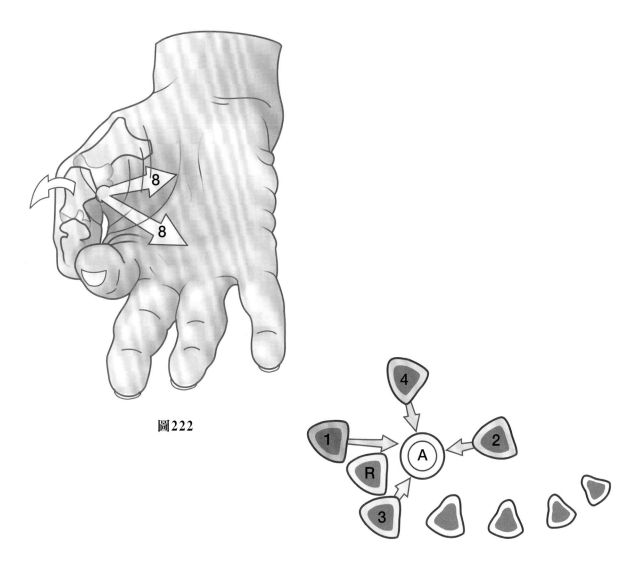

圖222

圖223

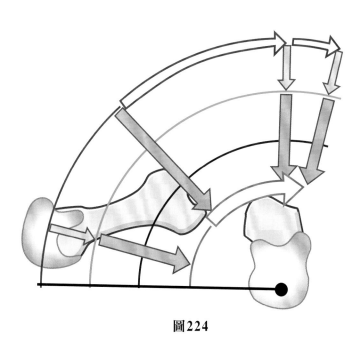

圖224

## 大魚際肌外側肌群的動作

**對掌拇指肌**（6）有三個相對於**對掌小指肌**的動作。**肌電圖的示意圖**（圖226，由Hamonet等人所提出）帶出它的組成：

- 第一掌骨相對於腕骨的**前舉動作**，尤其是在對掌的長路徑中。
- 在最大對掌動作時的**內收動作**，將第一掌骨拉近第二掌骨。
- 以旋前的方向做**中軸旋轉動作**。

這三個動作對於對掌是必須的，所以這條肌肉配得上它的名字。（圖225）**對掌肌**在任何與大拇指有關的抓握活動上都需要出力。另外，肌電圖研究顯示出它在外展動作中是矛盾地收縮著，因為要穩定大拇指。

**外展拇指短肌**（7與7'），在對掌的末期將第一掌骨拉離第二掌骨（圖227，肌電圖的示意圖，Hamonet等人）。

- 它會在對掌的長路徑中**將第一掌骨向前側與內側移動**，也就是當第一掌骨與第二掌骨離得最遠的時候（**圖225**）。
- 它造成第一指骨相對於第一掌骨的**屈曲**，伴隨一些外側緣的**橈側偏移**。
- 它造成第一指骨的中軸旋轉到**旋前**（向內旋轉）。
- 最後，它經由延伸結構**使第二指骨相對於第一指骨做伸直動作**，延伸結構與**伸拇指長肌**相連。

當它因為電刺激而單獨收縮時，它會將大拇指的指腹帶向與食指及中指接觸的位置（**圖225**）。因此，它是對掌的必要肌肉。如同之前所說的，它與**外展拇指長肌**形成一個力偶，完成對掌動作。

**屈拇指短肌**（圖228，5與5'）在由大魚際肌外側肌群形成的所有動作中佔有一部分。而且當它因電刺激而單獨收縮時，是一條**內收肌**，因為會將大拇指的指腹帶向最後兩指形成對掌動作（Duchenne de Boulogne的研究）。另一方面，在這個動作中，它能夠將第一掌骨移動到前移位置的能力受限，是因為它的深層分支（5'）與它的淺層分支（5）互為拮抗。它造成一個明顯的向內旋轉，進入旋前位置。由淺層分支所記錄下來的動作電位（圖229，由Hamonet 等人所提出的示意圖）展示出它與**對掌肌**有相似的動作，並且在對掌的長路徑中是產生最大力量的肌肉。

它也使第一指骨在**外展拇指短肌**的幫助下，**相對於第一掌骨屈曲**，另一條內側種子骨肌以及第一掌側骨間肌的幫助，這兩條形成第一指骨的背側延伸結構。**大魚際肌外側肌群在外展拇指長肌的幫助下，合併動作造成大拇指的對掌。**

**第二指骨的伸直動作**，可以經由**三組肌肉**在不同的作用下完成（Duchenne de Boulogne提出）如下：

1) **經由伸拇指長肌**配合第一指骨的伸直與大魚際隆起的變平，這些動作會在手部打開且撐平的時候出現。

2) **經由大魚際肌內側肌群**（第一掌側骨間肌）配合大拇指的內收。這些動作發生在大拇指的指腹與食指的第一指骨側面對掌時（**圖249**，P.309）。

3) **經由大魚際肌外側肌群**尤其是**外展拇指短肌**，當大拇指的指腹與其他手指對掌時。

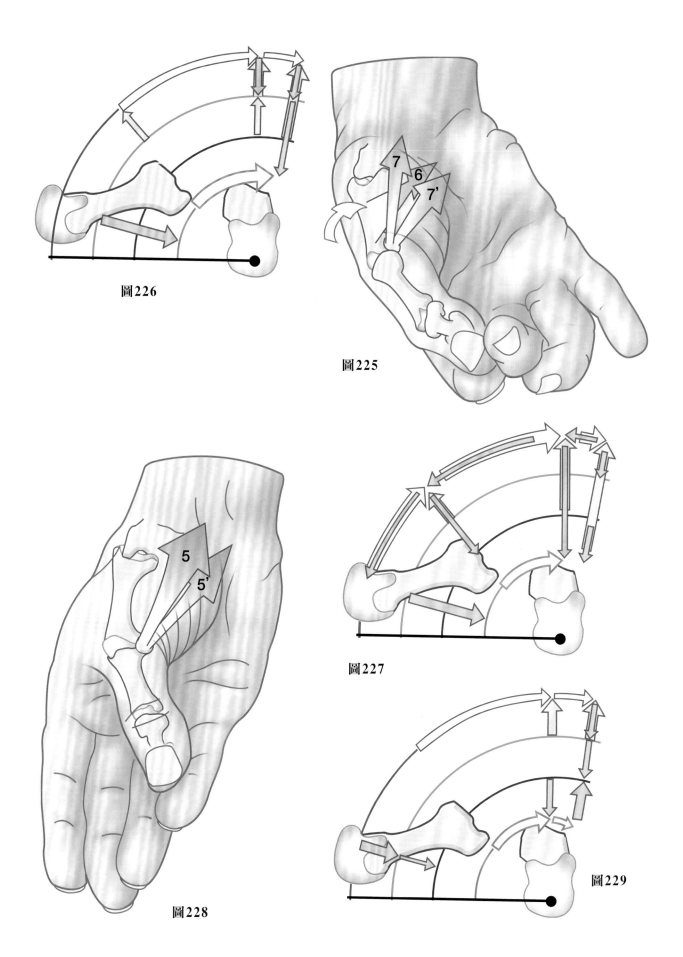

圖226

圖225

圖227

圖228

圖229

# 大拇指的對掌動作

**對掌是大拇指的重要動作**，因為它讓大拇指的指腹可以與任何其他的手指接觸，以形成大拇指－**手指捏的動作**。所以對掌不是一個動作，而是一連串連續的動作，是**許多不同的靜態與動態抓握**，依據牽涉手指的數目以及它們完成這個動作的方法。因此，大拇指只會在與其他手指結合時出力，才會達到完全的功能性，反之亦然。**如果沒有大拇指，手部實際上是沒有功能的**，因此我們發展出許多複雜的手術療程，用其他手指的構造來重建大拇指，也就是**手指的拇指化處理**，近代也稱之為**移植（transplantation）**。

對掌動作的全部範圍位於**圓錐體的扇形面**內，它的頂點在大多角掌關節上，也就是**對掌錐**。這個圓錐體明顯是被扭曲的，因為它的基部被「對掌的長路徑與短路徑」所限制（J. Duparc 與J.–Y. de la Caffinière）。

**對掌長路徑（圖230）**由Sterling Bunnell的經典火柴棒實驗所清楚描述出來**（圖234，P.301）**。這個動作在P.300有詳細的說明。

**對掌的短路徑（圖231）**被定義為幾乎是第一掌骨在平面上的線性動作，使它漸漸移動到第二掌骨的前側。這個**大拇指爬行跨過手掌的動作**很少用到，也幾乎沒有功能性上的價值。應該不能分類成對掌動作，因為它跟**旋轉組成**沒有關係，而旋轉（後續會提到）對於對掌來說是有關鍵重要性的。而且，這個大拇指爬行的動作，在**正中神經失能**而無法做出對掌動作時仍然存在。

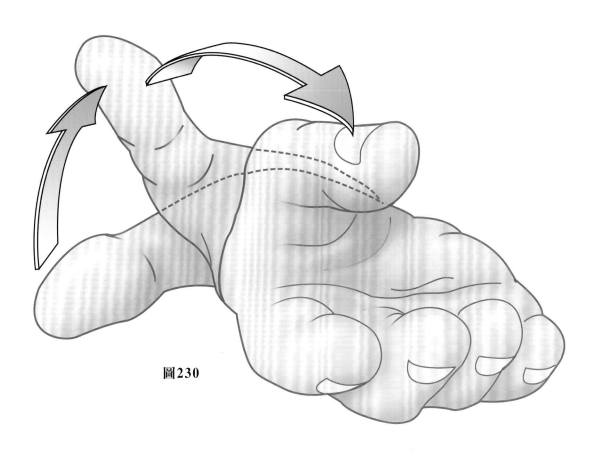

圖230

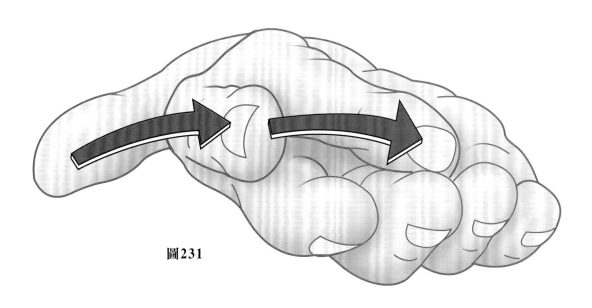

圖231

機械力學上來說，大拇指的對掌是個**複雜的動作**，由**三個不同的部分**組成：大拇指骨關節列的**前舉動作、屈曲動作與旋前動作**。

## 前舉動作

前舉（**圖232**）是使大拇指可以移動**到手掌平面前側**的動作，所以大魚際隆起看起來像是手部外側近端角的圓錐體。它主要發生在**大多角掌關節**，掌指關節則比較少，它的橈側偏移讓大拇指看起來更直一些。在英文語系的書中，第一掌骨遠離第二掌骨的動作稱之為外展，與大拇指向內側移動的內收動作的存在是互相矛盾的。因此，外展這個名詞只適用於第一掌骨在冠狀切面遠離第二掌骨的動作上。

## 屈曲動作

屈曲（**圖233**）將整個大拇指向內側移，因此傳統上稱之為內收。但是我們已經說明這是個屈曲的動作，需要大拇指柱所有的關節一起動作，說明如下：

- 它主要影響**大多角掌關節**，但是這個關節的動作無法帶著第一掌骨越過以第二掌骨為軸上的矢狀切面。所以它實際上是屈曲動作，接著是掌指關節的屈曲動作。
- **掌指關節**會做不同程度的屈曲動作，依據將要對掌的手指是哪一隻來決定。
- **指間關節**藉由延長掌指關節的屈曲動作來使屈曲動作完整達成。

## 旋前動作

旋前對於大拇指的對掌動作是必要的，它使大拇指的指腹與其他手指的指腹可以完全接觸。這可以被定義為第二指骨在空間排列上的改變，使它可經由沿著長軸旋轉的角度來面對不同方向。旋前這個詞是藉由前臂動作來比喻，而且有相同的意義。這個第二指骨的內轉**是許多動作的組合，且經由大拇指的不同機制做出不同程度的動作**。這經由**Sterling Bunnell的火柴棒實驗**已經有很好的呈現（**圖234**）。一根火柴棒橫向黏在大拇指指甲的基部，然後從前面來看手部（你可以自己試試這個實驗，從鏡子裡觀察）。從起始位置（I）（手部攤平）到完全對掌的最後位置（II）（大拇指接觸小拇指）的角度是90°－120°。一開始的時候，大家認為是因為大多角掌關節的關節囊鬆弛，所以大拇指才能做出旋轉動作。然而近期研究顯示，準確來說大多角掌關節在完全對掌位置是處於鎖緊位置，僅有很小程度的動作，而因為所有大魚際肌群的走向，它們的收縮會強力地將掌骨頭的基部壓在大多角骨的鞍部，並且使得關節鬆動角度是最小的，所以第一掌骨的長軸旋轉不是因為機械力學的反應。現在認為大多角掌關節的旋轉是**因為這個雙軸關節的機械力學特質**。而且，大多角掌關節的**雙軸義肢**，使得對掌動作可以正常地執行。

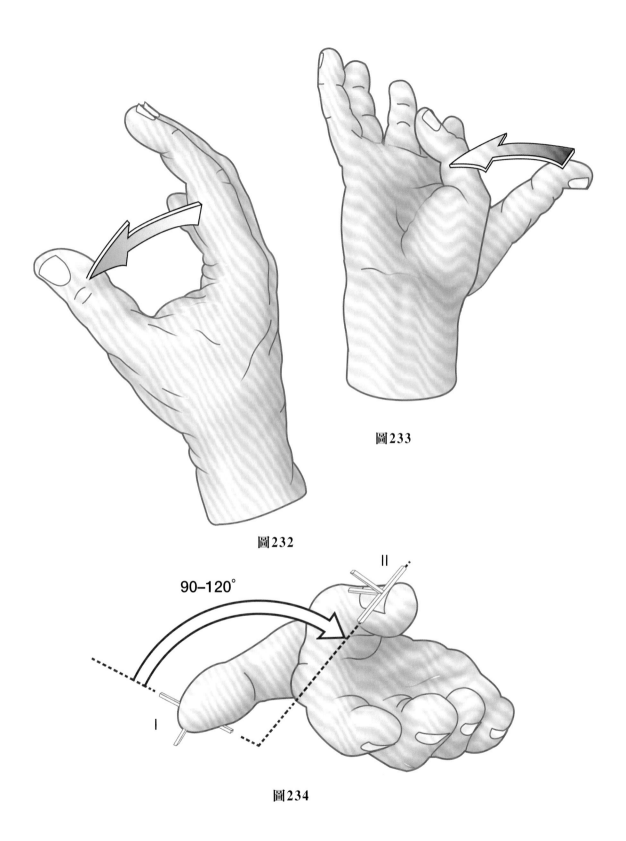

圖232

圖233

90–120°

II

I

圖234

## 旋前動作的組成

大拇指的旋前動作是由兩種旋轉而來：自動或共同旋轉與自主或附屬旋轉。

### *自動或「共同」旋轉*

如同之前所述，自動或「共同」旋轉是來自於大多角掌關節的動作。掌指關節與指間關節經由它們的動作來增加大多角掌關節的屈曲動作，協助旋轉。結果，使第二指骨的長軸幾乎與前舉－後舉的軸YX'平行，第二指骨是以圓柱體旋轉行動，所以大多角掌關節沿著這個軸的任何旋轉，都會造成大拇指指腹的旋轉，而且改變它的排列。

從起始位置（**圖235**模型的前上側觀）到最終位置（**圖236**），第二指骨在與小指對掌時，空間排列上的改變發生在四個軸上XX'、YY'、f1與f2，沒有任何卡紙上的扭轉，這表明了其中一個關節有自由的「關節內動作」。

為了詳細研究這個動作（**圖237**，A，B，C），在大多角掌關節的萬向關節模型上連續地（或同時）做出下列四個操作步驟，如同P.267的展示：

A. **萬向關節模型**的固定部分（T）（大多角骨）與第一掌骨（M），經由中間環形物與（T）形成關節。這個圖形對應於大拇指的後移位置，「卡」在手掌平面的食指基部。

B. 大多角掌關節的萬向關節模型的**中間環狀物沿著**XX'軸旋轉，（**在前舉**位置的方向（紅色箭號）伴隨第一掌骨的起始前移（綠色箭號）。

C. **第一掌骨**（藍色箭號）沿著萬向關節的第二軸（YY'）**屈曲**，達到M2的位置。沿著長軸（R）的自動旋轉是可能觀察到的，可以經由小圖中（C）來測量。

這個屈曲的動作經由**第一指骨**相對於掌指關節軸f1的**屈曲**（**圖236**）以及**第二指骨**在指間關節相對於軸f2的**屈曲**來延伸。因此我們不再是經由理論上的爭論，而是透過臨床上的經驗，展示出萬向大多角掌關節在大拇指的中軸旋轉上所扮演的重要角色。

### *自主或「附屬」旋轉*

自主或「附屬」旋轉（**圖238**）可以經由將火柴棒橫向固定在大拇指的三個活動部件上，然後將大拇指移動到完全對掌的位置上來表明清楚。我們可以觀察到中軸旋轉到旋前大約30°，是發生在兩個關節上：

- **在掌指關節上**有24°的旋前動作，由**外展拇指短肌**與**屈拇指短肌**所做，這是主動旋轉。
- **在指間關節上**有7°的旋前動作，這是**完全自動的**，是由圓錐旋轉造成（**圖206**）。

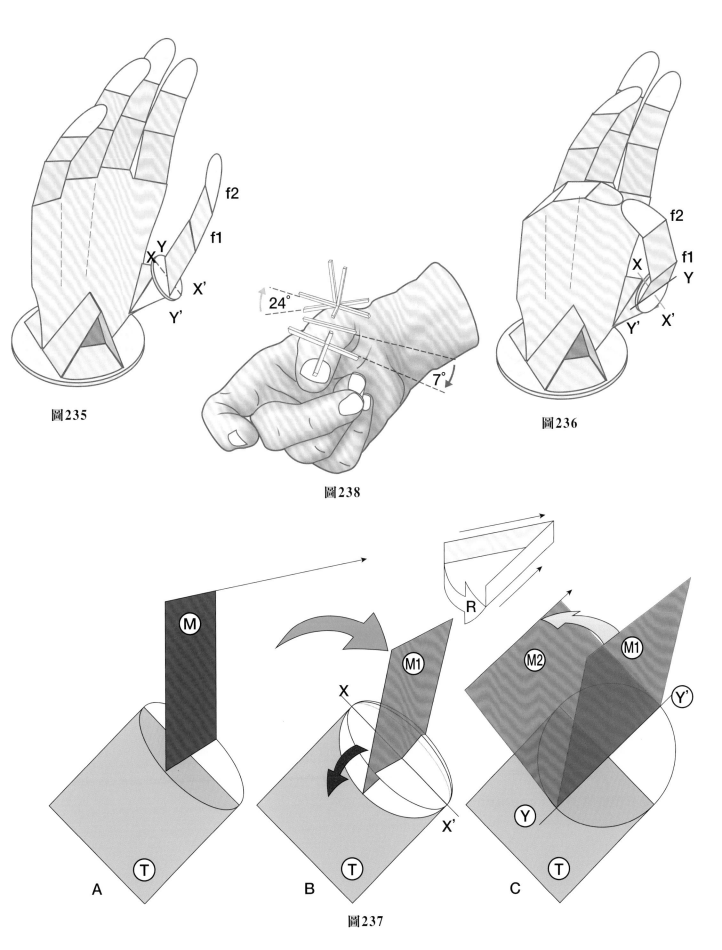

圖235

圖238

圖236

圖237

# 對掌與反對掌動作

我們已經看到大多角掌關節在大拇指的對掌動作中扮演關鍵角色，但是**掌指關節與指間關節是決定**大拇指可以與那一隻手指對掌的關鍵。事實上，**這些關節不同屈曲角度的存在**，使得大拇指可以任選一個手指來對掌。

**當大拇指與食指做指腹與指腹的對掌動作時（圖239）**，掌指關節有一個非常小幅度的屈曲，沒有伴隨第一指骨的旋前或是橈側偏移，因為被內側副韌帶限制了，而指間關節此時是**伸直**的。大拇指與食指的對掌方式有其他模式，舉例來說，當掌指關節完全伸直而指間關節屈曲時的指尖對指尖對掌動作。

**當大拇指與小指做指尖對指尖對掌動作時（圖240）**，掌指關節是屈曲的，同時伴隨著第一指骨的橈側偏移與旋前動作，而指間關節是屈曲的。注意大拇指的指甲幾乎向前，表示它有旋轉。在指腹到指腹對掌時，指間關節是伸直的。

與**中指及無名指做對掌動作時**，是由掌指關節做中間角度的屈曲，伴隨第一指骨同時的橈側偏移與旋前來完成。

因此我們可以説，在對掌期間，一旦第一掌骨基部從任何起始位置開始移動，就是**由掌指關節來使大拇指可以選擇對掌的手指**。

對掌，對於物體的抓握是必要的，但若是沒有**反對掌動作（counter-opposition）**的話，也是沒有用。反對掌動作使手部可以從抓握動作放鬆，或是準備好要抓握一個大型的物體。這個動作**（圖241）**將大拇指帶到手掌平面，包含三個基本動作，從對掌位置開始：

- 伸直動作
- 後舉動作
- 大拇指的旋後動作

**反對掌的動作肌群如下：**

- **外展拇指長肌**。
- **伸拇指短肌**。
- 尤其是**伸拇指長肌**，是唯一一個能夠將拇指帶到手掌平面上完全後移的位置，。

**大拇指肌群的動作神經如下（圖242）：**

- **橈神經（radial nerve）**（R）做反對掌動作
- **正中神經（median nerve）**（M）做對掌動作
- **尺神經（ulnar nerve）**（U）強化抓握動作

**用於測試神經支配完整性的動作有：**

- 測試橈神經：**腕關節與四指掌指關節的伸直**，以及大拇指的伸直及橈側外展。
- 測試尺神經：**手指遠端指骨的伸直與它們集中或分離的能力。**
- 測試正中神經：**握拳與大拇指對掌的能力。**

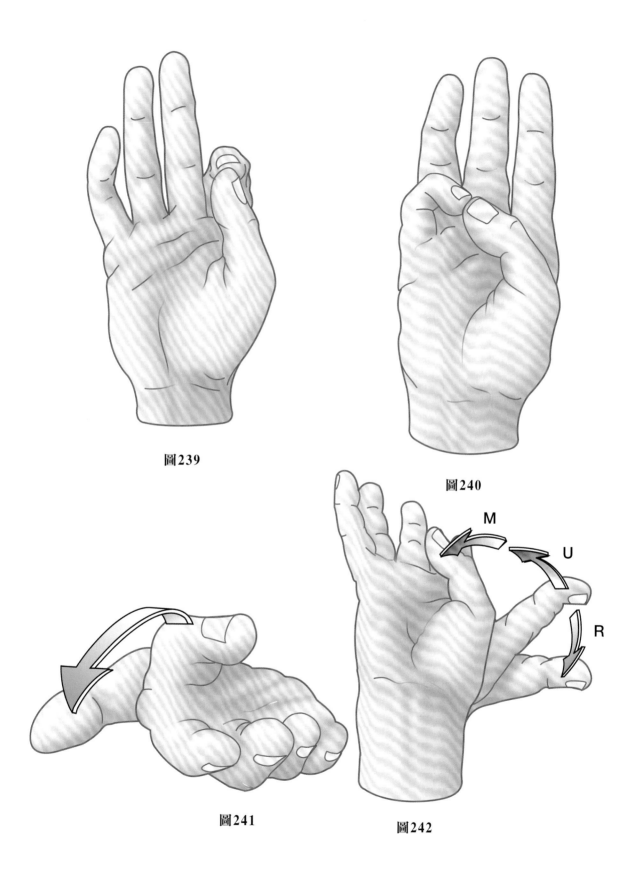

圖239

圖240

圖241

圖242

要精準地測量對掌這個複雜的動作是很困難的，因為所使用的方法（P.254）無法將大拇指的中軸旋轉計算在內。在1986年，有學者提出量化的方法，現今或多或少被全球所接受，也就是**對掌與反對掌測試**。不需要使用任何測量工具，而且使用個案的身體當作基準系統；可以在任何環境下使用，並循著希波克拉底方法進行。結果記錄為**單一數字**，方便統整於**統計表格**中。

在**完全對掌測試**（TOT）時**（圖243）**（現已收錄在國際分類中），個案的手本身就是基準系統，如下所述。從它的起始點開始，也就是外展到底的位置，大拇指在陸續接觸其他手指指腹時會透過對掌動作的長路徑，直到它摸到小指的掌側面以及手掌本身。

**測量方式**有**10級**，從沒有對掌到最大對掌：

- **第0級**：大拇指的指腹接觸到食指第一指骨的外緣；手掌是攤平的，大拇指沒有對掌動作出現。
- **第1級**：大拇指的指腹接觸食指第二指骨的外緣，大拇指有一些前移，以及食指的些微屈曲。
- **第2級**：大拇指的指腹達到食指第三指骨的外緣，第三指骨有部分屈曲，同時大拇指向前移更多。
- **第3級**：大拇指的指尖接觸到食指第三指骨的指尖，指尖是屈曲的，而大拇指是稍微內收的。
- **第4級**：大拇指的指尖接觸中指第三指骨的指尖，大拇指更加內收，掌指關節稍微屈曲，指間關節則維持伸直。
- **第5級**：大拇指接觸無名指第三指骨的指尖，而大拇指更加內收與前移，掌指關節更屈曲一些，且指間關節稍微屈曲。

- **第6級**：大拇指接觸小指第三指骨的指尖，而大拇指與掌指關節是在最前移位置，指間關節也維持伸直。
- **第7級**：大拇指接觸稍微屈曲的小指遠端指間掌紋的位置，這時指間關節更加屈曲，而且掌指關節的屈曲達到最大。
- **第8級**：大拇指接觸到稍微屈曲的小指近端指間掌紋的位置，這時指間關節更加屈曲，而大多角掌關節與掌指關節則是最大屈曲。
- **第9級**：大拇指接觸小指基部在指掌掌紋的位置，這時指間關節則是完全屈曲。
- **第10級**：大拇指接觸手掌在遠端手掌掌紋的位置，這時指間關節、大多角掌關節與掌指關節是完全屈曲的。這個位置就是最大對掌位置。

**如果這個測試是10分，則對掌動作是正常的。**

然而，如果要使這個測試有價值，大拇指必須要經由對掌的長路徑，也就是**在手掌與大拇指之間必須有空間（圖244）**，尤其是在第6-10級。當然也可以使大拇指經由短路徑來達到10分，但是這樣測試就沒有用了。

**反對掌測試**是在一個水平切面上進行，例如桌子上**（圖245）**。要測試的手在桌上攤平，另一隻手則要將尺側緣放在大拇指的前面當作對照組。反對掌動作有以下四個分級：

- **第0級**：大拇指無法主動離開桌子表面。
- **第1級**：大拇指的遠端末端可以主動抬到掌指關節第5位置。
- **第2級**：大拇指可以主動抬到掌指關節第4位置。
- **第3級**：大拇指很少可以主動抬到掌指關節第3位置。

如果可以做到第2級或第3級，那麼**伸拇指長肌的效能**是正常的。

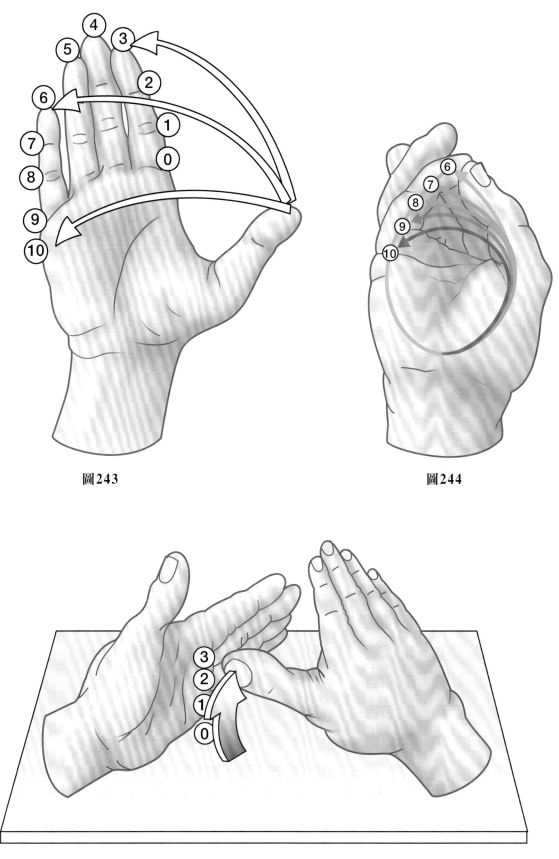

圖243

圖244

圖245

# 抓握的模式

手部複雜的解剖構造與功能性排列造成了抓握動作。抓握的模式可以分為三大類：**靜態抓握**例如掐的動作、**與重力有關的抓握**、以及**與動作有關的動態抓握**。除了抓握，手部也可以作為打擊樂器、作為溝通工具，例如手勢。這些之後都會逐一討論。

## 靜態抓握

這些像是掐的抓握動作可以分成**三類：手指的、手掌的與對稱的**。它們並不需要重力的幫助，所以就算在太空艙中仍然有用。

## 手指抓握

像掐的手指抓握可以更進一步分類成**兩指抓握（bidigital）與多指抓握（pluridigital）**。

A. **兩指抓握動作**是指一般的大拇指對手指掐，通常是指大拇指與食指之間，分成三種類型，依據對掌發生的方式為指尖、近指尖或是近指尖對指側接觸。

1）**指尖（指尖對指尖）對掌的抓握動作（圖246和247）** 是最精細且準確的。使我們可以抓住一個細小的物品**（圖246）** 或是撿起一個小東西，例如火柴棒或是針**（圖247）**。如果是細小的東西（例如頭髮）需要抓起，可以用大拇指與食指（或是中指）的指腹尖端或甚至指甲的邊緣對掌來抓握東西。這需要指腹的彈性，甚至指甲的幫忙，在抓握中是很重要的一種，也稱為**指腹對指甲（pulpo-ungual）** 抓握。這種抓握在任何種類的手部疾病中都首先會受到影響，因為它需要關節完全的動作範圍來完全屈曲，特別是肌肉與肌腱的完整性，尤其是下列這些：

- 對食指來說，**屈指深肌肌腱**可以穩定第三指骨的屈曲動作，當屈肌肌腱斷裂時，無論如何都會需要手術修復。
- **屈拇指長肌**對於大拇指也有相似的動作，因此也需要修復。
- 也要注意中指與無名指的相關自動屈曲動作。

2）**近指尖或指腹（指腹對指腹）對掌的抓握動作（圖248）** 是最常見的。它使我們可以拿取相對較大的物品，像是鉛筆或是紙張。這種模式的效用可以經由從大拇指與食指之間試著將紙張抽出來而進行測試。如果抓握沒問題，紙張就不會被抽出來。這個測試被稱為**Froment徵象**，來測量**內收拇指短肌**的肌力與支配它的運動神經，尺神經的完整性。

在大拇指與食指（或其他手指）的抓握模式下，是用它們的指腹掌側面來接觸的。指腹的情況當然很重要，但是遠端指間關節卻不是，它可能因為伸直或半屈曲的關節固定而僵硬。這種抓握模式所需要的肌肉如下：

- **屈指淺肌**的食指肌腱，可以穩定屈曲的第二指骨。
- 大魚際肌群，使大拇指的第一指骨屈曲：**屈拇指短肌**、第一掌側骨間肌、**外展拇指短肌**，以及特別是**內收拇指肌**。

3）**近指尖對指側或指腹對指側（指腹對指側）接觸的抓握動作（圖249）**，舉例來說，抓住一個錢幣。當食指的後兩節指骨被截肢時，它可以代替前兩種抓握。抓握會比較不精細，但是卻差不多有力。大拇指指腹的掌側壓在食指第一指骨的外側表

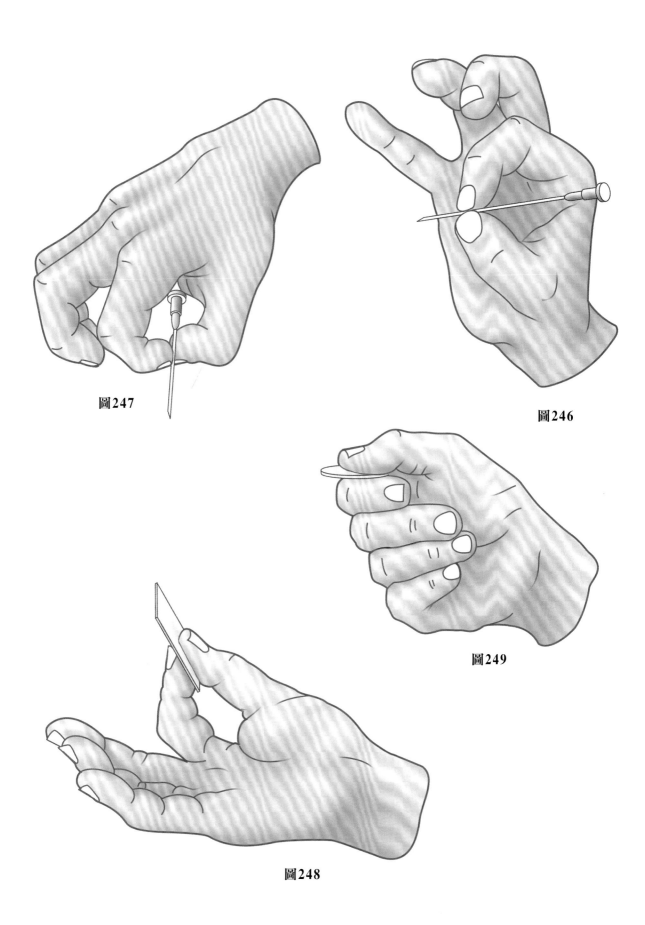

圖247

圖246

圖249

圖248

面。這個動作需要下列肌肉：

- 第一背側骨間肌從外側穩定食指，而它的內側是由其他手指支持。

- **屈拇指短肌**、第一掌側骨間肌與最重要的**內收拇指肌**，它的功能是經由肌電圖所確認的。

4）**指間的指側對指側抓握動作（圖250）**是沒有大拇指參與的唯一一種兩指抓握，是第二重要的抓握，通常是食指與中指合作，例如拿香菸或是其他的小物品。相關的肌肉有骨間肌（第二掌側與背側骨間肌）。這種抓握力量較小，精確度也較低，但是大拇指的截肢可以使這種抓握發展到令人驚訝的角度。這是一種補償性的抓握動作。

B. **多指抓握動作**，牽涉大拇指與其他超過一隻的手指，要比兩指抓握有力得多，準確度也更好。

1）**三指抓握動作（三點掌側捏的動作）**是最常用的，通常是大拇指、食指與中指。世界上最大族群的人口不是使用餐具來吃飯，而是用這種抓握將食物送進口中；是進食使用的抓握。**這是三指近指尖（指腹對指腹）抓握的形式（圖251）**，就像當我

們用大拇指、食指與中指的指腹緊緊抓住一顆球時的樣子。也出現在書寫時，不論是用鉛筆或是鋼筆**（圖252）**，都是用大拇指與食指的指腹以及中指的外側。抓握是由中指外側以及第一指間裂隙支撐。

這樣看來，這種抓握是有方向性的，並且代表了對稱抓握與動態抓握（參考後續），既然書寫是由肩膀與手部的動作而來，是用它的尺側緣與小指在桌上滑動，也靠著前三指來動作。鉛筆來回的動作是由**屈拇指長肌**與**屈指淺肌**的食指肌腱來產生，而外側種子骨肌與第二背側骨間肌則負責維持鉛筆的穩定。

**當要旋開瓶蓋時（圖253）**是用三指抓握，用大拇指的指側與中指的第二指骨外側抓住瓶蓋的一側，食指的指腹則從另一側夾住瓶蓋。大拇指能夠相對於中指緊緊抓住瓶蓋，是因為所有的大魚際肌群收縮的關係。抓握首先是經由**屈拇指長肌**鎖緊，最後是經由**屈指淺肌**鎖緊。在瓶蓋鬆開後，它就可以不需要食指的幫忙，而是屈曲大拇指與伸直中指。這是一個有動作的動態抓握（參考後續）的例子。

如果瓶蓋一開始就是鬆開的，它可以輕鬆地用指腹三指抓握旋開，大拇指是屈曲的、中指是伸直的，而食指經由第一背側骨間肌外展。這是另一個有動作的動態抓握。

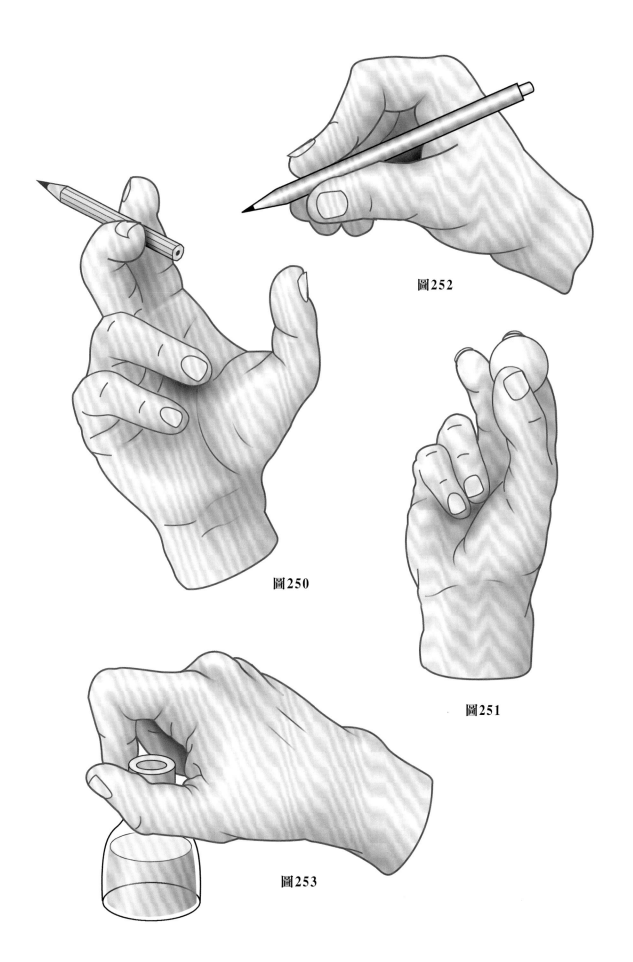

圖252

圖250

圖251

圖253

2）**四指抓握動作**出現在物體較大且需要緊緊抓住的情況，舉例如下：

- **四指指腹（指腹對指腹）抓握動作（圖254）**，出現在手部握住一個球形物體時，像是乒乓球。大拇指、食指與中指做指腹對指腹接觸，球是由無名指第三指骨的指側壓住，它的功能是要避免球從內側滑脫出去。

- **指腹對指側接觸的四指抓握動作（圖255）**，出現在要轉開蓋子時。接觸的範圍是很廣泛的，包括大拇指、食指與中指第一指骨的指腹與掌側面，以及無名指第二指骨的指腹與指側，無名指可以防止蓋子向內側滑脫出去。當大拇指與手指包圍蓋子時，手指呈螺旋狀移動，可以看出所有作用力的總合並不在蓋子的中心，而會向上移到食指的掌指關節。

- **包括大拇指與其他三指的指腹（指腹對指腹）四指抓握動作（動態四點抓握動作）**，如同一個人抓著炭筆、藝術家的畫筆或是一般鉛筆時**（圖256）**。大拇指的指腹穩定地壓在物體上，對著食指、中指與無名指的指腹，這三指幾乎是完全伸直的。這也是小提琴家與大提琴家抓握琴弓的方法。

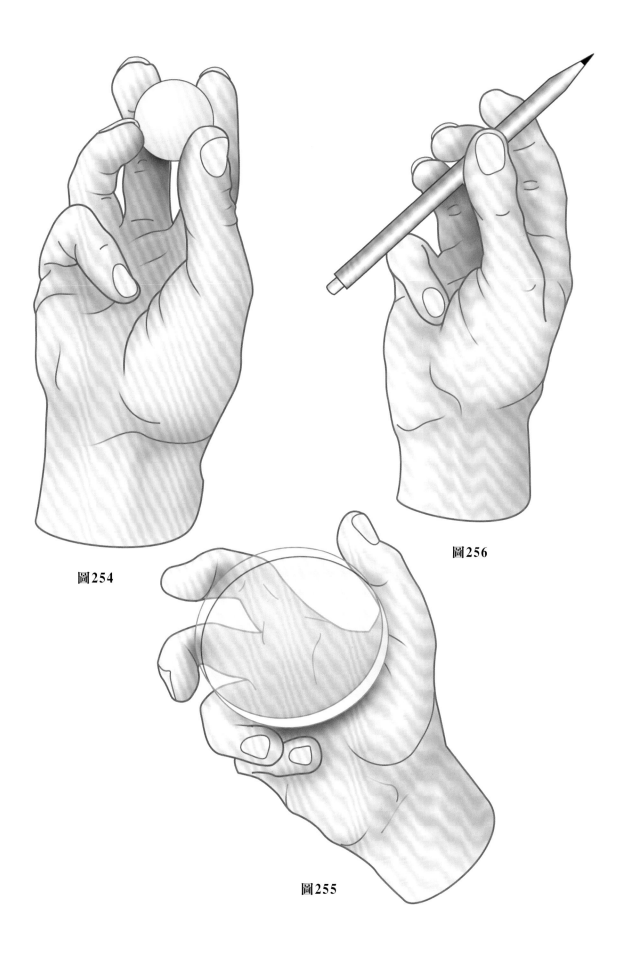

圖254

圖256

圖255

3）**五指抓握動作**要用上所有的手指（大拇指可以在不同的對掌位置上），通常是用在大型物體上的抓握。然而，即使是小型物體也有可能會用到**五指指腹抓握動作**（碟形抓握）**（圖257）**，只有小拇指是用指側接觸。當物體變大時，例如網球，**五指抓握更用到手指的指腹與指側（圖258）**。前四指的掌側面與球接觸，並且幾乎完全包圍它。大拇指與其他三指對掌，而小指則是用指側來接觸，防止球從內側近端滑脫出去。雖然不是手掌抓握，但因為球是用手掌以上的手指抓住，實際上是非常強而有力的。

**另一個五指抓握動作（圖259）**是用於握住一個大型的半球形物體（例如碗）在第一指間裂隙。大拇指與食指遠遠地分開，用整個掌側面來接觸物體。這只會發生在有很大的動作柔軟度、且第一指間裂隙可以正常遠遠地打開時，當第一掌骨骨折或是裂隙受到外傷導致回縮時就無法做到。碗也需要中指、無名指與小指來撐住，是用前兩個遠端指骨來接觸物體**（圖260）**。因此這是一個單純的手指抓握，而非手掌抓握。

**「全」五指抓握**（完全碟形抓握）**（圖261）**使我們可以拿住一個大型扁平的物體，例如碟子。這取決於手指遠遠地分開，而大拇指是處於完全反對掌的位置，也就是說在極度的後移與伸直動作上。大拇指位於與小指完全對掌的位置（紅色箭號），並且大拇指與小指連接於空間中的半圓上，就是食指與中指所在的半圓上。小指位於與大拇指夾角215°的主要弧上。這兩個手指為最大分離，如同要在鋼琴上跨一個八度一樣，與食指形成一個「三角形」抓握，並且與其他手指形成**「蜘蛛狀」的抓握**，這樣物體就不會跑掉。要注意這個抓握的效果是從遠端指間關節的整合與**深層屈肌群**的動作而來。

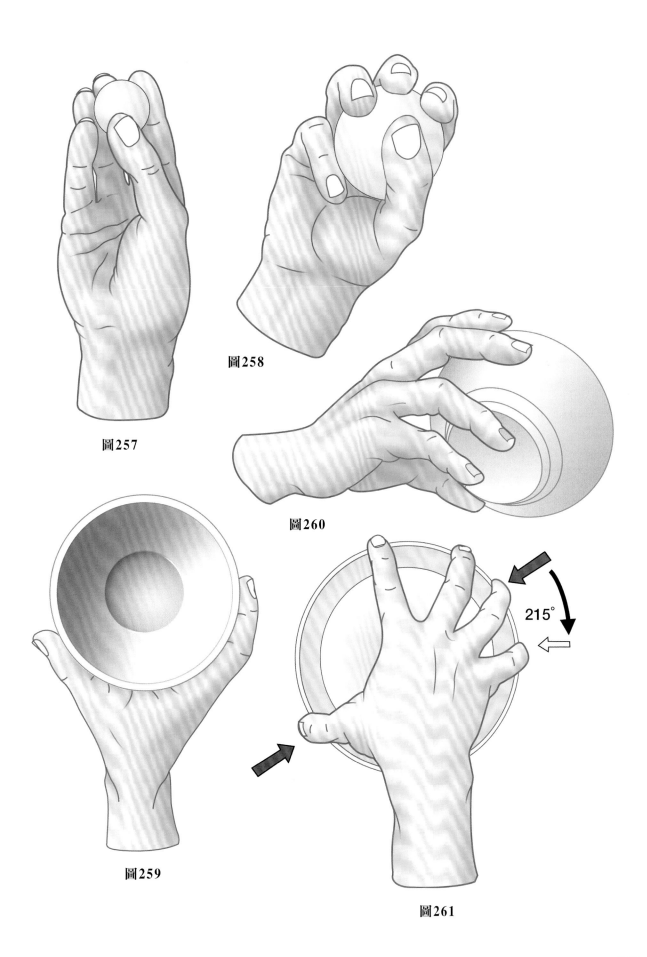

圖257

圖258

圖260

圖259

圖261

## 手掌抓握

這包括了手指與手掌；有兩種形態，由大拇指是否在內來決定。

A）**手指對手掌抓握動作**將四指帶向手掌（**圖 262**）。這沒有這麼重要，但是非常常用，舉例來說是抓住握把或是握住方向盤。直徑小的物體（3–4公分）握在屈曲的手指與手掌之間，不需要大拇指的加入。抓握對於遠端的點是比較有力的，在近端較無力，也就是物體比較接近手腕時，就比較容易滑掉，因為抓握動作沒有鎖緊。抓握的軸是斜向的，相對於手部的軸，沿著掌溝的斜向方向。這個手指對手掌抓握動作可以用於抓握一個大型的物體，例如一個玻璃杯（**圖263**）時，但是物體的直徑越大，抓握的力量就越小。

B）**完全手掌抓握動作（圖264和265）**，也就是使用整個手掌或是整隻手（斜向手掌抓握），使我們可以有力地抓住較重且相對較大的物體。整個手部抓住一個**圓柱形的物體（圖264）**，且物體的長軸與掌溝重合，也就是說，它是斜向地從小魚際隆起到食指的基部。這個軸的斜度相對於手部與前臂的軸，對應著握把的斜度（**圖265**），與物體本體形成的角度大約是100°–110°。不幸的是，對於武器的使用也是一樣。我們很容易發現對於較大的角度（120°–130°），相比較小的角度（90°）更容易代償，因為手腕的橈側偏移比尺側偏移要小。

被抓握的物體體積決定了抓握的力量，當大拇指可以摸到或是幾乎要摸到食指是最有力的時候。大拇指實際上只是對抗由其他四指所產生的力量，並且它越屈曲就越有力。因此握把的直徑是由這個觀察結果來決定。

被抓握的物體形狀也很重要，而且現在握把都有給手指用的凹痕了。

這種抓握模式的**重要肌肉**有：

- **屈指淺肌**、**屈指深肌**以及最重要的**骨間肌**，可以有力地使每一隻手指的第一指骨屈曲。
- 大魚際隆起的所有肌肉，包括**內收拇指短肌**以及特別是**屈拇指長肌**，多虧第二指骨的屈曲而可以鎖住抓握動作。

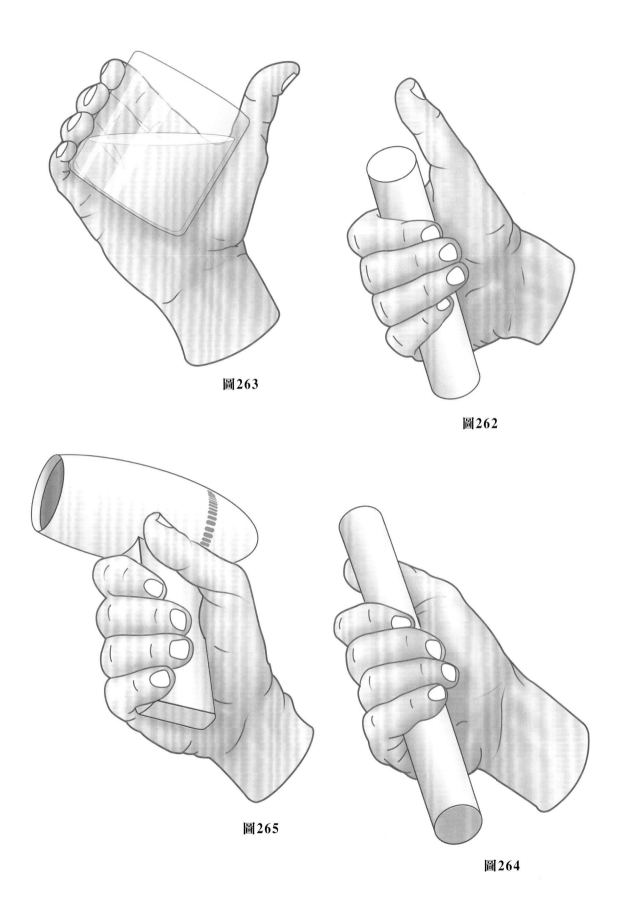

圖263

圖262

圖265

圖264

1）**圓柱形手掌抓握動作**是用於抓握大型的物
體（**圖266和267**），但是當物體越大，抓
握就越無力。如同我們已經知道的，抓握
是因為掌指關節的動作，使得大拇指可以
沿著圓柱體的準線來移動，也就是一個圓
形路徑，是大拇指包圍住物體所需要的最
短路徑。相反的，物體的體積需要第一指
間裂隙打開到最大。

2）**球形手掌抓握動作**可能使用三指、四指或
是五指。當使用三指或四指時，最內側的手
指，也就是在三指抓握中的中指（**圖268**）
或是四指抓握中的無名指（**圖269**），用它
的指側來接觸物體，並在其他手指的幫忙下
（單獨用小指或是小指加無名指），可以預
防物體從內側掉出來。因為大拇指從外側抓
住物體，而抓握經由相關手指的掌側面遠端
來鎖住。

圖267

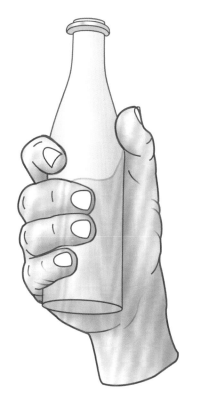

圖266

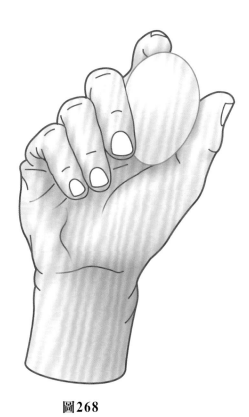

圖268

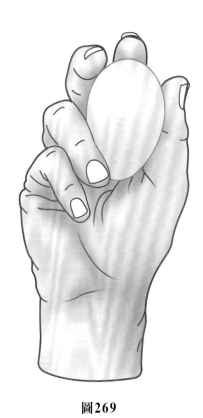

圖269

在球形五指手掌抓握時（圖270）手指的掌側面與物體接觸，大拇指與小指相對出力，這兩指是離得最遠的。這個抓握在遠端是由食指與中指鎖住，近端是由大魚際隆起與小指鎖住，而且它的肌力是依據手掌與勾起的手指的合作來決定。這個抓握只有在指間裂隙可以打開到最大而且手指的深肌與淺肌是正常運作的情況下才會出現。它比後兩指更對稱，也因此更接近下列兩種抓握模式。

## 向心化抓握（centralized grips）

向心化抓握實際上相對於長軸是對稱的，長軸與前臂的軸重合，如同**指揮家握住指揮棒**（圖271），與前臂的軸共線，並且伸直食指作為指示器。當一個人**握著螺絲起子**時（圖272）軸的共線性是必要的，所以它的軸與前臂旋前－旋後軸在轉緊或轉鬆螺絲時是重合的。這也是**拿叉子**（圖273）或刀子時所出現的情況，會必要地使手部向遠端延長。在所有情況下，長形物體要用大拇指與後三隻手指的手掌抓握緊緊握住，因為食指**在決定工具的方向上**是有關鍵角色的。

**向心化或方向性抓握動作**在使用上是很常見的，必須要有後三指的屈曲與食指經由屈肌來完全伸直，而且在沒有指間關節屈曲的需要下，大拇指受到最小力量的抵抗。

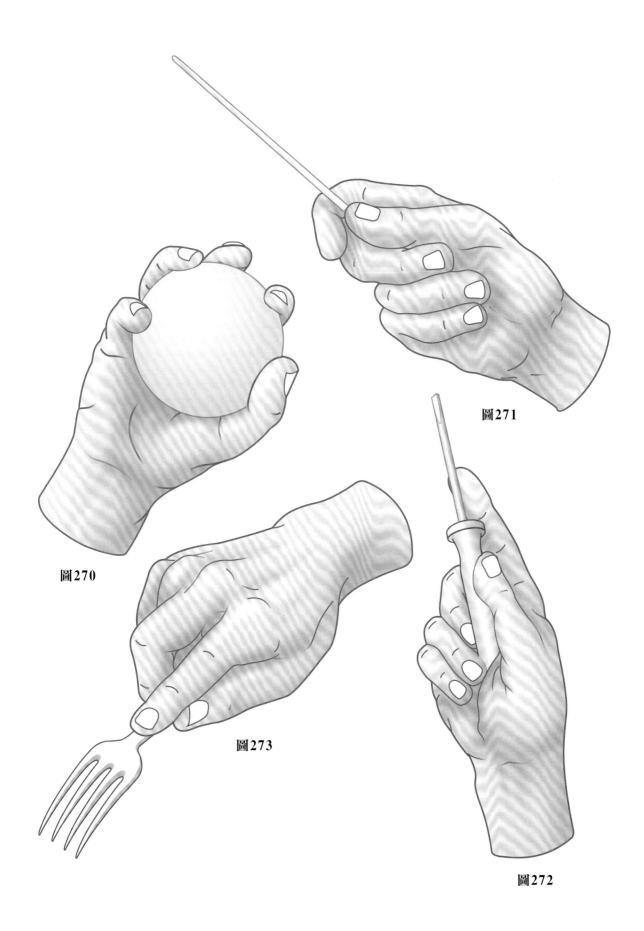

圖270

圖271

圖273

圖272

**重力協助的抓握（gravity-assisted grips）**

　　與重力無關的抓握動作已經討論過了，它們也可以在太空中發生。也有其他**主要依靠重力作用的動作**，在地球上是正常使用的。如果重力是零，肌肉會萎縮；如果重力比在地球上大（如同在木星），肌肉會變肥大。這是運動員「訓練」的另一種方式，但是住在離心機一定是非常不舒服的！

　　在這些**重力協助的抓握動作**中，手部作為**支持的平台**，例如當拿著托盤時（**圖274**），手部可以攤平，手掌向前在旋後位置，手指直放，在物體下方形成一個三角架。前面的動作是**服務生測試（waiter test）**的基礎。

　　在重力之下，手部可以作為一個**湯匙，盛著種子**、粉或是液體的樣子（**圖275**）。手部的凹陷經由手指的凹度來延伸，手指由掌側骨間肌拉得更緊以防止任何的洩漏。大拇指非常重要，因為它可以關閉掌溝的外緣。它是半屈曲的，並且經由內收肌將食指的第二掌骨與第一指骨向內拉。若是兩隻手合在一起，就可以形成**更大的貝殼（圖276）**，將兩個半殼從尺側併在一起，就像**一個湯碗**。

　　所有這些重力協助的抓握模式，都需要旋後動作的配合。如果沒有旋後動作，那麼手掌這個唯一可以形成凹陷表面的部位就無法面向前側，而肩關節是無法代償這樣旋後動作的喪失的。

　　**湯碗的三指抓握動作（圖277）**需要重力協助，因為碗的周圍是由大拇指與中指所形成的兩個尖端，以及食指所形成的鉤子所支撐。這個抓握是依據大拇指與中指的完全穩定，以及中指的**屈指深肌**肌腱的整合，中指的第三指骨支撐碗的鐮刀狀摺。**內收拇指短肌**也是不可或缺的。

　　**一隻或多隻鉤狀手指抓握（鉤狀抓握動作）**，就像**提著桶子或行李箱，或是試著緊抓在岩石表面上**，根據如何對抗重力以及屈肌的整合，特別是**屈指深肌**，這條肌肉在**攀岩者使用某些抓握時有可能會意外斷裂**。

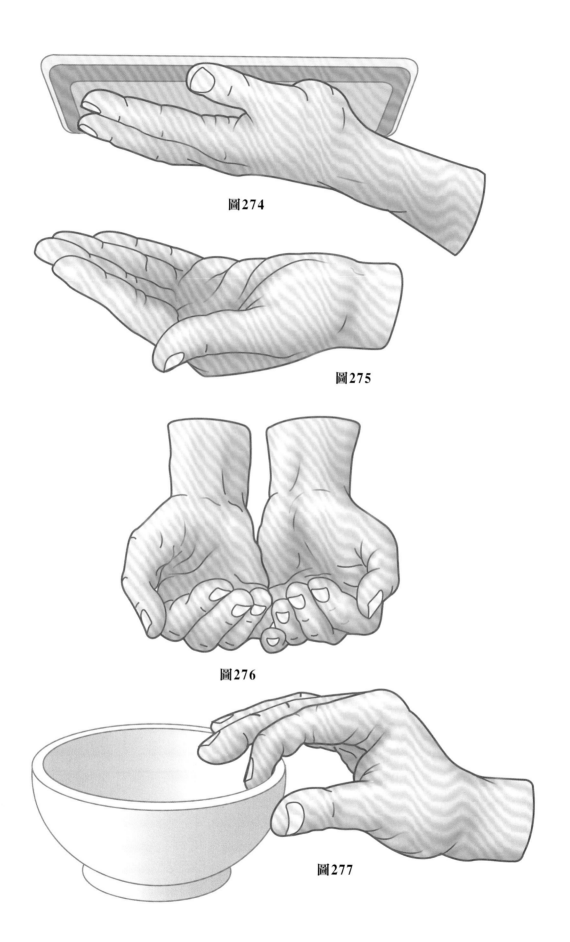

圖274

圖275

圖276

圖277

**動態動作相關抓握**

　　靜態抓握無法解釋手部所有可能的抓握動作。**手部在抓握時也可以有其他動作**。我們將這些抓握稱為**動作相關的抓握或是動態抓握**。這些動作一部分是簡單的。一個**小型的陀螺的頂端（圖278）**是由大拇指與食指的切線所抓住；當彈珠經由**伸拇指長肌**的收縮從大拇指的第二指骨突然**彈出（圖279）**，它一開始是位於由**屈指深肌**收縮使食指完全屈曲的凹陷中。

　　其他的動作就更複雜了，**當手部自己動作時，也就是說「手內操作」時**，在這個情況下物體由手部的一部分抓住，由另一部分來操作動作。這些動態抓握動作，手部自己動作的情形是**無法計算**的，舉例來說：

- **打火機點火（圖280）**：跟彈彈珠很像。打火機握在食指與其他手指的凹槽之間，同時蜷曲的大拇指從它的頂部壓下，是由**屈拇指長肌**與大魚際肌群來幫助完成。

- **擠壓噴霧罐的頂部（圖281）**：這一次，罐子是由手掌抓握來抓住，經由屈指深肌的收縮用食指的屈曲動作從頂部擠壓。

- **用剪刀剪（圖282）**：握把由大拇指、中指或無名指所穿上。大拇指肌肉提供了將剪刀合起（大魚際肌群）與打開（**伸拇指長肌**）所需要的力量。在工作中，過度重複打開剪刀的動作，會造成長伸肌（extensor longus）的斷裂。食指控制著剪刀的方向，將這種抓握方式變成**方向性的動態抓握動作**。

- **用筷子進食（圖283）**：一枝筷子經由無名

指夾在第一指間裂隙維持不動，同時另一枝筷子由大拇指、食指與中指的三指抓握抓住，形成夥伴關係的抓握方式。這對於歐洲人來說是很好的手部精細度測試，但是亞洲人因為從很小的時候就練習用筷子，幾乎是下意識地使用。

- **試著用一隻手來綁帶子（圖284）**：這也是手部精細度的測試，並非每個人都可以做到。這需要兩個兩指抓握的獨立性與協調性動作，也就是說，一組是食指與中指的側併，另一組則是由大拇指與無名指所組成，這是很少見的拇指－手指抓握方式。**外科醫師**用一種非常相似的方式來做一手打結，這種只用一隻手的複雜動作在**雜耍演員與變戲法的人**中是很常使用的，這種在一般水準之上的手部精細度需要每天運動維持。

- **小提琴家與吉他演奏員的左手（圖285）**會達到一個柔軟的動態抓握狀態。大拇指支撐小提琴的握把，經由上下移動來平衡由另外四指在演奏時所提供的壓力。這種施加在琴弦上的壓力必須要精準、穩定且是可調整的，才能**製造出顫音**。這個複雜的動作要在許多年每天的練習下才能做出來。

　　讀者可以自己找出動態抓握的無數變異性，當動態抓握被賦予完整功能性能力時，它可以是構成手部活動最精細的形式，並且作為**功能性測試**的基礎。

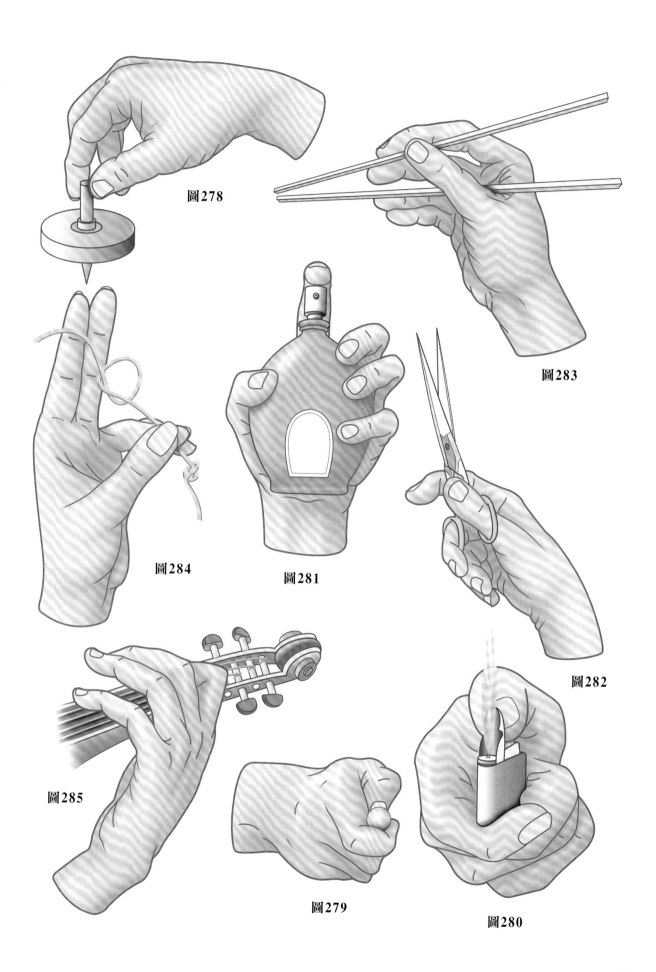

圖278

圖283

圖284

圖281

圖282

圖285

圖279

圖280

# 敲擊－接觸－手勢

人類的手部不只是用來抓握，也是**一種敲擊的工具**：

- 當我們工作時使用**計算機**、**打字機**或是用**電腦**（**圖286**），或是**彈奏鋼琴**時，每一隻手指頭都像是一個小小的錘子，敲擊在鍵盤上，這是骨間肌與手指屈肌群（尤其是**深肌**）的協調性動作所形成的。難度是在需要手部與手指的功能性獨立，這需要大腦與肌肉特殊的訓練與持續的練習。

- **在拳擊中用拳頭來擊打時**（**圖287**），或是在空手道中使用尺側緣或是手指的遠端指節來擊打，或是用巴掌擊打時手指張開。

- 在彈手指時，用中指很快速地從大拇指的指尖彈到大拇指基部。

手部的接觸在**撫摸**時是比較柔軟的（**圖288**），這在社交中是很重要的基本動作，尤其是在感情交流上。注意不論在撫摸的手與被撫摸的手都需要完整的皮膚感覺。在某些情況中，用兩手觸摸是可以促進恢復的，在兩手接觸的情況下，即使在有一段距離的情況下也可能是有效的。最後，西方國家在每日生活當中最平凡的手勢，握手（**圖289**）代表有象徵性意義的社交接觸。

社交**手勢的表現**是一種不能被取代的手部功能。事實上，手勢是由**臉部與手部密切合作的表現**，並且由腦皮質下控制，而它們在罹患帕金森氏症時會消失。

這種**臉部與手部的語言**是由聾啞人士編纂的，但是**本能做出的手勢整體仍然構成了一種第二語言**，不像口語，它是世界通用的。這種表達的模式由無數的本能手勢所組成，雖然本能手勢會有地理上的差異，但是大致上是世界通用的，舉例來說，在受到威脅時，手會握拳（**圖287**），平安的祝賀是將手打開，**指控時則是用手指去指**（**圖290**，表示的是Matthias Grünewald畫作***Retable of Isenheim***中聖湯馬士的手指），最後，**鼓掌**是代表讚同。這種本能的手勢被演員更進一步地專業發展，但它仍然是每個人都不可或缺的。這個目標就是輔助並加強特殊的臉部表情，但是它通常與語言一起，它自己也足夠表達感覺與情境。而且**在作畫與雕塑上的手部姿勢是一種廣泛的使用**。這個手部的角色在抓握與感覺上是一樣重要的。在某些工藝上，如**陶藝**，手部是多功能的（**圖291**）；它是模塑物品的有效器官，也是辨認並持續雕塑形狀的感覺器官，最終當它把所製造的物品提供給別人時，它就是表達象徵意義的器官。**是創造性手勢的完整，使它這麼有價值。**

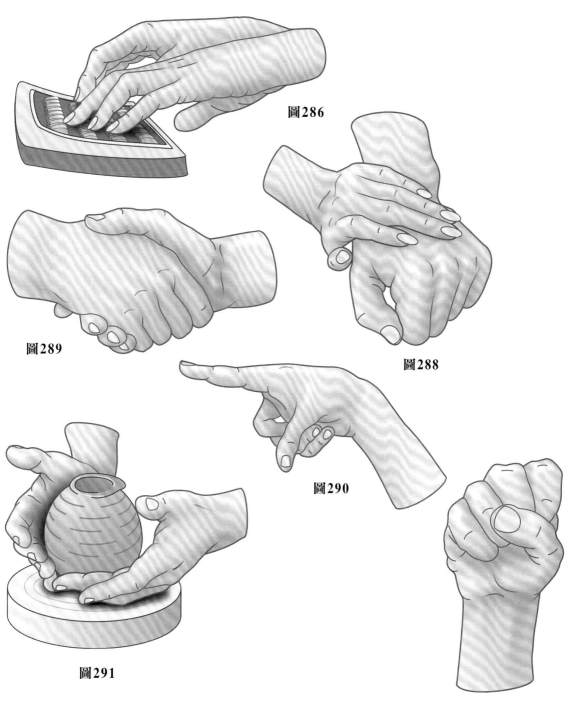

圖286

圖289

圖288

圖290

圖291

圖287

# 功能性位置與固定位置

　　**手部的功能性位置**，首先是由S. Bunnell所描述手部的**休息位置**開始，與睡眠時所觀察到的大大不同（**圖292**，*Hand of Adam*，根據米開朗基羅所畫）。睡眠時的位置稱之為**放鬆位置**，這也是受傷的手要維持的姿勢，這樣可以減少疼痛，位置如下：前臂旋前、手腕屈曲、大拇指在內收－後移的位置、第一指間裂隙關閉而手指相對伸直，尤其是在掌指關節的位置。

　　**功能性位置**（**圖293和294**）由Littler（1951）重新定義如下：前臂在半旋前位置；手腕在伸直30°與內收位置；大拇指（尤其是第一掌骨）與橈骨共線並與第二掌骨形成45°夾角；大拇指的掌指關節與指間關節幾乎是直放的；手指微屈，掌指關節屈曲，屈曲角度越向小指越彎。整體來說，這個功能性位置能夠**使手部在最小動作範圍下產生抓握動作**，也就是如果大拇指與手指有一個或多個關節硬化，在這個位置下可以使得有功能動作的恢復相對容易一些，因為此時對掌動作幾乎已經是最大，可以經由任何一個還有動作的關節進行些微角度屈曲來完成抓握動作。

　　臨床上有**三個固定位置**，如同R. Tubiana所定義（1973）。

## 1）暫時性或「保護性」的固定位置

　　暫時性或保護性的固定位置（**圖295**），目的是在保留手部長期的活動度：

- 使前臂維持半屈曲與旋前，手肘屈曲在100°。
- 手腕伸直20°，且些微內收。
- 手指屈曲，越向內側就越屈曲，如下：
  - 掌指關節屈曲在50°到80°之間，而且這樣近端指間關節屈曲較少。
  - 指間關節中度屈曲，這是為了減少張力與動脈受壓迫導致缺血的危險性。
  - 近端指間關節屈曲在10°到40°之間，而遠端指間關節屈曲在10°與20°之間。
  - 大拇指位於對掌的起始位置：些微內收但是在前移位置，維持指間裂隙打開；掌指關節與指間關節在些微伸直的位置，所以大拇指的指腹面對食指與中指的指腹。

## 2）必須性固定或功能性固定位置

　　必須性固定或功能性固定位置是根據以下個別狀況：

- 關於手腕：
  - 當手指仍然能夠抓握時，手腕應該固定於伸直25°的位置，將手部放在抓握位置。
  - 當手指無法抓握時，將手腕固定在中度屈曲是比較好的。
  - 如果兩隻手腕為了生活都必須要固定起來，要固定一隻手在屈曲的位置以便處理會陰衛生。如果必須使用拐杖的話，就必須將手腕固定在直放位置；如果需要用兩枝拐杖，則慣用手應該固定在伸直10°的位置，而非慣用手固定在屈曲10°的位置。
- 前臂固定在接近完全旋前的位置。
- 掌指關節固定在屈曲的角度，從食指的35°到小拇指的50°。
- 指間關節固定在屈曲40°到60°的位置。
- 大多角掌關節會固定在合適的位置，然而一旦大拇指－手指掐握的其中一節永久性不能活動時，就必須好好考量其他仍然能夠活動的部位的功能性。

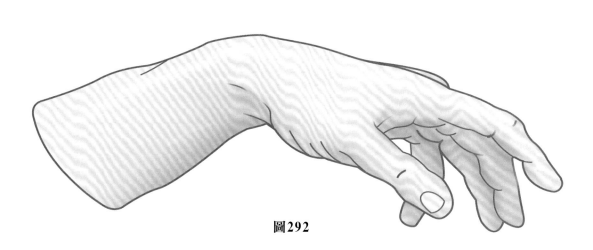

圖292

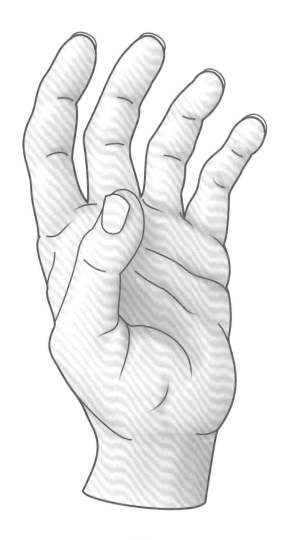

圖293

### 3）「暫時性固定」或「部分放鬆」的非功能性位置

這些固定位置用來固定骨折或是要放鬆因縫合肌腱或神經造成的組織張力，應該盡可能以最短時間使用。因為靜脈和淋巴滯留的結果，很有可能會發展出僵硬的危險性，而這可以經由關節的主動運動來減少：

- **在正中神經、尺神經或屈肌肌腱縫合完成之後**，手腕被固定在屈曲40°的位置維持3週是安全的，但是一定要將掌指關節固定在大約80°的屈曲位置，同時將指間關節維持在自然伸直位置，因為強迫屈曲固定後，要恢復伸直動作是有困難的。

- **在背側結構修復之後**，關節必須要固定在過度伸直的位置，但是掌指關節必須要固定在至少10°的屈曲位置。如果傷害部位是在掌指關節的近端，指間關節應該維持20°的屈曲，但是如果受傷部位在第一指骨的位置，那麼它們應該要被固定在中間位置。

- **當鈕扣孔變形已被修復時**，近端指間關節要固定在伸直位置，而遠端指間關節在屈曲位置，所以會將伸肌肌腱向遠端拉。

- 相反的，**如果遠端指間關節靠近受傷的部位**，它就應該被固定在伸直位置，而近端指間關節在屈曲位置，才能放鬆伸肌的外側延伸結構。

不論位置固定在哪裡，必須記得任何固定時間的延長都會造成功能上的損失，所以固定時間必須要盡可能地短。

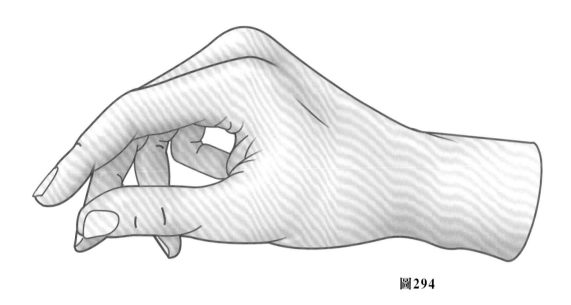

圖294

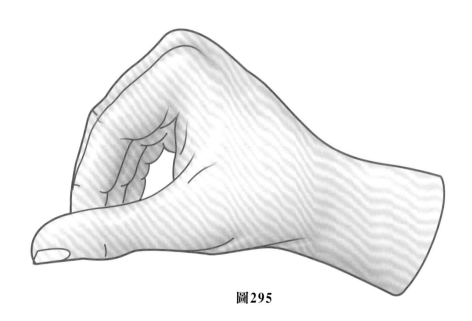

圖295

# 部分截肢的手與虛擬手

　　**虛擬手**的研究不是單純思想上的實驗；它也提供了我們對於人類手部構造上基本原理更多的了解。手部可以想像的種類分成兩種：不對稱的與對稱的。

　　**不對稱的手**是起源於健側手，經由減少或增加手指數目，或是經由反轉手部的對稱性。

1）**增加手指數目**，也就是從小拇指的尺側增加第六或是第七指，理論上可以增加完全手掌抓握的力量，但是這樣也會造成非預期的功能性併發症。這些多餘的手指是因為先天性的畸形而產生，是應該被截肢的。

2）**手指數量減少到四隻或三隻**，會降低手部的功能性能力。在美國中部的某些猴子（蜘蛛猴）的上肢只有四隻手指頭，沒有大拇指；這種手只能吊在樹枝上，而下肢卻有像手部的五個手指，包括可以對掌的大拇指。**三隻手指的手部（圖296）**，是由於某種截肢手術後所造成，仍然有三指抓握或兩指抓握，是最常見被使用也是最精準的，但是沒有完整的手掌抓握，無法握住工具的把手或是檔案夾的底部。在**兩隻手指的手部中（圖297）**，大拇指與食指仍然可以形成一個鉤狀，以及兩指抓握，以便於抓住小型物品，卻無法執行三指抓握與完整的手掌抓握。但是當一部分患者接受手部重建後，也有人出現超出預期的成功。

3）Dupuytren攣縮的必要治療中將小拇指切除，或是無名指因為戒指「卡住」造成的剝離性骨折，手部外科醫師可能考慮做**四指手部**重建。不論是**完全切除手部第五指（圖298），或是手部第四指的掌骨間切除（圖299）**，在外觀與功能上是非常令人滿意的，而且這種畸形在一般人來看並不會

注意到。又有誰注意到米老鼠的手部（**圖300**）只有四隻手指呢？

　　讓我們想像一下**對稱反轉**的手部，也就是**一隻手有五隻手指頭，且有一隻尺側的大拇指位於內側**。這種手部的掌側溝會以相反方向的斜向呈現。因此在旋前－旋後的中間位置，槌子的頭部不是在近端的斜向位置而是在遠端的斜向位置。這個排列方向的改變會使我們無法搥到釘子頭部，除非旋前－旋後的中間位置翻轉180°，也就是手掌是面對外側！尺骨會在橈骨的上面，而肱二頭肌的連接點會降低它的功能。總結來說，整個上肢的結構要改變，沒有任何明顯功能性上的好處。這種**荒謬**的表現完全證明了大拇指在手部橈側是正確位置。

　　讓我們最後來想像**對稱手**，有兩隻大拇指，一隻在內側，一隻在外側，旁邊有兩隻到三隻手指。在**有三隻手指的對稱手**中，這是最簡單的形式**（圖301）**，就有可能做出下列抓握動作：兩個大拇指－手指抓握，兩大拇指抓握以及兩個大拇指與食指對掌的三指抓握**（圖302）**。所以一共四種的精準抓握是可能的。完全的手掌抓握是可能用兩個大拇指與手掌及食指來達成。雖然這個抓握相當有力，但是仍然有不方便的地方；因為它的對稱性，所有工具的手把都必須與前臂的長軸垂直。我們之前已經討論過，為了要使工具的方向正確，把手的斜度必須配合手部旋前－旋後的動作。這同樣適用於**中間有兩指或三指的對稱手（圖303）**，也就是一隻手有五根手指，包括兩隻大拇指。鸚鵡有兩隻向後的手指，這就形成了對稱爪，讓牠們可以穩定地站在樹枝上，但這不是解決我們問題的方式！另外一個有兩隻大拇指的對稱手的問題是需要前臂的構造也有對稱的排列，可以排除旋前－旋後。

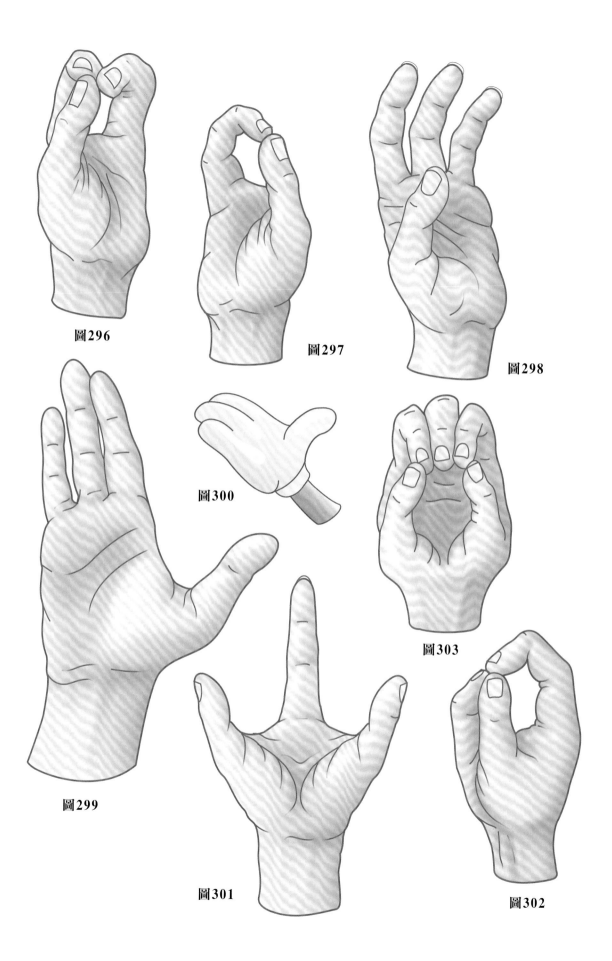

圖296

圖297

圖298

圖300

圖303

圖299

圖301

圖302

# 上肢的運動與感覺功能

本頁的目的是複習手部運動及感覺支配。

**上肢運動神經概要表（圖304）**列出支配每一條肌肉的神經，使用國際分類表的名稱。

沒有必要逐項列出。我們建議你仔細研讀並熟記，尤其要注意重複支配的神經與神經幹之間的互連，這可以解釋某些在電學檢查中看來弔詭的神經損傷或是異常。這個在神經纖維之間的交換必須要想像成為高速公路的互換，就像汽車經由出口坡道離開一條高速公路進入另一條一樣。到達的不一定是原本的神經幹，而是相鄰的神經幹。我們要記得一個大型的神經幹是從不同的頸椎神經根而來，而且從神經根而來卻不屬於神經幹的神經纖維，可能會進入非預期的地方。在平均模式中有許多數不清且無法預測的變異性，大多數情況下這都是正確的。

### 腋下神經（舊名：迴旋支）（the axillary nerve [old name：circumflex]）

- 從第五與第六頸椎神經根而來。
- 接受從三角肌區域而來的感覺訊息。
- 也是支配三角肌的運動神經，負責外展動作。

### 肌皮神經（the musculo-cutaneous nerve）

- 從第五到第七頸椎神經根而來。

- 接受從上臂前側面與一部分前臂而來的感覺訊息。
- 是支配肱二頭肌與肱肌的運動神經，因此負責手肘屈曲動作。

### 正中神經（the median nerve）

- 從第五頸椎到第一胸椎神經根而來。
- 接受從手部掌側面直到手指（參考後文）與一部分前臂而來的感覺訊息。
- 是手指與手腕屈肌群的運動神經，也是負責大拇指對掌動作的神經。

### 尺神經（the ulnar nerve）

- 從第七頸椎到第一胸椎神經根而來。
- 接受從手部與手指的掌側面與背側面（參考後文）以及一部分前臂而來的感覺訊息。
- 是負責骨間肌與大魚際肌內側肌群的神經。

### 橈神經（the radial nerve）

- 從第五頸椎到第一胸椎神經根而來。
- 接受從上臂後側及前臂後側而來的感覺訊息。
- 負責手肘、手腕與手指伸直動作，及大拇指外展動作。

# 圖. 304

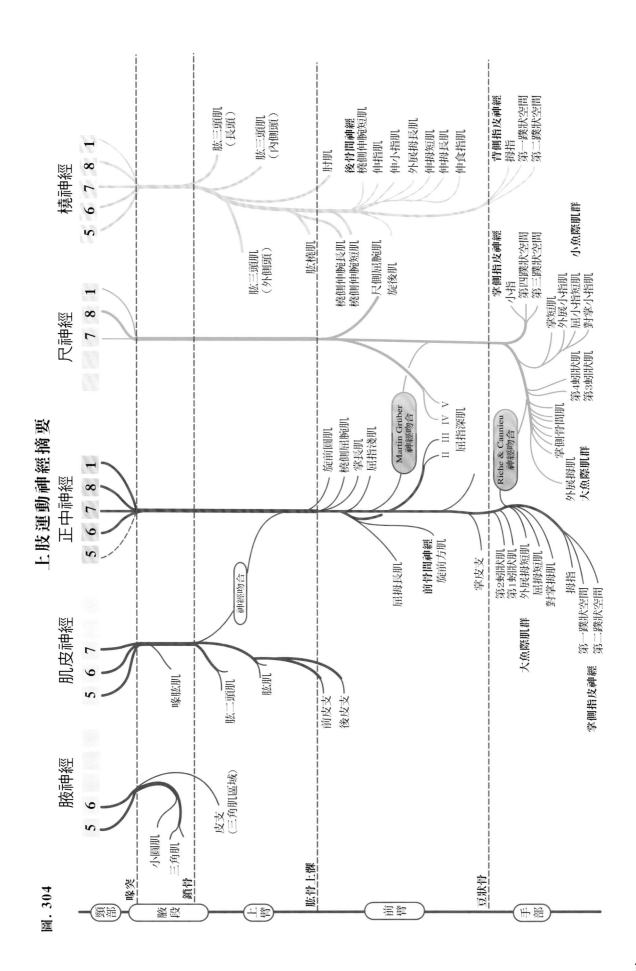

## 上肢運動神經摘要

**腋神經** 5 6
- 小圓肌
- 三角肌
- 皮支（三角肌區域）

**肌皮神經** 5 6 7
- 喙肱肌
- 肱二頭肌
- 肱肌
- 前皮支
- 後皮支
- 神經吻合

**正中神經** 5 6 7 8 1
- 旋前圓肌
- 橈側屈腕肌
- 掌長肌
- 屈指淺肌
- **前骨間神經**
  - 旋前方肌
  - 屈拇長肌
  - Martin Gruber 神經吻合
  - II III IV V
  - 屈指深肌
- 掌皮支
- **Riche & Cannieu 神經吻合**
- 第2蚓狀肌
- 第1蚓狀肌
- 外展拇短肌
- 屈拇短肌
- 對掌拇肌
- **大魚際肌群**
- **掌側指皮神經**
  - 拇指
  - 第一蹼狀空間
  - 第二蹼狀空間

**尺神經** 7 8 1
- 肱三頭肌（外側頭）
- 肱橈肌
- 橈側伸腕長肌
- 橈側伸腕短肌
- 尺側屈腕肌
- 旋後肌
- 外展拇長肌
- **大魚際肌群**
- 外展拇肌
- **掌側骨間肌**
- **掌側指皮神經**
  - 小指
  - 第四蹼狀空間
  - 第三蹼狀空間
- 掌短肌
- 外展小指短肌
- 屈小指短肌
- 對掌小指肌
- **小魚際肌群**
- 第4蚓狀肌
- 第3蚓狀肌

**橈神經** 5 6 7 8 1
- 肱三頭肌（長頭）
- 肱三頭肌（內側頭）
- 肘肌
- **後骨間神經**
  - 橈側伸腕短肌
  - 伸指肌
  - 伸小指肌
  - 外展拇長肌
  - 伸拇短肌
  - 伸拇長肌
  - 伸食指肌
- **背側指皮神經**
  - 拇指
  - 第一蹼狀空間
  - 第二蹼狀空間

### 身體部位分區
- 頸部
- 喙突
- 鎖骨
- 腋段
- 上臂
- 肱骨上髁
- 前臂
- 豆狀骨
- 手部

335

# 上肢的動作與感覺測試

**手指的指腹**

　　**主要運動神經的動態測試**讓我們可以知道神經幹是否產生阻礙或是麻痺，說明如下：

- **正中神經測試（圖305）**：握拳。
- **尺神經測試**：手指張開**（圖306）**，以及使手指併攏**（圖307）**。
- **橈神經測試（圖308）**：腕關節的主動伸直動作，大拇指的伸直且向橈側外展。注意，只有手指的掌指關節是伸直的。指間關節維持屈曲並且只有在腕關節屈曲的時候才會部分伸直。
- **橈神經與尺神經的合併測試：（圖309）**與之前的測試不同之處是指間關節同時是伸直的。

　　必須完全了解**手部的感覺區域**，才能準確地診斷神經損傷：

- 對於手部的**掌側面（圖310）**是簡單的；正中神經（粉紅色）支配外側半邊，尺神經（綠色）支配內側半邊。分別線正好穿過第四指。
- **背側面**就複雜多了**（圖311）**，是由**三條神經**所支配：
　－外側，是橈神經（黃色）。
　－內側，是尺神經（綠色）。
　－這兩個區塊中間的分別線經過手部的軸，也就是第三指線。
　－只有近端指骨與掌骨的背側面是由這些神經所支配。
　－兩個遠端指骨的背側面是由兩條掌側神經

所支配。正中神經（粉紅色）支配無名指的外側半邊，以及外側的其他三指；尺神經支配無名指的內側半邊與小指。

　　總結來說，最後兩節指骨是由下列而來的感覺神經所支配：

- 大拇指、食指與中指的正中神經。
- 小指的尺神經。
- 無名指外側半邊的正中神經，與內側半邊的尺神經。

　　手部與尤其是手指的指腹，是有豐富的神經與血液供應，因為**手部是五種感官的其中一種主要的接收器：觸覺**。因此在大腦皮質中手部的運動與感覺佔有很大的範圍。

　　**手指指腹的血液供應（圖312）**是從**掌側與背側的指動脈**而來（圖中只有畫出一條是紅色的），它們自然地在指腹接合，並且越過每一個指間關節。

　　**神經支配（圖312）**是由掌側指神經分支而來的豐富纖維網絡所支配（圖中只有畫出一條是綠色）。

　　**指腹本身（圖313）**是由高度特化的組織所組成，也就是疏鬆蜂窩狀結締組織，而它的纖維連接在指骨的骨膜與手指的深層真皮。所以它有柔軟度、彈性、機械力量等特質來維持它的感覺與運動功能。遠端的指腹是由**指甲床**來支撐，也提供了重要的功能。

　　**手指的指腹對於工匠、藝術家、鋼琴演奏家與小提琴家是無價的。一個簡單的指頭炎就可以使它們受損，並且毀損它們的功能。**

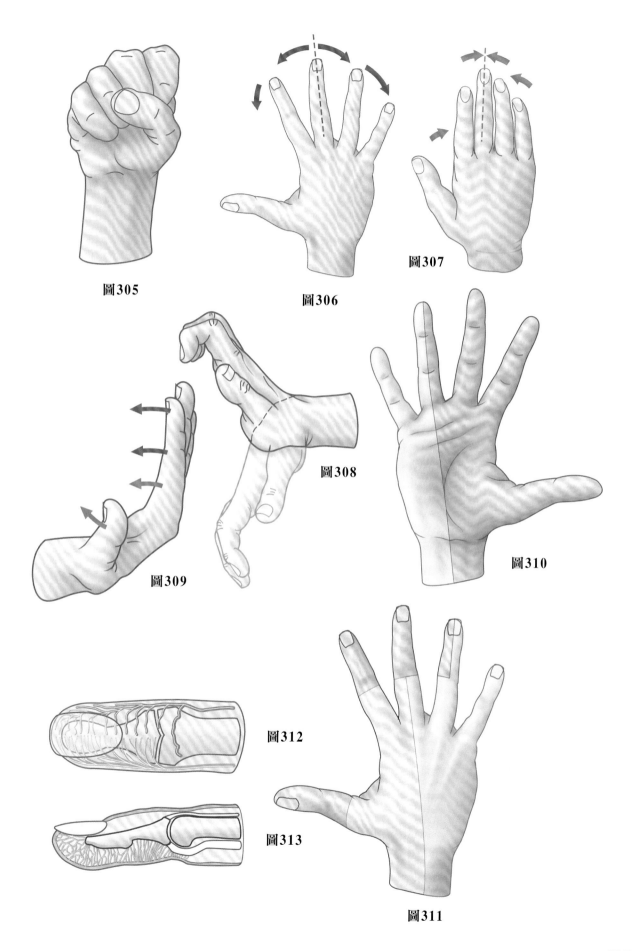

圖305

圖306

圖307

圖308

圖309

圖310

圖312

圖313

圖311

# 手部的三個動作測試

除了前面所述的動作測試，還有三個尺神經的測試是值得特別注意的。其中兩個是標準測試，而第三個是新的測試。

1) **Wartenberg徵象（圖314）**：這個徵象在尺神經完全麻痺時會出現，但是專指辨別神經遠端的損傷，也就是在Guyon管的位置或稱腕骨尺側神經血管空間。小指長久性地維持在遠離無名指的位置（黑色箭號）並且無法主動將小指拉向無名指（顯示在背景中）。

2) **Froment徵象（圖315）**：在要求受測者用大拇指與食指捏住一張紙時，可以觀察到這個徵象。在正常情況下這兩隻手指會形成一個環形（可以在背景看到）。當尺神經麻痺時，捏住的動作就會鬆掉，是因為**內收拇指短肌**麻痺了的緣故，它是由尺神經的深層掌側分支所支配。大拇指的近端指骨會向伸直方向傾斜，使得紙張很容易被抽出來，當神經正常的時候是不會這樣的。

3) **尺側鉤無力徵象**：最近被學者提出。正常情況下，當最後兩指用力向手部的掌側屈曲時，施測者無法透過被動地伸直小指的遠端指骨來打開鉤狀屈曲。這個測試在受測者的右手，執行如下（圖316）：

- 施測者要使用兩手，將右手食指放在受測者後面兩隻用力屈曲的手指之間，要求他抓住。
- 然後施測者試著用左手的食指將受測者的小指遠端指骨用力拉開。
- 神經正常的情況下，施測者無法鬆開後面呈鉤狀的兩指。

- 如果尺神經麻痺，受試者小指所形成的鉤狀就會放鬆，而他的遠端指骨會向伸直位置傾斜（黑色箭號）。

同樣的手法可以使用在無名指上，結果也相似。

## 測試背後的機轉

我們一定要記住**屈指深肌**的支配神經不是單一的（**圖317**）。食指與中指的兩條外側肌腱（深粉色）由正中神經（M）的分支（2）支配，而無名指與小指的兩條內側肌腱（淺粉色）由尺神經（U）的分支（1）支配，這條尺神經分支是由腕關節的遠端而來。

這解釋了為什麼無名指與小指的屈曲在尺神經受傷時可以被選擇性地妥協，更重要的是，為什麼測試陰性或陽性是由神經損傷的部位來決定：

- 如果是近端的**a**點損傷，測試就是**陽性**。
- 如果是**b**點或b點以下，也就是在Guyon管的位置，測試是**陰性**的，而Froment測試是陽性的。

所以，這個測試非常容易執行，它的結果也非常有選擇性，這應該包含在任何一個完整的上肢神經學檢查中作為其一部分。它也應該稱為**銼指甲測試**，因為它是在一位病患身上發現的，她抱怨再也無法替無名指修指甲，因為它在指甲銼的壓力下會一直伸直。

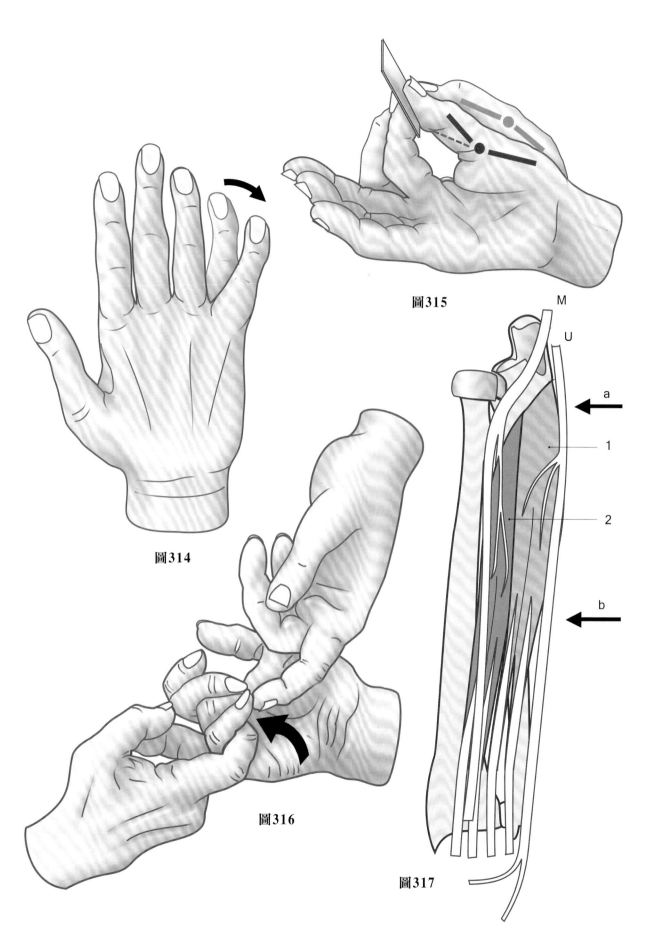

圖315

圖314

圖316

圖317

M
U

a

b

1

2

# 過渡到雙足行走後的上肢

我們在陸地上的第一個祖先是**四足魚石螈**（tetrapod Icthyosega）（**圖318**），牠的四肢是起源於魚類的胸部與尾部**兩對魚鰭**。所有陸生的四足動物都遺傳了牠的骨骼構造，包括**軀幹**。軀幹是由可彎曲的**脊柱**所支撐，**頭部**如戴冠般連接在頸部上，頭部裡面是大腦，也就是中央電腦。軀幹與兩對肢體藉由兩條寬帶形成關節：**骨盆帶與肩帶**，後者是在演化中較晚期才出現。這個原型在幾百年來持續並變異，形成無法計數的種類，而靈長類則是演化的頂點，它分成兩個分支：猩猩與人屬。人屬變成明確的雙足動物，而猩猩則在許多方面仍然維持四足動物。

當人屬種類變成**唯一的雙足動物**時，這種過渡形成了兩對肢體在結構上與功能上的巨大改變。

1）後側肢體（**圖319**）變成下肢，保留了它們作為承擔者與移動者的角色，而且支持著全部身體的重量。而前側肢體則變成了上肢，它們不再負責承重與移動身體，而是負責更高級的功能——成為獨自致力於**抓握的作動器官**。

2）關於穩定度與動作範圍：

- 下肢**非常穩定地**連接在軀幹上，而且它的動作範圍是有**限制**的。

- 相對來說，上肢「連接」在肩帶的位置（**圖320**），它的活動度高出許多，因為它的骨骼經由鎖骨與肩胛骨連接在胸廓上，與肱骨形成關節，並且經由兩個「假性關節」，包括纖維細胞組織的滑動平面，在胸廓的後外壁上「滑動」（參考P.42）。用機械力學的比喻來說，汽車的前輪軸組（**圖321**）包括兩個變形的平行四邊形，比後輪軸組有柔軟度多了。

3）上肢現在轉變為完全致力於抓握的作動器官，因此變成手部的「後勤支援」。這個名詞反映在軍事用途上，也就是一個特別的單位，目的是提供戰鬥人員食物、燃料、彈藥、武器與零件。沒有後勤支援，軍隊是注定要失敗的，可以經由兩個歷史故事來看：拿破崙的軍隊在莫斯科與保盧斯在史達林格勒。他們的支援路線超過了他們能夠取得後勤支援的程度。

為了更有效率，手部必須要能夠用最佳的路徑達到它的標的物，多虧上肢的關節複雜性所提供的七個自由度（**圖322**）：肩關節有三個自由度，手肘有一個自由度，前臂與手腕有三個自由度。損失其中任何一個自由度，舉例來說喪失手肘屈曲動作，會使得手部無法摸到嘴巴，就會影響餵食的功能。

- 只靠活動度是不夠的，由上肢所提供的穩定度支持也是必須的，這就有賴於關節的功能性與控制關節的運動肌群的效率。

- 上肢的能量供應是經由它的動脈－靜脈網絡（**圖323**：圖中只展示出動脈網絡）。

- 它也經由運動與感覺神經攜帶訊息並傳遞訊號（**圖324**：臂神經叢在這裡沒有展示出來）。

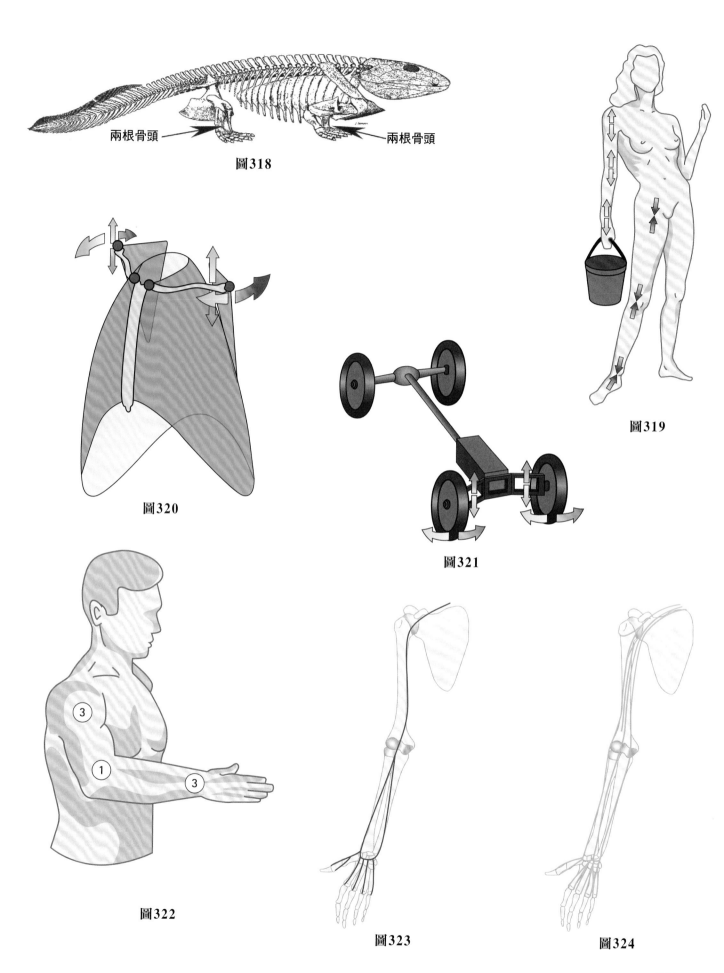

兩根骨頭

兩根骨頭

圖318

圖319

圖320

圖321

圖322

圖323

圖324

# 上肢的自動擺盪

智人的**正常步態**包括**上肢的自動擺盪**。這是明顯的事實，於是出現了這個問題：它為什麼是有幫助的？以及它是如何達成幫助？

在正常步態中**（圖325）**，當右腳向前抬起預防向前跌倒時，左手也會向前移動。在步態的下一個時期中，會出現相反方向的動作。這是大部分四足動物都會有的**對角順序步態**，例如馬**（圖326）**。然而特異的四足動物，例如長頸鹿**（圖327）**，展現出另一種不同的行走方式，同時移動同側的肢體；這也稱為**漫步**。既然人類是從使用對角順序步態的四足動物演化而來，這樣就很容易在系統發生學上找到解釋：所有的機轉都正確，它們只是需要調整。

兩百萬年來，人類用兩腳行走時，都會用兩手擺盪。如果這沒有進化上的優勢，這種行走方式早就會消失了。話又說回來，肩胛骨帶與上肢高度發展的肌肉，是因為它在行走功能上扮演重要的角色。

**在沒有上肢擺盪的情況下**行走**（圖328）**，會變得緩慢且容易疲憊，這是因為上肢重力中心（藍色方形）線與下肢的（紅色方形）連成一線，投影在全身的整體重心（綠色星號）。因此就沒有額外的向前推進力。唯一的推進力是從後肢腳踝的伸直而來。

在有**上肢正常擺盪**的行走過程中**（圖329）**，同樣的重心分析，顯示上肢與下肢的重心投影在身體整體重心的**前方**。因此，上肢的擺盪可以產生一個額外的推進力，導致身體會因為配合在後方的腳的推進力，**產生向前不平衡**。

要經由手肘的屈曲來增加上肢的擺盪效率是可能的**（圖330）**，這會將上肢的重心提高，造成重心線的投射更加向前，也就增加了身體整體重心的向前推進力。

其他**增加上肢擺盪**的形式，都可以更進一步地增加向前推進力。

因此上肢的擺盪是有效的，但不是常常可以達到，例如**當兩手都拿著袋子或是手提箱時（圖331）**。行走就會出現疼痛，並且無法維持長時間。某些非洲民族經由**將他們的物品放在頭上**來解決這個問題**（圖332）**，但是這樣就會需要健康且強壯的頸椎。我們也可以用背巾或是布料將孩子**背在背上**。行軍中士兵的步態每個國家都不同，也可以用來評估。行走時使用上肢擺盪**（圖333）**是最不容易累的。在行走的時候**扛著武器（圖334）**已經不舒服，但是更不舒服的是**踢正步（goose-stepping）（圖335）**，就是在經過貴賓面前時使用。

**在跳遠時（圖336）**推進力是由上肢向上的力道來誘發，這在使用**頻閃攝影術（stroboscopy）**時可以清楚地看到**（圖337）**。最後，是使用兩根桿子的**北歐式健走**，它扭轉了獅身人面像的奧祕，而且根據這些追隨者的說法，它非常平衡，但也只是**退回到四足行走**。

圖325

圖326

圖327

圖328

圖329

圖330

圖331

圖332

圖333

圖334

圖335

圖336

圖337

# 多虧手部所帶來的身體形象的延伸

身體形象就是**自我形象**，是由我們的潛意識所形成，這在大腦中包含兩個部分：

- **單純的生理部分**，也就是身體基模，簡單來說，是一個人對身體的意識，以及關於它的構造基礎，也指**移動系統**。
- **單純的道德部分**，也就是一個人對於他自己的人格特質意象。它存在是因為你也可以在「**別人**」身上看到，某些哲學家或宗教學家稱之為**靈魂**。這個獨特的道德感是一個人對靈魂的知覺部分，沒有說明靈魂的定義或是靈魂的存在。對於別人身體形象的觀點，讓我們可以完全欣賞他的/她的道德特質。

**身體基模表示每個身體部分在大腦中佔據的空間**。這是虛擬的全身身體形象（**圖338**：梅約診所的人體透視），以及它們各自的部分。它可以是**靜態**的，但是大多數時候是**動態**（**圖339**），因為它與環境不斷互動。

皮膚表面是身體內部與外在世界的邊界，也就是包含個體在空間中的一部分。**皮膚**含有感覺受器，就是**個體與整個宇宙的界線**。**身體基模的編造與保留是在中樞神經系統的基本功能之內**，身體基模經由**感覺受器**的直接接觸（**圖340**）與雙眼的**立體視覺**（**圖341**），與當下現有的環境產生關聯。這會持續存在於我們的動態身體基模與環境之間，使我們不但可以在環境中移動以及執行運動（**圖342**：跳高），還可以在許多方面**與環境互動**，舉例來說，自我餵食、自我防衛，尤其可以**在工作中**調整我們的身體基模，這發生在**身體基模經由工具的使用而延伸時**。用一個非常常見的例子可以表示這種現象，當我們第一次駕駛一輛全新的車子時，會無法預期車身的大小而使車子損傷，是因為對於車身大小的錯誤概念（**圖343**：綠色的邊線）。但是一陣子之後，車子的大小整合到駕駛的身體基模中，這樣就可以在不損傷車身的情況下輕易穿過擁擠的區域。這適用於所有的工具與器材，例如鐵匠的槌子就成了他**手部的延伸**（**圖344**）（也就是熟能生巧）。同樣的，任何工具都會需要一段時間的練習。工人的手是連接工具的部分，**注定要整合在他的身體基模中**，這樣才能成為一名合格的工人。

音樂家也需要一段時間的訓練：一個**小提琴演奏家**（**圖345**）花上她年輕時許多年的時間將小提琴整合在她的身體基模中，所以現在可以不用想她的手或是看著她的手，可以準確地將手指放在正確的位置彈奏音符。**鋼琴家**（**圖346**）也不會看著他的鋼琴，琴鍵已經與他的手部整合在一起，成為他身體基模的一部分。同樣的情況也適用於**笛子吹奏家**（**圖347**）。至於**盲人**（**圖348**）也是同樣的情況，他的導盲杖就是他手部的延伸，可以用來偵測導盲磚。**外科醫師**（**圖349**）使用內視鏡會需要一段時間的練習，才能從螢幕上整合他的器具。**無人機飛行員也是一樣**（**圖350**）要能夠從幾千公里以外控制無人機。**圖351**的小提琴家很高興找回他遺失的斯特拉迪瓦里琴——這是一個「**情感**」整合的例子。

圖338

圖339

圖340

圖341

圖342

圖343

圖344

圖345

圖346

圖347

圖348

圖349

圖350

圖351

# 演化過程中的抓握動作

抓握是指**對某些東西進行佔有**，尤其是食物。這是一個幾百萬年前就出現在單細胞動物中的活動，就像**阿米巴變形蟲（圖352）**，會經由**吞噬作用**抓住牠的食物，也就是說將牠的獵物吞沒。甚至是食肉植物，例如**圓葉茅膏菜（Drosera Rotundifolia）（圖353）**或是**翼狀豬籠草（Nepenthes Ventricosa）（圖354）**，可以抓住昆蟲當作食物。在水生動物中也有相似的機制，**海葵（Actinia）（圖355）**是一種囊狀的生物，可以將牠的腹部圍繞著獵物關閉起來，如同**陷阱**一樣。陸生動物也經由大自然提供非凡而非常有效率的抓握工具，舉例來說，**有黏性的舌頭**，如同**變色龍（chameleons）（圖356）**可以儘量向遠處黏住食物，或是**食蟻獸（anteater）**的**長形舌頭**，可以伸入蟻丘中來攝取每天所需的食物。最後，儒勒.凡爾納的讀者將會記得**北太平洋巨型章魚**會使用牠巨大有著滿滿**吸盤**的**觸手**來抓住獵物**（圖357）**。最有效率的抓握工具也是在海中，就是**螃蟹**的**螯（圖358）**，牠有兩個分支，最後連在一起，可以合起來夾住獵物。我們絕對不能忘記**大象**是如何使用牠的**鼻子纏繞的機制來抓握（圖359）**，以及**蜘蛛猴**（沒有展示出來）的手部沒有大拇指，但使用牠的長尾巴來抓住樹枝。

最後，我們來到**下頜抓握**，使用**嘴巴**或是**喙**作為抓握的工具，舉例來說**鸚鵡（圖360）**或是**老鷹（圖361）**，兩者也都會使用牠們**強而有力的爪子**。這種**使用下頜緊緊抓住的抓握形式**，許多陸生動物都會使用，例如**狗（圖362）**或是**熊**（沒有展示出來），即使是要**攜帶牠們的孩子**。在陸生動物之中有一個主要的演化，就是**手部**的出現。對**松鼠**來說（**圖363**）只用一隻手是沒有用的，牠需要用**雙手抓握**。相反的，在我們遙遠的先祖中，**狐猴（lemurs）（圖365）**的手部有**包括大拇指的五隻手指**，這已經「預先儲備」在我們第一種陸生先祖**魚石螈（圖364）**爪子的骨骼中，可以在橈側看到大拇指的兩個指骨。手部抓握在我們**猴子的近親**中是很常見的（**圖366**，大拇指－手指抓握動作），可以讓牠們**在樹木之間移動時**用以抓住樹枝。**智人**的抓握動作早就超越了大拇指－食指抓握（**圖367**）及**手部抓握（圖368）**而包含了「**動作抓握**」，在**身體語言**中也有幫助。對人類來說，手部是大腦的延伸，如同亞里斯多德所說，我們可以稱手部為工具中的工具。

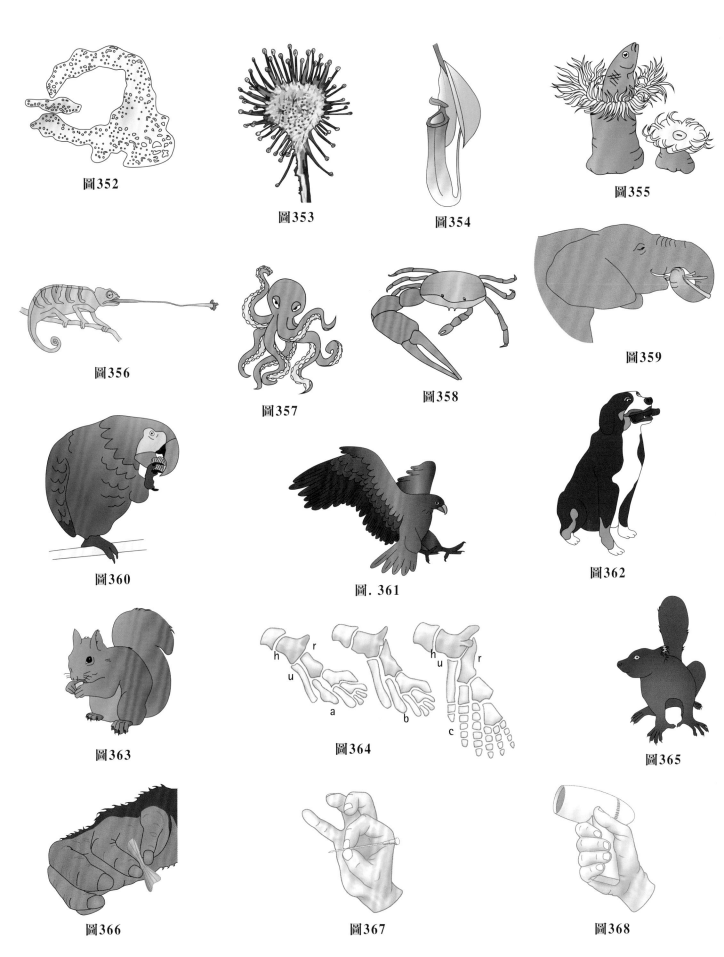

圖352

圖353

圖354

圖355

圖356

圖357

圖358

圖359

圖360

圖.361

圖362

圖363

圖364

圖365

圖366

圖367

圖368

# 人類的手部

在史前時期，人類的手部是沒有改變的，這是經由手部的陰性印痕所證明，毫無疑問地可由我們遠古先祖所作的洞穴壁畫遺跡來說明。

猴子也有相似的手部，也有可以對掌的大拇指，但是手部的使用方法卻不同，這是因為大腦與手部的連結不同。

**手腦連動**是雙向的，是有交替作用的。人類的大腦多虧手部的能力而得以進步。

手部的複雜結構完全有邏輯性，並且可以適應它不同的功能。這是一個奧卡姆剃刀的例子，或是世界經濟學的原則。這是一個**創造性演化**最漂亮的例子。

人類被普羅米修斯的野心驅使著，創造出了可以抓握以及操作的機器人，但是離完美還有一大段路。

# 參考書目

Barnett C.H., Davies D.V. & Mac Conaill M.A. ; *Synovial Joints. Their structure and mechanics.* C.C. THOMAS, Springfield U.S.A., 1961

Barnier L. ; *L'analyse des mouvements.* P.U.F, Paris, 1950

Basmajian J.V. ; *Muscles alive. Their function revealed by electromyography.* Williams and Wilkins, Baltimore, 1962

Bausenhardt ; Uber das carpometacarpalgelenk des Daumens. *Zeitschr. Anat. Entw. Gesch. Bd*, 114–251, 1949

Berger R.A., Blair W.F., Crowninshield P.D., Flatt E.A. ; The scapholunate ligament. *J. Hand Surg. Am,* 7（1）, 87, 1982

Bonola A., Caroli A., Celle L. ; *La Main.* Ed. Française Piccin Nova Libraria Padoue, 1988.（Selle trapezienne p.175）

Bridgeman G.B. ; *The Human Machine. The anatomical structure and mechanism of the huma body.* 1 Vol., 143p., Dover Publications Inc., New York, 1939

Bunnell S. ; *Surgery of the hand.* Lippincott, Philadelphia, Ed.1., 1944., Ed.5 revised by Boyes, 1970

Bunnell S. ; *Surgery of the hand.* J–B. Lippincott, Philadelphia, 1944

Caffinière J.Y.（de la）; L'articulation trapézo-métacarpienne, approche biomécanique et appareil ligamentaire. *Arch. d'Anat. Path*, 18 : 277–284, 1970

Caffinière J.Y.（de la）; Anatomie fonctionnelle de la poulie proximale des doigts. *Arch. d'Anat. Path*, 19 : 35, 1971

Caffinière J.Y.（de la）, Mazas F., Mazas Y., Pelisse F. et Present D. ; Prothèse totale d'épaule, bases expérimentales et premiers résultats cliniques. Vol. IV, n° 5, Éditions INSERM, Paris, 1975

Caffinière J. Y（de la）et Pineau H. ; Approche biomécanique et cotation des mouvements du premier métacarpien. *Rev. Chir. Orthop.,* 1971, 57（1）, 3–12

Caffinière J.Y.（de la）et Hamonet C. ; Secteurs d'activité des muscles thénariens *in Traité de Chirurgie de la Main,* Tome I par Raoul Tubiana

Camus E.J., Millot F., Larivière J., Raoult S., Rtaimate M. ; Kinematics of the wrist using 2D and 3D analysis : biomechanical and clinical deductions. *Surg. Radiol. Anat.,* 2004, 26, 399–410

Cardano Gerolamo, mathématicien italien（1501–1576）; à propos du Cardan. Voir sur Internet

Chèze L., Doriot N., Eckert M., Rumelhart C., et Comtet J–J. ; Étude cinématique in vivo de l'articulation trapézo-métacarpienne. *Chir. Main,* 2001, 20, 23–30

Codman E.A. ; The shoulder : rupture of the supraspinatus tendon and other lesions in or about the subacromial bursa. Thomas Todd Co, Printers, Boston, 1934.

Colville J., Callison J.R., White W.L. ; Role of mesotendon in tendon blood supply. *Plat. Reconstr. Surg.,* 43, 53, 1969

Comtet J.J. & Auffray Y. ; Physiologie des muscles élévateurs de l'épaule. *Rev. Chir. Ortho.,* 1970, 56（3）, 105–117

Cooney W. P. & Chao E.Y.S. ; Biomechanical analysis of static forces in the thumb during hand function. *J. Bone and Joint,* S 59 A, 1, 27, 1977

Dautry P. & Gosset J ; À propos de la rupture de la coiffe des rotateurs de l'épaule. *Rev. Chir. Ortho.,* 1969, 55, 2, 157

Descamps L ; *Le jeu de la hanche.* Thèse, Paris, 1950.

Djbay H.C. ; L'humérus dans la prono–supination. *Rev. Méd. Limoges,* 1972, 3, 3, 147–150

Dobyns J.H., Linscheid R.L., Chao E.Y.S. & al. ; Traumatic instability of the wrist. Am. Acad. Orthop. *Surgeons Instruction Course Lect,* 24 : 182, 1975

Dubousset J. ; Les phénomènes de rotation lors de la préhension au niveau des doigts（sauf le pouce）. *Ann. Chir.,* 1971, 25（19–20）, C. 935–944

Duchenne（de Boulogne）G.B.A. ; *Physiologie des mouvements,* 1 Vol., 872p., J–B. Ballière et Fils, Paris, 1867（épuisé）. Fac similé : Hors commerce édité par les Annales de Médecine Physique, 1967

Duchenne（de Boulogne）G.B.A ; *Physiology of motion,* translated by E.B. KAPLAN, 1949. W.B. Saunders Co, Philadelphia and London

Duparc J., Caffinière J. Y（de la）et Pineau H. ; Approche biomécanique et cotation des mouvements du premier métacarpien. *Rev. Chir. Orthop.,* 1971, 57（1）, 3–12

Essex–Lopresti P. ; Fractures of the radial head with distal radio–ulnar dislocation. *J. Bone and Joint Surg.* 1951, 33B, 244–247

Eyler D.L., Markee J.E. ; The anatomy and function of the intrinsic muculature of the fingers. *J. Bone and Joint Surg.,* 36A, 1–9, 1954

Fahrer M. ; Considérations sur l'anatomie fonctionnelle du muscle fléchisseur commun profond des doigts. *Ann. Chir.,* 1971 : 25, 945–950

Fahrer M. ; Considérations sur les insertions d'origine des muscles lombricaux : les systèmes digastriques de la main. *Ann. Chir.,* 1975 : 29, 979–982

Fick R. ; *Handbuchder Anatomie und Mechanik der Gelenke – 3.* Teil Iena Gustav Fischer, 1911

Fischer O. ; *Kinematik orhanischer Gelenke.* Braunsschweig, F. Vierweg und Sohn, 1907

Fischer L.P., Noireclerc J.A., Neidart J.M., Spay G. et Comtet J.J. ; Étude anatomoradiologique de l'importance des différents ligaments dans la contention verticale de la tête de l'humérus. *Lyon, Méd.,* 1970, 223, 11, 629–633

Fischer L.P., Carret J.P., Gonon G.P., Dimmet J. ; Étude cinématique des mouvements de l'articulation scapulo-humérale. *Rev. Chir. Orth.,* 1977, Suppl. 11, 63, 108–112

Froment J. ; Paralysie des muscles de la main et troubles de la préhension. *J. Méd. Lyon,* 1920

Froment J. ; La paralysie de l'adducteur du pouce et le signe de la préhension. *Rev. Neurol.,* 28 : 1236, 1914–1915

Galeazzi R. ; Di una particolare sindrome traumatica dello scheletro dell'avanbarchio. *Atti Mem Soc. Lombardi Chir.,* 1934 : 2, 12

Gauss Karl Friedrich, mathématicien allemand（1777–1855）; *La géométrie non euclidienne*（à propos du paradoxe de Codmann）, Voir sur Internet

Ghyka Matila C. ; *Le Nombre d'Or,* 1 vol., 190p., Gallimard, Paris, 1978

Gilula L.A., Yin Y. ; *Imaging of the wrist and the hand.* Saunders Ed., Philadelphia, 1996

Gilula L.A., Weeks P.M. ; Post traumatic ligamentous instability of the wrist. *Radiology,* 126 : 641, 1978

Hamonet C., De la Caffinière J.Y., Opsomer G. ; Mouvements du pouce : détermination électromyographique des secteurs d'activité des muscles thénariens. *Arch. Anat. Path.,* 20（4）, 363–367, 1972

Hamonet C., Valentin P. ; Étude électromyographique du rôle de l'opposant du pouce（*opponens pollicis*）et de l'adducteur du pouce（*adductor pollicis*）. *Rev. Chir. Ortho.,* 1970, 56（2）, 165–176

Henke J. ; *Die Bewegungen der Hanwurzel. Zeitschrift fûr rationelle Medizine.* Zürich, 1859, 7, 27

Henke W. ; *Handbuch der anatomie und mechanik der gelenke.* C.F. Wintersche Verlashandlung, Heidelberg, 1863

Hume M.C., Grellman H., Mc Kellop H., Brumfield R.H. Jr ; Functional range of motion of the joint of the hand. *J. Hand Surg.,* 1990 : 15A : 240–243

Inman–Vernet T. et coll. ; Observations on the function of the shoulder joint. *J. Bone Joint Surg.,* 1944, 26, 1, 30

Kapandji A.I. ; Cotation clinique de l'opposition et de la contre opposition du pouce. *Ann. Chir. Main,* 1986, 5（1）, 67–73

Kapandji I.A. ; La flexion–pronation de l'interphalangienne du pouce. *Ann. Chir.,* 1976, 30, 11–12, 855–857

Kapandji I.A. ; Pourquoi l'avant–bras comporte–t–il deux os ? *Ann. Chir.,* 1975, 29（5）, 463–470

Kapandji I.A. ; Le membre supérieur, support logistique de la main. *Ann. Chir.,* 1977, 31（12）, 1021–1030

Kapandji I.A. ; La radio–cubitale inférieure vue sous l'angle de la prono–supination. *Ann. Chir.,* 1977, 31（12）, 1031–1039

Kapandji I.A. ; La rotation du pouce sur son axe longitudinal lors de l'opposition. Étude géométrique et mécanique de la trapézo–métacarpienne. Modèle mécanique de la main. *Rev. Chir. Orthop.,* 1972, 58（4）, 273–289

Kapandji A.I. ; Anatomie fonctionnelle et biomécanique de la métacarpo–phalangienne du pouce. *Ann. Chir.,* 1981, 35（4）, 261–267

Kapandji I.A. & Moatti E. ; La radiographie spécifique de la trapézo–métacarpienne, sa technique, son intérêt. *Ann. Chir.,* 1980, 34, 719–726

Kapandji A. I, Kapandji T.G. ; Nouvelles données radiologiques sur la trapézo–métacarpienne – Résultats sur 330 dossiers. *Ann. Chir. Main,* 1993, 4, 263–274

Kapandji A.I. ; Biomécanique du carpe et du poignet. *Ann. Chir. Main,* 1987, 6, 147–169

Kapandji A.I. ; Proposition pour une cotation clinique de la flexion–extension des doigts longs. *Ann. Chir. Main,* 1987, 6, 288–294

Kapandji A.I. ; La préhension dans la main humaine. *Ann. Chir. Main,* 1989, 8, 234–241

Kapandji A.I. ; La Biomécanique « Patate ». *Ann. Chir. Main,* 1987, 5, 260–263

Kapandji A.I. ; Vous avez dit Biomécanique ? La Mécanique « Floue » ou « Patate » « Maîtrise Orthopédique » n° 64, 1997, p. 1–4–5–6–7–8–9–10–11

Kapandji A.I., Martin–Boyer Y., Verdeille S. ; Étude du carpe au scanner à trois dimensions sous contrainte de prono–supination. *Ann. Chir. Main,* 1991, 10, 36–47

Kapandji A.I. ; De la phylogénèse à la fonction du membre supérieur de l'Homme（Conférence à Saint–Maurice）. *Sport Med,* mars–avril 1996, n° 80–81, p. 4–9

Kapandji A.I. ; La défaillance du crochet ulnaire ou encore « signe de la lime à ongles », signe peu connu d'atteinte du nerf ulnaire. *Ann. Chir. Main,* 1999, 18, 4, 295–298

Kapandji A.I. ; La Main dans l'Art Main *in Traité de Chirurgie de la Main* par Raoul Tubiana, Ed. Masson, 1980

Kaplan E.B. ; *Functional and surgical anatomy of the hand.* Ed. 1, 1953, Ed. 2, Philadelphia Lippincott, 1965

Kauer J.M.G. ; Functional anatomy of the wrist. *Clin. Orthop.,* 149 : 9, 1980

Kauer J.M.G. ; The interdependence of the carpal articulation chains. *Acta Anat.,* 88 : 481, 1974

Kuckzinski K. ; *The Upper Limb in « A companion of medical studies ».* Vol. 1, Ch. 22, Ed. Passmore, J.S. Robson. Blackwell Scientific Publications, 1968

Kuckzinski K. ; Carpometacarpal joint of the human thumb. *J. Anat.,* 118, 1, 119–126, 1974

Kuhlmann N. ; Les mécanismes de l'articulation du poignet. *Ann. Chir.,* 1979, 33, 711–719

Kuhlmann N., Gallaire M., Pineau H. ; Déplacements du scaphoïde et du semi–lunaire au cours des mouvements du poignet. *Ann. Chir.,* 1978, 38, 543–553

Landsmeer J.M.F. ; The anatomy of the dorsal aponeurosis of the human finger and its functional significance. *Anat. Rec.,* 104, 31, 1949

Landsmeer J.M.F. ; Anatomical and functional Investigations on the Articulations of the Human Fingers. *Acts. Anat.,* 1955, 25, suppl. 24

Landsmeer J.M.F. ; Studies in the anatomy of articulations : I）the equilibrium of the intercalated bone, II）Patterns of movement of bimuscular biarticular systems. *Acta morph. neer. scandinav.,* 3, 287–321

Landsmeer J.M.F. ; A report on the coordination of the interphalangeal joints of the human finger and its disturbances. *Acta morph. neerl. scand.,* 1953, 2, 59–84

Landsmeer J.M.F. ; Studies in the anatomy of articulations. 1）The equilibrium of the intercalated bone ; 2）Paterns of movements of bimuscular, biarticular systems. *Acta Morph. neerl Scand,* 1961, 3, 3–4, 287–321

Landsmeer J.M.F. ; *Atlas of anatomy of the hand.* Churchill Livingstone, Edimburgh London and New York, 1976

Lin G.T., Amadio P.C., An K.N., Cooney W.P. ; Functional anatomy of the human digital flexor pulley system. *Hand Surg.,* 1989 ; 14A, 949–956

Linscheid R.W., Dobyns J.H. ; Rheumatoid arthritis of the wrist. *Ortho. Clin. of North America ,* 1971, 2, 649

Linscheid R.W., Dobyns J.H., Beabout J.W., Bryan R.S. ; Traumatic instability of the wrist : diagnosis, classification and pathomechanics. *J. Bone Joint Surg.*（*Am*）, 54 : 1612, 1672

Littler J.W. ; Les principes architecturaux et fonctionnels de l'anatomie de la main. *Rev. Chir. Orthop.,* 1960, 46, 131–138

Littlet J.W. ; The physiology and dynamic function of the hand. *Surg. Clin. N. Amer.,* 40, 256, 1960

Long C., Brown E. ; Electromyographic kinesiology of the handmuscle moving the long finger. *J. Bone and Joint Surg. Am.,* 46A, 1683, 1964

Long C., Brown E. ; Electromyographic kinesiology of the hand. Part III. Lumbricalis and flexor digitonum profundus to the long finger. *Arch. Phys. Med.,* 1962, 43, 450–460

Long C., Brown E. et Weiss G. ; Electromyographic study of the extrinsic–intrinsic kinesiology of the hand. Preliminary report. *Arch. Phys. Med.,* 1960, 41, 175–181

Lundborg G., Myrhage E. et Rydevik B. ; Vascularisation des tendons fléchisseurs dans la gaine digitale. *J. Hand Surg.,* 1977, 2, 6, 417–427

Mac Conaill M.A., Barnett C.H., Dvies D.V. ; *Synovial Joints.* Longhans Ed., London, 1962

Mac Conaill M.A. ; Movements of bone and joints. Significance of shape. *J. Bone and Joint Surg.,* 1953, 35B, 290

Mac Conaill M.A. ; Studies in the mechanics of the synovial joints : displacement on articular surfaces and significance of saddle joints. *Irish J. M. Sci.,* 223–235, 1946

Mac Conaill M.A. ; *Studies on the anatomy and function of Bone and Joints.* 1966, F. Gaynor Evans, Ed. New York

Mac Conaill M.A. ; Studies in mechanics of synovial joints ; hinge joints and nature of intra–articular displacements. *Irish J. M. Sci.,* 1946, Sept., 620

Mac Conaill M.A. ; The geometry and algebra of articular Kinematics. *Bio. Med. Eng.*, 1966, 1, 205–212

Mac Conaill M.A. & Basmajian J.V. ; *Muscle, and movements : a basis for human kinesiology*. Williams & Wilkins Co, Baltimore, 1969

Marey J. ; *La machine Animale*, 1 Vol., Alcan, Paris, 1891

Moreaux A. ; *Anatomie artistique de l'Homme*, 1 Vol., Maloine, Paris, 1959

Ockham Guillaume (d') ; Moine franciscain anglais, philosophe scolastique (1280–1349) ; *Le Principe d'Économie Universelle*. Voir sur Internet

Palmer A.K., Glisson R.R., Werner F.W. ; Ulnar variance determination. *J. Hand Surg.*, 7 : 376, 1982

Palmer A.K., Werner F.W. ; The triangular fibrocartilage complex of the wrist. Anatomy and function. *J. Hand Surg. Am*, 6, 153, 1981

Pieron A.P. ; The mechanism of the first carpo–metacarpal joint. An anatomic and mechanical analysis. *Acta Orthop. Scand.*, 1973, supplementum, 148

Poirier P. & Charpy A. ; *Traité d'Anatomie Humaine*, Masson Ed., Paris, 1926

Rabischong P. ; Innervation proprioceptive des muscles lombricaux chez l'homme. *Rev. Chir. Orth.*, 1963, 8, 234

Rasch P. J & Burke R.K. ; *Kinesiology and applied Anatomy. The science of human movement*, 1 Vol., 589p., Lea & Febiger, Philadelphia, 1971

Riemann Georg Friedrich Bernhard, mathématicien allemand (1826–1866) ; *La géométrie non euclidienne* (à propos du paradoxe de Codmann), Voir sur Internet

Roud A. ; *Mécanique des articulations et des muscles de l'homme*. Librairie de l'Université, Lausanne, F. ROUGE & Cie., 1913

Rouvière H. ; *Anatomie humaine descriptive et topographique*. Masson Ed., Paris, 4e ed., 1948

Sauvé L., Kapandji M. ; Une nouvelle technique de traitement chirurgical des luxations récidivantes isolées de l'extrémité cubitale inférieure. *J. Chir.*, 1936, 47, 4

Schuind F., Garcia Elias M., Cooney W.P. 3rd, An K.N. ; Flexor tendon force : in vivo measurements. *L. Hand Surg.*, 1992, 17A, 291–298

Steindler A. ; *Kinesiology of the Human Body.* 1 Vol., 708 p., Ch. C. Thomas, Springfield, 1964

Strasser H. ; *Lehrbuch der Muskel und Gelenkemechanik.* Vol. IV, J. Springer, Berlin, 1917

Taleisnik J. ; Post–traumatique carpal instability. *Clin. Orthop.*, 1980 : 149, 73–82

Taleisnik J. ; *The Wrist.* 441 p., Churchill Livingstone, New York, 1985

Taleisnik J. ; The ligaments of the wrist. *J. Hand Surg.*, 1976, 1–2, 110

Testut L. ; *Traité d'anatomie humaine.* Doin, Paris, 1893

Thieffry S. ; *La main de l'Homme.* Hachette littérature, 1973

Thomine J–M. ; Examen clinique de la Main *in Traité de Chirurgie de la Main* par Raoul Tubiana, Ed. Masson, 1980

Tubiana R. ; Les positions d'immobilisation de la main. *Ann. Chir.*, 1973, 27, 5, 459–466

Tubiana R. ; *Mécanisme des déformations des doigts liées à un déséquilibre tendineux. La main rhumatoïde.* L'Expansion, Paris, 1969

Tubiana R., Fahrer M. ; Le rôle du ligament annulaire postérieur du carpe dans la stabilité du poignet. *Rev. Chir. Orthop.*, 67 : 231, 1981

Tubiana R., Hakstian R. ; *Le rôle des facteurs anatomiques dans les déviations cubitales normales et pathologiques des doigts. La Main Rhumatismale.* p. 11–21, L'Expansion, Paris, 1969

Tubiana R., Hakstian R. ; *Les déviations cubitales normales et pathologiques des doigts. Étude de l'architecture des articulations métacarpo–phalangiennes des doigts. La main rhumatoïde*. Monographie du GEM, L'expansion scientifique française Ed., 1969

Tubiana R., Valentin P. ; Anatomy of the extension apparatus. Physiology of the finger extension. *Surg. Clin. N. America.*, 44, 897–906 & 907–918, 1964

Tubiana R., Valentin P. ; L'extension des doigts. *Rev. Chir. Orthop.*, 1963, T 49, 543–562

Valentin P. ; *Contribution à l'étude anatomique, physiologique et clinique de l'appareil extenseur des doigts.* Thèse, Paris, 1962

Valentin P., Hamonet Cl. ; Étude électromyographique de l'Opposant du Pouce et de l'Adducteur du pouce. *Rev. Chir. Orth.*, 56, 65, 1970

Vandervael F. ; Analyse des mouvements du corps humain. Maloine Ed., Paris, 1956

Van Linge B. & Mulder J.D. ; Fonction du muscle sus–épineux et sa relation avec le syndrome sus–épineux. Étude expérimentale chez l'homme. *J. Bone & Joint Surg.*, 1963, 45 B, 4, 750–754

Verdan C. ; Syndrom of the Quadriga. *Surg. Clin. N. Amer.*, 40, 425–426, 1960

Von Recklinghausen H. ; *Gliedermechanik und Lähmungsprostesen.* Vol. I, Julius Springer, Berlin, 1920

Watson H.K., Ballet F.L. ; The SLAC wrist : scapholunate advanced collapse. Pattern of degenerative arthritis. *J. Hand Surg.*, 1948, 9A : 358–385

Winckler G. ; Anatomie normale des tendons fléchisseurs et extenseurs de la main, leur vascularisation macroscopique in *Chirurgie des tendons de la main*. Cl Verdan Editor GEM, Monographie, Expansion Scientifique, Paris, 14–21, 1976

Zancolli E.A. ; *Structural and Dynamic basis of hand surgery.* Lippincott, Philadelphia, 1968, 2nd ed., 1979

Zancolli E.A., Zaidenberg C., Zancolli E.R. ; Biomechanics of the trapeziometacarpal joint. *Clin. Orthop.*, 220, 1987

# 切割與組裝手部的工作模型

為了具體表達文中所討論的想法，這幾冊呈現的模型一定要切割、摺疊與組合出來。它們是可以被運用的三維示意圖，建構這些模型時，你可以使用自己對肌肉活動的覺察，並得到運用其他方法也很難獲得的見解。因此作者強烈主張讀者要有耐心花時間在這個部分，這保證將會得到回報。

在開始前，仔細閱讀所有指導是重要的。

這個模型包含顯示在插圖I與插圖II上的4個板塊（A–D），包括插圖II底部的組合圖片（a–c）。

因為編輯因素頁面上的圖畫沒有厚到可以讓模型穩定，因此你必須先使用一張紙，並將圖畫完全複製到厚度至少超過1公釐的紙板上。

## 切割程序

首先使用剪刀沿著它們邊緣的粗線剪成四片，這幾張紙片中某些有以下線條，需要使用工藝刀或解剖刀切割：

- 板塊A：小垂片h、j、k之間的線
- 板塊D：長方形的長邊與接近m'和n'的兩片平坦等腰三角形

接著挖出以下的紙板：

- 板塊A中k'右邊與板塊D中水平中央裂口中的斜線區域
- 板塊A和板塊C的平行短線，在兩個接近的短線間製作狹窄的裂縫來容納肌腱的滑車（見圖c）

最後製作以下圓形凹洞：

- 通過板塊D的圓圈的肌腱出入口，與圖c的數字一致
- 通過叉號圓圈的肌腱終點
- 通過叉號的彈性帶連接點

## 摺疊

首先用刀片將紙板在摺疊的反面切到1/3到1/2的厚度。這些切口包括：

- 紙板正面的虛線
- 紙板背面的點虛線（很精細地完成這部分時會發現利用細針或圓規尖端刺穿紙板來標記這些線的末端是有用的）

在做完切口後，你可以輕易與精細地將紙板摺到切口的另一邊。在摺紙板時，一開始不要超過45°。板塊A的兩個縱向摺疊非常淺，與手掌的凹陷一致。摺痕標記出板塊A上的軸1和板塊C上的軸2成90°，而兩個交會的摺痕從軸1末端開始與垂片j和h的摺痕超過90°。板塊B沒有摺痕。

注意板塊C上指間關節（IP）和掌指關節（MP）的斜向屈曲摺痕，維持它們獨特的屈曲模式。掌指關節只有三個中的一個軸使用，即拇指對掌時一個允許屈曲–旋前–橈側偏移的軸。

## 組裝模型

圖片顯示這些構成要素如何組合：

- 基底（板塊D）藉由將m和m'以及n和n'靠近連在一起組成。接著用膠水將把m和n黏在m'和n'的深色陰影表面，或是你之後希望拆解掉模型，可以使用裝訂夾讓m、m'、n和n'接起來。
- 在標記手部上（板塊A）手指與手掌的摺痕時，接下來建構大多角骨–掌骨（TM）關節：

1）將半圓表面g往後摺90°。
2）將兩個三角形往前摺並形成角錐，它的基底在上方。
3）將角錐維持在正確位置：
   - 將垂片h和j黏在h'和j'表面（為了最後的

模型）

- 或固定垂片k，透過將k推到h'和j'的狹縫間，並用裝訂夾通過k和k'的圓形孔洞，將它固定在k'的背面。

- 將板塊C（拇指）往後摺疊（箭號1）並將它黏在板塊B的前面（箭號2），因此f會黏在f上面而所有的孔洞與代表軸2的線會恰當吻合。將這個合成的結構透過板塊B後側的g'連接到板塊A前側的g上，黏到角錐上支撐拇指，因此孔洞和代表軸1的線會恰當吻合。

你已經建構了大多角骨–掌骨關節的雙軸萬向關節。

圖b顯示你該如何將手部滑到板塊D的中央裂口。

## 使用模型

被動活動這個模型現在能讓你了解手部的三個基本特性：

1）**手掌凹陷**：透過沿著縱向摺線屈曲，模擬對掌時第四掌骨的動作，與最重要的第五掌骨的動作。

2）**手指斜向屈曲動作**：使它們往大魚際隆起基部會合。原因是從食指到小指指間關節與掌指關節的軸斜向角度增加（圓錐旋轉的例子），並因內側掌骨對掌動作而增加（第4掌骨以及特別是第5掌骨）。

3）**拇指對掌動作**：你可以透過製作主要軸的軸1（c的軸xx'）和次要軸的軸2（c的軸yy'）來證明平面旋轉、圓錐旋轉和圓柱旋轉的發生。你可以確認接續發生在拇指其他關節（掌指關節與指間關節）的屈曲引起拇指遠端指骨的圓柱旋轉，是在沒有任何大多角骨–掌骨關節的主要屈曲與第1掌骨的主要軸向旋轉發生下能改變它的方向。你能觀察到拇指關節沒有力學副動作但拇指可沿著對掌的短與長路徑從食指移

動到小指，只因為指腹方向改變，如同現實生活一般。

指間與掌指關節的屈曲–旋前是斜向摺疊的結果。

## 建立「肌腱」

你可以透過放入肌腱來活動這個模型（圖c）。它們由細束打結固定在指骨連接點（每個註記有叉號的圓圈孔洞）上組成，且通過位在指骨的滑車與基底孔洞。

你可以用紙板製作6公釐寬的小帶子來簡單製作這些滑車，它足夠柔軟而能彎曲形成隧道。從板塊A與板塊C的狹窄裂隙將帶子從前側穿到後側，並在向後摺疊成大寫Ω形狀後在板塊A與板塊C的背面黏起來。

雙重滑車2–7（板塊C）不同，2黏在前側而7黏在後側，形成兩個交替相反的大寫Ω。

## 肌腱的路徑

每條肌腱有標記數字指出完整的路徑。

1）**外展拇指長肌**（1）接到板塊B並沿著主要軸（軸1）活動大多角骨–掌骨關節。

2）**屈拇指長肌**（2）通過P1的滑車（2）後接到拇指的P2。它可以屈曲兩個指骨。

3）這個橫向走的「肌腱」（3）在手掌滑車處反摺，相當於合併了**內收肌**與**屈拇指短肌**。

4）**屈指深肌**的食指肌腱（4）在通過三個滑車後連接到P3。它可以將食指整個屈曲。

5）這個橫向走的「肌腱」與肌腱3相對應並連接到6–7公釐厚的楔形，即深色陰影梯形5（板塊A）。它在手掌滑車5處反摺，相當於**對掌小指肌**。

6）**屈指深肌**的小指肌腱與肌腱4有相同路徑與動作。請注意，為了簡化，第3與4指的屈肌沒有包含在這裡，但它們是可以輕易地被包含進來的。

7）肌腱（7）沒有顯示在示意圖中但對應到**伸**

**拇指長肌**。它連接到P2背側表面，與**屈拇長肌**的孔洞相同（兩個結相對），通過P1背側表面的滑車與板塊B的孔洞。

你可以將鈕扣或環連接在「肌腱」的游離末端來勾住你的手指，並允許你更容易地移動肌腱。

為了穩定拇指在功能性位置，你可以使用彈性帶維持軸1和2在中間位置。

針對軸1，彈性帶起始於板塊B的其中一個孔洞e1，反摺經過板塊A的基底孔洞e1並回來連接到板塊B的另一個孔洞e1。當帶子可以在板塊A的孔洞e1滑動時，會找到中間位置。帶子可以在任何一側以膠水固定。同樣的方法應用在固定軸2，彈性帶起始於任何一個板塊B的孔洞e2，滑動通過板塊C的孔洞e2並回到板塊B的另一個孔洞e2。為了確保食指與小指可以回到伸直位置，你可以在板塊A的掌側表面的這些孔洞4與4（針對食指）和孔洞6與6（針對小指）它們的背側表面之間連接彈性帶。你可以再使用膠水來固定。

## 啟動模型

在這些肌腱的幫助下，你幾乎可以做出所有的手部動作：

1）**手掌凹陷**：透過拉動肌腱5（這個動作的效率取決於板塊A上楔形5的高度）。

2）**食指與小指的屈曲動作**：透過拉動肌腱4和6。

2）**拇指活動**：

　　a)**將拇指帶到手掌平面**（即對應到Sterling Bunnell實驗起始位置的平放手部）：透過拉動平衡形狀的肌腱7與3。

　　b)**拇指－食指對掌動作**：透過屈曲食指與同時間拉動肌腱1、3和7。

　　c)**拇指－小指對掌動作**：透過屈曲小指與同時間拉動肌腱1、3和6。

　　d)**拇指－小指基部對掌動作**：透過拉動肌腱

1和2，如有必要拉動肌腱3。

　　e)**末端－外側（指間對側面）拇指－食指對掌動作**：與b相同，但有更大的食指屈曲角度。

插圖 I

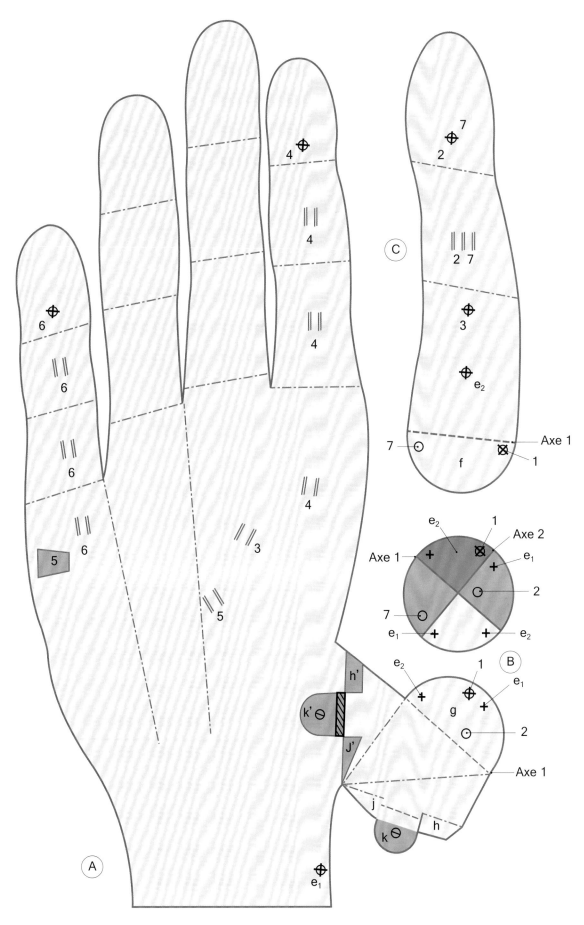

插圖 II

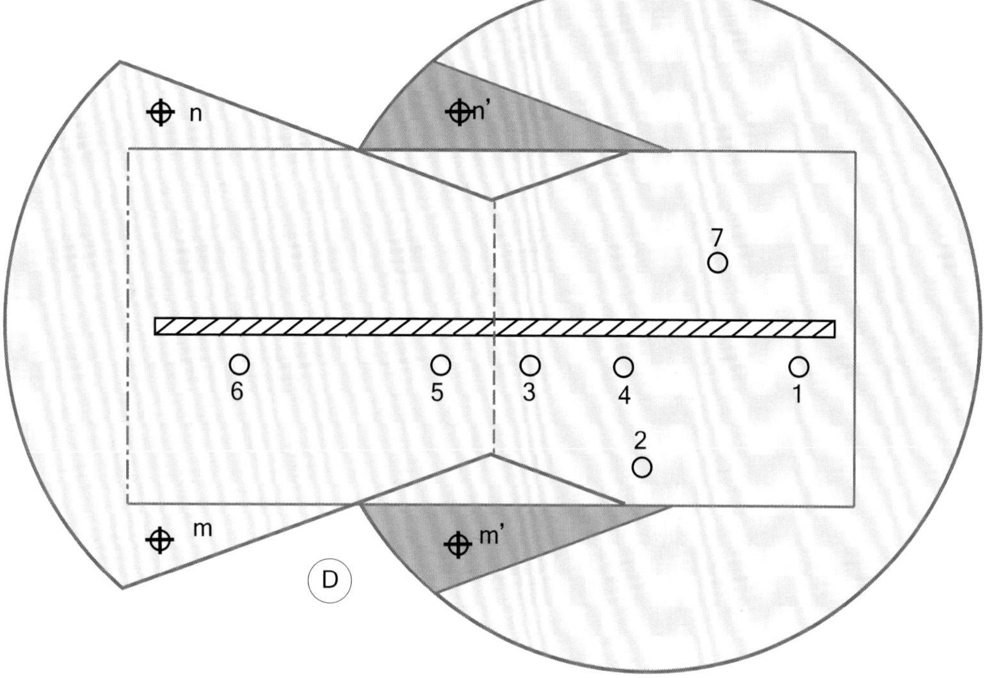

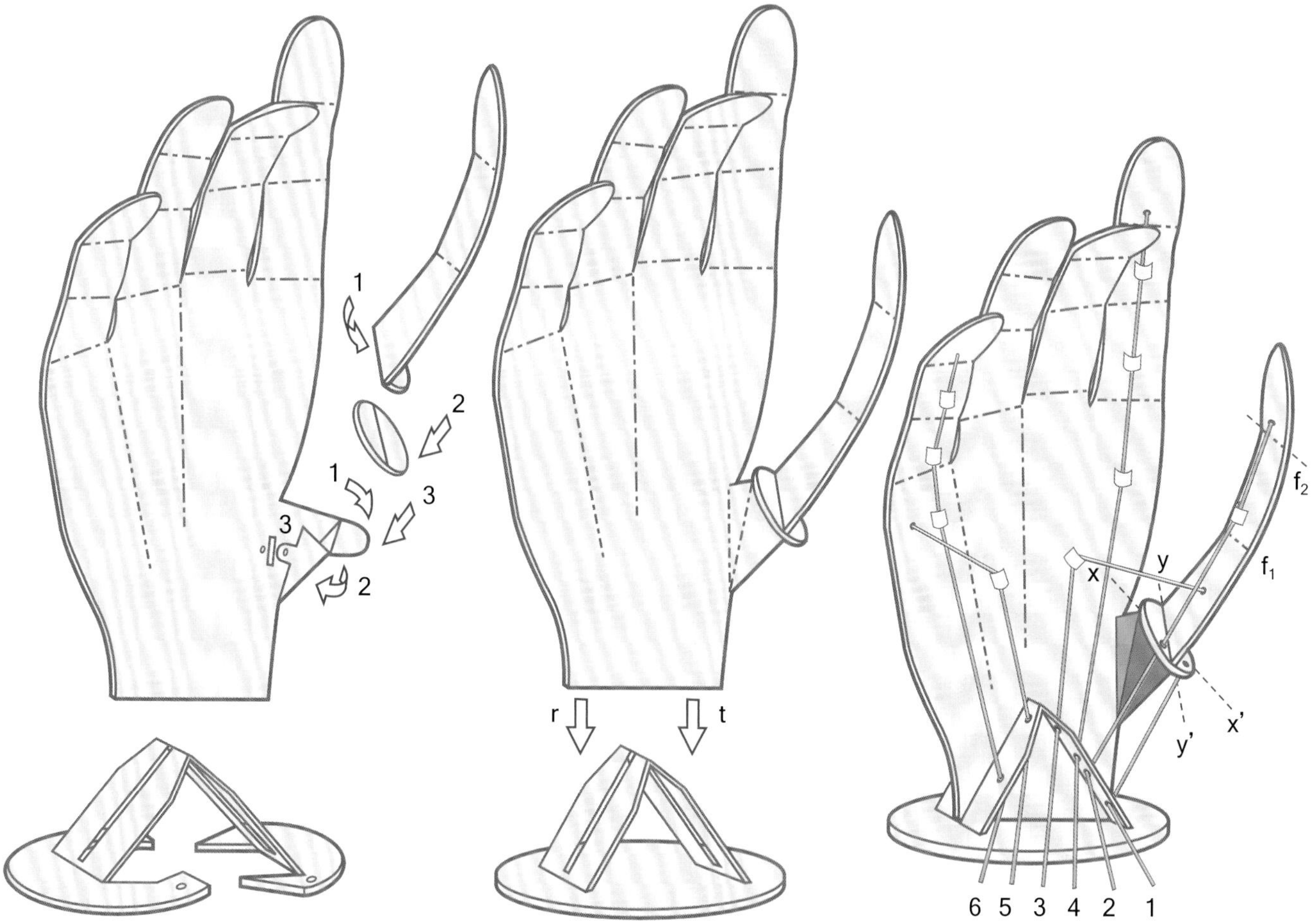